シリーズ 戦争と社会 2

# 社会のなかの軍隊／軍隊という社会

シリーズ
戦争と社会｜2

# 社会のなかの軍隊／軍隊という社会

編集委員
蘭 信三・石原 俊
一ノ瀬俊也・佐藤文香
西村 明・野上 元・福間良明

執筆
一ノ瀬俊也・野上 元・河野 仁・渡邊 勉・阿部純一郎
中村江里・山本唯人・松田英里・佐々木知行
清水 亮・佐藤文香・須藤遙子・松田ヒロ子

岩 波 書 店

# 『シリーズ　戦争と社会』刊行にあたって

## パンデミック・戦争・社会

冷戦終結から三〇年ほどが経過した二〇二〇年代は、新型コロナウイルス感染症(COVID-19)の感染拡大で幕を開けた。グローバルな人の移動が日常化していただけに、感染症は急速に世界各地に広がった。日本国内でも最初の感染確認から間もなく、大都市圏を中心に感染拡大が深刻化し、「人流」を抑制するべく、「緊急事態宣言」が何度も出された。飲食店への営業自粛要請も繰り返され、医療崩壊というべき局面も何度か訪れた。これらをめぐる動きを眺めてみると、かつての戦時下の社会のひずみを想起させるものがある。

感染拡大を抑えるために「リモートワーク」が推奨されたが、それは万人に適用可能なものではなかった。「在宅勤務」は物流や宅配、医療や介護、保育といった社会のインフラを担う人々の存在があってこそ、成り立つものだったが、これらの人々は「リモート」とは縁遠かった。非正規雇用者も「社外アクセス権限がない」などの理由で在宅業務が拒まれることがあった。こうした不均衡に、往時の空襲被害を重ねてみることもできるだろう。

一九四五年三月の東京大空襲では、中小・零細企業と木造家屋が密集した下町地区の被害が明らかに甚大だった。結果的には、さほど豊かではない人々が多く暮らす地域に、被害が集中したことになる。その後、地方への疎開がいっそう進んだこともあり、空襲規模のわりには死者数は抑えられた。だが、地方に縁故がなく、都市部にとどまらざるを得なかった多くの人々は、四・五月の大規模空襲にさらされた。考えてみれば、「外出自粛」とは自宅への「疎開」にほかならない。空襲にせよ感染拡大にせよ、一見、あらゆる人々を平等に襲うように見えながら、「疎開先」で被害を最小限に食い止めうる人とそうでない人との格差は歴然としていた。

戦争と新型コロナの類比は、これにとどまるものではない。休業支援金・給付金の制度は設けられたものの、それが必要な人々に行き渡るには多くの時間を要し、受給前に廃業する事業者も少なからず見られた。これは、空襲で犠牲となった民間人への補償が戦後いまだに実現していない状況を彷彿とさせる。また、マスクや消毒液をはじめとする必要物資の供給不安から買い占めや転売も生じ、それらの増産に向けた政府対応には混乱が見られた。そこに、戦時期の物資配給の破綻や横流しの横行を思い起こすことは容易《たやす》い。

ワクチンの流通や医療体制の整備においても、行政のセクショナリズムや非効率が多く指摘され、入院もできないまま亡くなる人々が続出した。これらは、戦時期の物資配給、ひいては戦争指導者間の意思決定の機能不全を思わせる。パンデミックによる出入国管理も、戦後の送還事業における厳しい国境管理と重ね合わせることができよう。

二〇二〇年四月の初の緊急事態宣言発出後、「営業自粛」「外出自粛」に従わない商店や人々へのバッシングは、ネット上のみならず現実社会でも見られ、罹患者への責任追及もたびたびなされた。その後、事態が長期化するとともに、人々の間にはいわゆる「自粛疲れ」が広がり、「自粛破り」も常態化した。これらは、あたかも隣組やムラ社会での相互監視のような「正義」の暴走と寛容性の欠如、そして戦争長期化にともなう戦意の低下、闇取引の横行といった戦時社会のありさまに似ている。

さらに言えば、日本を含む先進国とそれ以外の国々とでは、ワクチン接種の進行の度合いは大きく異なっていた。先進国の状況の改善は開発途上国を放置することで成り立っていたわけだが、こうした論点が取り上げられることは少なかった。この自国中心主義もまた、戦争をめぐる「加害」の議論の低調さに重ねてみることができるだろう。

だが、こうした過去から現在に至る不平等や非効率、機能不全をもたらした日本の社会構造それ自体については、どれほど検討されてきただろうか。コロナ禍での不平等や給付金支給・医療体制整備の遅滞といった個々の問題点はメディアでも多く指摘されたが、それらを招いた社会とその来歴については、議論が十全に掘り下げられるには至っていない。

これと同様のことが、「戦争の語り」にも色濃く見られる。戦後七五年を過ぎてもなお、「記憶の継承」が叫ばれることは多い。体験者への聞き取りは、新聞やテレビでもたびたび行われ、戦時下にも今と変わらぬ「日常」があったのだと驚きをもって語られる。戦争大作映画においても、「現代の若者」が体験者に深く共感するさまが美しく描かれる。だが、軍隊内部や占領地、ひいては社会の隅々に至るまで、それこそ「日常」的に遍在していた暴力の実態とそれを生み出した権力構造、好戦と厭戦の両面を含む人々の意識などについては、十分に議論が尽くされているとは言い難い。「日常」や「継承」への欲望のみが多く語られ、ときにそこに感動が見出される一方で、その背後にあるはずの史的背景や暴力を生み出した組織病理は見過ごされてきた。新型コロナと社会をめぐる議論が深化しない状況を、戦争の暴力を生んだ社会構造を掘り下げてこなかったことの延長上に考えてみることができるのではないか。

本シリーズは、以上の問題意識をもって、戦争と社会の関係性が戦時から戦後、現代に至るまで、どのように変容したのかを、社会学、歴史学、文化人類学、民俗学、思想史研究、文学研究、メディア研究、ジェンダー研究など、多様な観点から読み解き、総合的に捉え返そうとするものである。

## 『岩波講座 アジア・太平洋戦争』とその後

本シリーズに先立ち、「戦争」を多角的に読み解いた叢書として、『岩波講座 アジア・太平洋戦争』(全八巻、二〇〇五―〇六年)があげられる。この叢書が刊行されたのは、「戦後六〇年」にあたる時期であった。折しも、第三次小泉純一郎内閣から第一次安倍晋三内閣への移行期にあり、靖国問題が東アジア諸国との軋轢を生んでいた。小林よしのり「新・ゴーマニズム宣言 SPECIAL 戦争論」シリーズや「自由主義史観研究会」「新しい歴史教科書をつくる会」など、アジア諸国への加害責任を否認する動きも目立っていた。

こうした背景のもとで刊行された『岩波講座　アジア・太平洋戦争』は、対米英戦としてのみ連想されがちな「太平洋戦争」のフレームではなく、東アジア地域を視野に収めながら、従来の「戦争をめぐる知」のありようを塗り替えようとするものであった。あえて単純化すれば、歴史的事実関係をめぐる実証の追究と、社会問題としての記憶や歴史認識のありようを問う問題意識とが融合を果たし、現地住民への「加害」の問題を焦点化するとともに、その背後にある植民地主義やジェンダー、エスニシティをめぐるポリティクスの析出が試みられていた。扱う時代の面でも、日中戦争や満州事変、さらにはその前史にさかのぼるのと同時に、「戦後」へと続くさまざまな暴力の波及をも読み解いている。

こうしたアプローチは、「戦争研究」の学際性をも導いた。従来であれば、「戦争」の研究をリードしてきたのは、明らかに歴史学であった。だが、『岩波講座　アジア・太平洋戦争』では、歴史学が依然として中心的な位置を占めているものの、社会学、メディア研究、文学研究、思想史研究、大衆文化研究、ジェンダー研究など、多様なディシプリンが取り入れられている。その学際性・越境性は、一九九〇年代以降に本格的に紹介されたカルチュラル・スタディーズやポスト・コロニアル研究のインパクトを抜きに考えられないだろう。

その影響もあり、以後、「戦後七〇年」までの一〇年間では、多様な切り口の戦争研究が生み出された。社会史家のみならず社会学者も、当事者の語り難い記憶の掘り起こしを多く手掛けるようになり、戦争映画や戦争文学、戦争マンガについての研究も蓄積を増した。また、学際的に進められるようになった戦争研究に対して「帝国」という視点からの問い直しが定着し、「地域」や「国境」といった空間の自明性を批判的に問う視座ももたらされた。

だが、こうした戦争研究の広がりの一方で、いわゆる軍事史・軍事組織史に力点を置いた研究と、戦争・軍事にかかわる社会経済史・政治史・文化史に力点を置いた研究との「分業」体制、やや強い言葉で言えば「分断」は、いまだ解消されたとはいえない。戦争と社会の相互作用、戦争と社会の関係性そのものを、正面から理論的・実証的に問い直す作業は、総じて課題として残されたままだった。本シリーズは、この研究上の空白地帯に挑もうとするものである。

## 「戦争と社会」をめぐる問い

言うまでもなく、アジア・太平洋戦争は日本社会そして東アジア・西太平洋諸社会のあり方を、根底から変容させるものであった。総力戦の遂行は、各地域における政治体制、経済体制、労働、福祉、教育、宗教、マス・コミュニケーションのありようを大きく変えた。また戦時中の大量動員・疎開・強制移住や、日本の敗戦後の占領下で起こった大規模な復員・引揚げ・送還・抑留、そして新たな境界の顕現は、旧日本帝国の広範な領域において、人々の大規模な移動や故郷喪失・離散をもたらした。そうしたプロセスは、政治的な解放と暴力、社会的な包摂と排除、文化的な混交と軋轢を、さまざまなかたちで生み出し、各地の政治構造・産業構造・社会構造・階層構造の不可逆的な変化を導いた。

戦後社会への余波も見落とすことはできない。現在の日本国内だけに限っても、旧軍の施設や跡地は、そのまま自衛隊や在日米軍の基地として使われる一方、周辺地域社会における戦後の道路整備や商工業、観光のあり方を少なからず規定し、ひいては地域のコミュニティやアイデンティティの変容を生み出した。大量の復員・引揚げは、都市部での食糧不足も相俟《あいま》って、農村部の人口過剰をもたらした。それはのちに、農村部からの大量の低賃金労働者の都市流入を生み出す「戦後復興」「経済成長」の呼び水となった。そのことは、戦争による「平準化」を経てもなお戦後に残った「格差」の構造とも無縁ではない。

戦争が日本社会を変容させた一方、逆に社会のあり方が戦争のあり方を決定づける側面も、戦前から戦後を通じて存在した。農村部の疲弊や貧困は、しばしば、社会的上昇の手段として軍隊を選び取らせる傾向を生んだ。軍内部の陰惨な暴力の背景には、一般社会における貧富の格差や教育格差をめぐる羨望と憎悪があった。官庁間・部局間のセクショナリズムは、資源の適切な配分や政策情報の共有を妨げ、戦争遂行の非効率を招いた。中国大陸における高級軍人たちの独走や虚偽の戦果報告などは、その最たるものであったが、その背後には近代日本が営々として作り上げた、いわゆる学歴社会の存在があった。地方中産階級出身者の多かった軍人たちは、最初は学力で、のちには属する組織の利益のみを優先することで、出世競争に勝ち抜こうとしたのである。

そして、日本本土を除く旧日本帝国の多くの地域においては、「戦後」社会はよりいっそう「冷戦」体制の軍事的影響下に置かれたといわねばならない。日本帝国の敗戦と崩壊が、旧帝国勢力圏各地に米英中ソを中心とする占領秩序をもたらしたからである。他方、日本本土において「冷戦」(cold war)意識ではなく「戦後」(post-war)意識が広まったのは、日本本土が――同じ敗戦国のドイツと異なって――米国の後援のもと、新たな「戦争」たる冷戦の軍事的前線を、朝鮮半島・台湾といった旧植民地(外地)、そして沖縄などの島々に担わせてしまった結果だった。「総力戦と社会」のみならず、こうした「冷戦体制と社会」の関係性についても、歴史的・空間的差違をふまえた慎重な見極めが必要である。本シリーズは、以上のような広義の戦争と社会の相互作用についての理解を、なおいっそう前進させようとするものである。

## 「暴力を生み出す社会」の内在的な読解

戦争をめぐる議論においては、従来、総じて誰かの責任を追及し、暴力を批判する動きが際立っていた。むろん、これらは避けて通るべきでなく、議論の蓄積が今後ますます求められるものではある。だが、それと同時に、紛争を解決する手段としての暴力を自明視し、ある種の「正しさ」すらも付与した社会的背景を問う必要があるのではないだろうか。

「加害」をなした当事者や、その背後にある組織にとって、その暴力は「罪」であったどころか、しばしば「正当性」を帯びていた。端的な例として、日中戦争では「東洋平和」、対米英戦争では「大東亜共栄圏」というスローガンが設定され、国民動員に用いられた。「解放」後の韓国や台湾においては「反共」、中国大陸や北朝鮮においては「反帝国主義」という大義名分が、大衆のある部分を動員し、別の部分を標的とする、大量虐殺や内戦を導いた。そこにナショナリズムやコロニアリズム、東西冷戦のポリティクスを見出し、指弾することも可能ではあるが、本シリーズはむしろ、指導者から庶民に至る暴力の担い手たちの思考や社会的背景に内在的に迫ることをめざす。いかなる社会がいかなる戦争(のあり方)を生み出していたのか。そして、戦争そのものが、社会のあり方をどう変容させたのか。戦争の記憶は「戦後」社会のあり方や人々の認識をどう規定してきたのか。「戦後六〇年」「戦後七〇年」の次の課題として、こうした問いにも目を向けるべきではないだろうか。

そのような問い直しは、国際情勢の激変や新型コロナといった昨今の「新しい状況」が必要とさせたものでもあり、〈現在〉および〈未来〉を問うことに直結する。「戦後六〇年」から現在に至るまでの時代は、ある意味では「新しい戦争」の時代であった。「大量破壊兵器」の存在を前提に引き起こされたイラク戦争は、イスラム原理主義の台頭とテロリズムの頻発を招いた。このことは、従来想定されていた「国家間の戦争」から、「テロリズム対国家(連合)の戦争」が主流になりつつあることを指し示す。それは、かつての総力戦の戦争形態とは、明らかに異なっている。

軍事・軍隊のあり方も、大きく変質している。核兵器の脅威が厳として存在する一方で、ネット技術の進展に伴い、戦闘や偵察に無人機やドローンが用いられるようになった。将来的にはロボットが地上の戦闘に投入される日がくるかもしれない。そしてサイバー攻撃のように狭い意味での武力とは異質な力の行使が、軍事の重要な一角を占めている。情報統制の手法も洗練され、生々しい戦場の様子は人々の目に届きにくくなった。これらの「スマート」な戦争を可能にする新技術は、徴兵制による大量動員と目に見えやすい破壊力に依存していた往時の戦争・軍事とは根本的に異なるものである。その一方で、冷戦という名のイデオロギー対立が終了し、国民との太い結びつきを失った現代の軍隊は、「人道支援・災害救助」(HA/DR)のような非軍事的な任務も引き受けることで、自らの存在意義を説明しようとしているかのようである。さらに、国家が軍隊のさまざまな任務を民間軍事会社にアウトソーシングするケースも増加している。

こうした軍事上・国際政治上の変化の中で、われわれは戦争や軍隊と社会との新たな関係を、どのように構想するべきだろうか。それを考えるためには、総力戦の時代からベトナム戦争を含む冷戦期を経て、新型コロナとの「闘い」を経験した今日に至るまで、「戦争と社会」の相互作用がどのように変質したのかを問い直すことが不可欠である。

以上を念頭に置きながら、本シリーズでは、おもに日本を中心とした総力戦期以降の「戦争と社会」の関係性を多角的に読み解いていく。諸論考を契機に、戦争と社会の相互作用を学際的に捉え返し、ひいては現代社会を問い直す営みが広がることを願っている。

二〇二一年一〇月三〇日

〈編集委員〉
蘭 信三・石原 俊・一ノ瀬俊也・佐藤文香・西村 明・野上 元・福間良明

# 目　次

# 総説　軍隊と社会／軍隊という社会

一ノ瀬俊也
野上　元

## 一　軍隊とは何か？

### 1　軍隊を問う必要、「軍隊と社会」という問題意識

「戦争と社会」のシリーズの中で、個別に「軍隊と社会」を検討しなければならないのはなぜか。ここではまず戦争と軍隊の定義を示して対象としての両者を区別し、それぞれにおける社会との関係を説明しておこう。第一巻「総説」でも述べられている通り、戦争とは、少なくともその片方の当事者を国家とする、軍隊を用いた大規模な紛争とその解決の試みである。そして軍隊とは、戦争・安全保障（国防）のための手段として国家により独占された暴力（強制力）を執行する実力組織であり、その管理・運用を担う専門組織である。

多くの場合、戦争は始まりと終わりのある「出来事」であるのに対し、軍隊は武力紛争解決の手段であるとともに、平和な時代にあっても安全保障（国防）を担う存在である。社会との関係でいえば、「戦争と社会」より「軍隊と社会」のほうが持続的だといえる。その深浅は一概にはいえないが、対象として戦争と軍隊の両者を区別しておくことは、探究を始めるにあたって重要なことだ。そして、軍隊とは戦争を行う手段でありながら、同時に、戦争を防ぐ手段で

もある。軍隊がなければ戦争は行えないが、軍隊をなくせば地球上からあらゆる集団的な暴力がなくなるというわけでもない。そして軍隊は暴力の管理と運用を合法的かつ独占的に担う専門組織であるという意味でも特殊な存在である。こうした軍隊を市民社会がどのように維持し、適切に管理してゆくかが問われている。そのための知見を探究する場を「軍隊と社会」と名付けたい。

## 2　近代・近代化と軍隊

軍隊の本質をみるために、歴史的経緯を概観してみることにしよう。かつて世襲的な戦士階級によって担われていた戦争は、近代になって一般市民によって担われるようになった。「すべての人は、必要とあれば祖国のために戦わなければならない」というルソー『社会契約論』(一七六二年)にある前提は、非常にシンプルなものである。隷従を脱したのであれば、自分たちの共同体の運命を握る戦争には自分たちの意思で参加しなければならない。つまり、自由で平等な市民であっても兵士にならなければならないのではなく、自由で平等な市民であるからこそ、徴兵の呼びかけに応じて兵士となる。

そうした発想の軍事的な起源は、一六世紀フィレンツェの政治家マキアヴェッリによる市民軍の構想にある。その背景にあるのは、報酬を求めて戦争に参加することを生業とする傭兵(職業軍人)に対する忌避であった。かれらの雇い主は常に、傭兵からの武力を背景にした報酬値上げの脅迫、あるいは手持ち兵力の損失を恐れた隊長の怠業という問題に直面しなければならない。一方、市民兵はそれぞれの生活を持ち、平時には職業を持つ。かれらは戦争のプロではないが、適切な戦争術の知識体系に基づき訓練すればその欠点を補える。そして何よりも、戦争を望んでいない。適切な政治的指導者と良質な市民兵の組み合わせが、マキアヴェッリの理想とする政治世界であった。

「歩兵」という訳語の通り、それは銃を携えて歩く兵士たちのことである。騎兵の突撃を無力化する、密集した戦列歩兵たちによる同調行進・一斉射撃の戦術は、一八世紀には一般化している。また、アメリカの独立戦争(一七七五―八三年)において民兵たちがとった自由で奇抜な戦法は、規律への服従を絶対条件とする戦列歩兵にはなかったものである。フランス革命後の一七九三年に制度化された兵役は、巨大な国民軍を出現させた。そして、兵士たちを徹底的に歩かせたナポレオンは、戦場ではかれらを縦隊に組んで突撃させたが、それは、国家という共同体のため死の危険を厭わず、仲間の屍を乗り越えて進む姿として理想化された。王侯貴族や傭兵による戦争の時代と違い、市民のナショナリズムを背景にした戦争は膨大な犠牲を生むようになった。同時に、国を富ませ強兵を養う目的のために、福祉や体育が国家の取り組むべき課題となった。人々の人生はより強固に国家と結びつけられるようになる。

こうした市民の兵士化は、上からの近代化、すなわち権威主義的な体制による後発近代においても(むしろ後発近代においてこそ)求められた。後発近代国家においては、近代化を担う政治エリートの層の薄さを軍人たちがカバーした。そこでは民主化よりも経済発展が優先されることが多かったが、軍隊は、民主化の遅れる社会において、他の制度領域よりは「平等な」社会であり、国民としての一体感を作り上げることにも関与した。軍は近代化の牽引役として権威を持ち、独裁政権を形成することもあった(1)。

近代日本も後発近代の一例である。国民教育と社会政策は人々の生活水準を向上させ、産業化の原動力となったが、兵役と民主主義(市民の政治参加)との関連づけは強くなかった。それでも対外戦争の勝利によって軍は権威を持つようになる。それを担ったエリート層である旧武士階級は、軍人であるとともに政治家であった。昭和になるころには彼らは退場し、代わりに登場したのが、陸海軍の士官養成学校で育った軍人たちである。かれらもまた政治に関与したが、帝国日本の舵取りに失敗して一九四五年の決定的な敗戦を招いた。

## 3　現代軍隊を論じる視角としての「軍隊と社会」

現代社会に占める軍隊の重要性は、じつは近代黎明期や各国で近代化が進んだ時代ほどではない。二〇世紀後半より戦争の形態は変化し、大規模軍隊の必要性の減少とともに、多くの国では徴兵制が廃止され、志願兵制がとられている。軍隊に関与する人々の割合だけでなく、国家財政に占める軍事費の割合も低下している[2]。それでも軍隊は、いまなお戦争とその防止の可能性に直接関連するので重要だ。また、戦争と直接関係しなくても、暴力手段を集中的に保持する軍隊が暴走したら、市民社会にはこれに抗する力がない。

この問題が明確に問われ始めるのは、第二次世界大戦後すぐに始まった冷戦の時代においてのことである。その中心にある核兵器は、保有することで相手を威嚇する抑止兵器としての本質上、戦時と平時の区別を分かりにくくした。東西対立を背景にして続く世界各地の緊張状態や代理戦争の姿は、メディアを通じて平時の市民生活にも届けられた。純粋な戦時であれば、軍の必要性、そして独自性・独立性は尊重されたはずだが、冷戦下ではこれが測りにくくなった。そのとき軍はどうあるべきか。こうした状況に応じて、平時になっても維持された軍部を政治がいかに統制するかというシビリアン・コントロール（文民統制）の問題意識、そして軍隊は政府や市民社会とどのような関係にあるべきかという「政軍関係論」の研究領域が生み出された。これに取り組む政治学は、外交・内政をめぐる重要なアクターのひとつとして軍隊を捉え、政治過程におけるその役割を検討している。

もちろん市民社会が軍隊を常に適切にコントロールできていれば問題ない。けれども、軍事の専門家でない一般市民や政治家が軍隊を過剰にコントロールしようと欲すれば、その機能が損なわれる可能性がある。また軍人と比べ、一般市民や政治家たちのほうが常に反戦志向とも限らない。

しかも、現代の軍隊は市民社会と必ずしも対立的・対比的にのみ捉えられるものではない。市民社会の一般的規範は、軍隊のありようも大きく規定している。軍隊を「特殊ノ境涯」（旧日本軍の『軍隊内務書』の表現）とすることはもはや不可能であり、現代軍隊は市民社会の規範を見据えながら自己変革に努めようとしている。このことも政軍関係論、そしてその流れを汲む「軍事社会学（軍隊の社会学）」の中心的な問題意識である。(3) こうした政軍関係論・軍事社会学の射程を広くとれば、「軍隊と社会」研究となる。次節では、その視角と視座のあり方を明らかにしていきたい。

## 二　「軍隊と社会」研究の基本視座

### 1　階級社会としての軍隊——兵士と士官

軍隊は強烈な階級 rank 社会であり、人は平等であるべきという近代市民社会の理念に反する組織である。とくに国民軍以前は（あるいは国民軍になってからも）、士官を構成するのは主に旧貴族階級であった。不平等社会をその存在前提としている貴族だからこそ、兵士たちの命の「消費効率」を考え、かれらに死の危険にかかわる命令を平気で下せるのである。しかし社会の変化に伴い、こうした旧貴族階級に代わって士官を独自に養成する必要が生まれる。かれらは、暴力の管理と運用という専門性を高度化した人材である。その選抜と錬成を行うため、士官学校・軍事大学が設置される。ここで「実用」に向け体系化された軍事の専門知識や技術が教育され、その専門性《プロフェッショナリズム》が高められる。

一方、徴兵によって集められる市民たちは、市民社会から切り離されることで兵士となる。民家に分散して宿泊していた傭兵や常備軍の時代と違い、かれらが兵営に収容され元の生活と切り離されるのは、その空間において市民的な道徳や倫理を忘れ、兵士として軍隊独自の価値観や行動規範を身に着けるよう促されるからである。兵営は、監獄や、隔離・収容施設であったかつての精神病院と同様、自由とひきかえに生活のすべてが賄われる「全制的施設」なのであった。(4)

気を付けなければならないのは、兵営で生じる抑圧や不当な暴力、欲求不満は、暴力管理の失敗どころか実は暴力の巧妙な管理技術であるということである。戦争体験者がときに口にする「訓練より戦闘のほうが楽だった」という回想にあるように、過酷な訓練や理不尽な扱われ方によって蓄積された負の感情のエネルギーは、戦場において敵兵やときに敵国の住民に対して解放されたのだった。かくして、暴力の手段や実力は軍隊に蓄積していく。だがそれは軍隊の中で具体的にどう管理され、運用されるのだろうか。政治学のように軍隊を政治的アクターの一つに集約してしまうと、これが見えない。軍隊と社会とが完全に断絶したものではないということを考え合わせても、士官と兵士という軍隊の二つの構成要素（あるいは下士官も入れれば三つの要素）を関連させながら区別しておくことは重要だろう。

## 2　空間における軍隊——軍事基地と社会

兵営や軍事基地、あるいは軍事施設は、そうした軍隊の空間における存在形態である。「基地と社会」を問うにあたっては、周辺地域社会、より大きな周辺社会（一国社会）、隣接国・地域など、スケールに応じていくつかのとらえ方がある。そのうえで、その接触面・関係性をどのように捉えるかが重要となる。

まず、地域社会に経済的利益をもたらす施設としての基地、という捉え方がある。軍隊が担う国防・安全保障という役割は、地域社会（だけ）に直接利益をもたらすものではないし、その機能上、そこで何かを生産することで地域社会の一員となるものでもない。しかしながら、基地は多くの人員を抱える消費地でもあり、基地周辺の遊興地とともに周辺の人々への経済的利益をもたらす側面もある。

一方で、迷惑施設としての基地、というとらえ方もある。基地には暴力をめぐる手段が集積し、敵の攻撃の目標にもなりうることから、地域社会に不安をもたらすことがある。つまりごみ処理場や火葬場、原子力発電所と同じように、より範囲の広い社会全体にとって必要だが、自分の周辺にはあってほしくない（ＮＩＭＢＹ：Not In My Backyard）施設である。国家全体の必要が、地域という局所に強制集約されていることへの不満や怒りが社会運動・住民運動に表れている。

基地が何か文化的なものを社会にもたらす場合もある。いわゆる「基地文化」である。例えば軍港のある街が、それをもとに地域としてのアイデンティティを形成することがある。特に顕著なのは、外国軍の基地がある場合で、そこには異文化と接触するインターフェースが生じることになる。⑤ 一方基地側も周辺地域の理解を得るために、文化的・公共的なサービスを提供することがあり、基地文化はその結果としても考えられるだろう。そして基地は、地域を飛び越して相互に連絡線を持ち、軍事上のネットワークを作っている。基地の設置・配置をめぐる政治経済学を参照することも「軍隊と社会」研究にとって有益である。⑥ 基地の「文化」は、例えばその消費におけるジェンダー化された秩序を通じて、人々の日常生活と国際政治を結びつける役割を果たしているのである。⑦

## 3　政軍関係論の拡張としての「軍隊と社会」研究

以上のように、軍隊を一枚岩として捉えないこと、軍隊の空間における具体的・多面的な有り様に注目することなどを基本的な視座としつつ、その市民社会との接触面・関係性を探究するのが「軍隊と社会」研究である。この研究領域は、軍隊と社会の政治的関係がいかにあるべきかという狭義の政軍関係論を出発点にしながら、より広い問いの領域を切り拓こうとしている。

そのさい注意しなければならないのは次のようなことだ。そもそも政軍関係論は、冷戦という時代にあっていかに適切に軍隊の規模やその独自性をコントロールするかという問題意識から誕生したが、日本社会の文脈においては兵役と民主主義のあいだに強い関連性がないため、その問いの焦点たる「いかに適切に」の部分が不明瞭になりがちだということである。こうした歴史的経験の不在を、多様な分析視角の採用のなかで埋め合わせてゆくのが、我が国における「軍隊と社会」研究の狙いということになるだろう。

## 三　帝国日本における軍隊と社会

### 1 「軍隊と社会」研究の論点

「軍隊と社会」研究の一事例として、「軍隊への社会的支持」というテーマを設定してみよう。そもそも軍隊に対する社会の視線には共感・支持と反感・嫌悪の両面があるが、とくにその後者について考えるということだ。兵役と民主主義の関連性の薄い日本であるが、このテーマには長い研究の伝統がある。

まず敗戦後の一九五〇年に刊行された飯塚浩二『日本の軍隊』は、膨大な犠牲とともに無残に敗北した日本の軍隊とそれを造り上げた文化とはどのようなものだったのかという切実な問題意識に貫かれている。その中で丸山真男は、徴兵制で成り立つ軍隊には「疑似デモクラティックなもの」があり、それが「軍隊への親近感を国民に持たせ」、軍隊にとっては「国民的な基礎」となっていたと指摘している(8)。徴兵制は国民に重い負担を強いるものであり、ゆえに徴兵忌避などの抵抗が続いたのだが、国民の軍隊観にはそれだけではなく支持の側面があった、それを見逃すことはできないというのである。

そうした社会的支持の側面をより多様なかたちで跡づけたのが、吉田裕が二〇〇二年に刊行した同名の著作である(9)。吉田は飯塚『日本の軍隊』の前記の指摘を引用しつつ、近代日本の軍隊を西洋的な衣食住を社会に普及させていく組織として描いた。そして軍隊に入れば村で箔がつき、軍隊に残って下士官になれば同じく村のなかでの栄達になる。そして、軍隊経験者たちは在郷軍人となって地域における軍国主義の社会的基盤となった。いわゆる大正デモクラシーの潮流のなか、徴兵制に立脚する陸軍も軍隊教育に一定の改革を行わざるを得なかった。もちろんその後の昭和期に入ると改革は影を潜め、かわって「皇軍」という言葉に代表される精神主義が跋扈するのだが、嫌悪の面からのみ軍隊と社会の関係を描くことはできない、という点で飯塚と吉田の問題意識は一致している。

とはいえ、吉田の『日本の軍隊』は飯塚の著作から半世紀以上たって書かれたものであるから問題意識の違いは当然ある。ひとつはたとえば兵士たちの生と死のあり方である。吉田は多くの兵士が戦場へ送られるなかで戦争神経症に陥ったこと、輸送船撃沈による大量の海没死が生じたことを、飯塚が知りえなかった諸史料に即して明らかにしている。とくに後者は、アジア・太平洋戦争の戦死者の大半が広い意味での餓死であったと指摘した藤原彰の問題意識⑩を継承したものといえる。

飯塚『日本の軍隊』が先駆的に指摘した軍隊と社会の関係は、その後どのように深められたのだろうか。日本史学でそれが始まるのは、一九七〇年代の大江志乃夫や大濱徹也たちの研究においてである。大江の研究は、日露戦争の戦場における兵士たちの行動に着目するなかで、例えば彼らの死がその故郷にどう伝えられたのかといった社会史的視点を含んでいた⑪。軍が戦死した兵士たちの遺骨を粗略に扱ったことは遺族たちの反発を招き、軍はこれを社会の反発として意識せざるを得なかった。大濱は日清・日露戦争における兵士遺家族の生活難に着目し、戦争の「悲哀」を描いた⑫。そこには当時盛んであった民衆史の視点が色濃く反映されている。

民衆史の視点に立つ戦争・軍隊研究としてまず想起されるのが、藤井忠俊や黒羽清隆の仕事である。藤井は『季刊現代史』において日中戦争期の兵士歓送を「赤紙と船出の祭」と呼び、熱狂のなかで兵士を戦場に送り出した社会のあり方を明らかにした⑬。黒羽は徴兵反対一揆や米騒動を鎮圧した軍隊の動向に着目し、民衆を抑圧・殺傷する暴力装置としての軍隊のありようを明らかにした⑭。軍隊と民衆間の強烈な摩擦には、徴兵忌避の問題もあろう。この研究は、菊池邦作の仕事を先駆とする⑮。藤井は「軍隊と社会」研究にジェンダーの視点も導入し、国防婦人会を題材として、満洲事変から日中戦争にかけての女性たちが国家社会からの存在承認要求、あるいは家や家事からのひとときの解放を求めるなかで戦争に絡め取られていく有様を描いた。ジェンダーの視点はその後の銃後史研究に受け継がれ、加納実紀代をはじめとする厚い蓄積がある。[16]

## 2 「戦後五〇年」以降の研究の展開

こうしてみると、一九七〇年代から八〇年代にかけての「軍隊と社会」研究は、民衆史や社会史の視点から兵士とその遺家族、銃後国民の意識を高揚と悲哀の両面から描き出してきたといえる。九〇年代から二〇〇〇年代にかけて、「軍隊と社会」研究は各地域へのフォーカスを強めながら、より総合的・通時的に行われるようになってきた。荒川章二は明治初年から敗戦までの静岡県をフィールドに、拡大していく演習地・軍用地が地域社会をどのように変容させたのかを綿密に描き出した。原田敬一は陸海軍が明治期以降全国に設置した軍用墓地に着目し、戦前から戦後に至る戦争の記憶の語られ方を論じた。[17] こうした視点を引き継ぐ研究として戦死者慰霊や軍事援護（兵士遺家族や傷痍軍人に対する精神的・物質的ケア）研究などが進展しているが、その到達点は二〇一四―一五年に刊行された『地域のなかの軍隊』（吉川弘文館）全九巻であろう。

「軍隊と社会」研究のなかでは、軍が士官となる人材を社会からいかにリクルートしていたのかも重要な問題である。広田照幸は陸軍将校の多くが地方農村出身者であったと論証し、彼らの内面において、国家への献身と自己の立身出世をはかる意識とは矛盾せず両立していたという。[18] 近年では陸海軍の民間向け広報・ＰＲ活動についての研究[19]も盛んである。

以上の研究史を踏まえ、本巻第Ⅰ部〈旧日本軍と社会〉の諸論文の意義を述べる。河野仁「第1章　軍事エリートと戦前社会――陸海軍将校の「学歴主義的」選抜と教育を中心に」は都市の中間層出身者が帝国大学に進学し、地方農村部出身者が軍人を志望したという図式の再検討を行い、陸軍幼年学校出身者と中学出身者の階層や国家観の違いに着目する。渡邊勉「第2章　徴兵制と社会階層――戦争の社会的不平等」は、戦時体制下における社会的平等の進展という歴史学の成果に対し、戦後の大規模社会調査のデータを駆使しながら戦死や敗戦後の職業には社会階層に基づく格差があると指摘して、戦時社会の「不平等」性を強調する。

阿部純一郎「第3章　退屈な占領――占領期日本の米軍保養地と越境する遊興空間」は、米軍が自軍兵士の軍務に対する不満を解消し士気を高めるべく、対日占領開始から朝鮮戦争に至るまで提供したスポーツ・保養施設を分析する。米軍兵士相手に行われた売春についてはさまざまな研究があるが[20]、本論文は保養という面から占領期研究、あるいは在日米軍と日本社会の接触面研究に新知見を提供する。中村江里「第4章　戦後日本における軍事精神医学の「遺産」とトラウマの抑圧」は軍医を含む精神科医たちが戦争神経症患者の訴えを単なる恩給への執着とみなし続けたことが、戦後社会におけるその不可視化に寄与したと指摘する。

山本唯人「コラム①　重層的記録としての戦争体験記――東京空襲を記録する会・東京空襲体験記原稿コレクションを事例に」は、刊行された東京空襲体験記と元の原稿とを比較することで体験の背景や文脈をより明らかにできると説く。松田英里「コラム②「癈兵」の戦争体験回顧」は戦前のいわゆる癈兵が悲惨な戦争体験をしたにもかかわらず、あるいはだからこそ戦跡旅行のなかで「お国のため」という帝国意識を強化させていったと説く。これらは戦前の人びとが自己の体験を社会に向けてどう語り、社会の戦争観を変容させたかという問題につながる。

以上の諸論文は総力戦体制期と戦後のあいだの連続と断絶、そして体験の継承のあり方といった論点を提供する。

## 四　自衛隊と現代日本社会

### 1　自衛隊と社会の関係をめぐる研究史

一九五四年に設立された自衛隊についての研究は、主として政治外交史、防衛政策史の観点から行われてきた。しかしそれらが社会との関係を等閑視しているわけではない。例えば佐道明広は、六〇年安保闘争後の自衛隊が日米安保中心主義のもとで主体的な防衛構想を策定する余地を限定されたうえ、国民の支持獲得の重要性が高まったことから災害出動や広報活動に力を入れていったと指摘する[21]。つまり自衛隊も戦前の陸海軍と同様、国民的支持基盤の育成を重要視していたのである。また真田尚剛は、一九七〇年代初頭の自衛隊が一九七一年の雫石航空機衝突事故や七三年の長沼事件自衛隊違憲判決、防衛費拡大などによる社会的批判にさらされていたことが「防衛力の限界」論、のちの基盤的防衛力構想登場の背景にあったとみる[22]。

一方で、自衛隊の広報史に関する研究は少ない。そのなかで須藤遙子は自衛隊が制作に協力した映画を分析し、一九六四年の『今日もわれ大空にあり』に始まる映画に「誰かに救護を求められていないにもかかわらず、あたかも自らの「使命」であるがごとく愛する国家や人々を守ることに生命をかける」という「「守る」イデオロギー」の涵養をみる[23]。近年の「萌え」を使った自衛隊員募集ポスターなどの例もふまえ、ポピュラーカルチャーと政治との関係に関する分析の進展が待たれる。

隊員募集ポスターが示すように、自衛隊の広報と隊員獲得は密接な関係を持つ。しかし自衛隊にとって定員充足は常に頭痛の種であるにもかかわらず、その広報・宣伝研究は同時代のジャーナリスティックなものや、植村秀樹の防衛白書研究[24]、佐藤文香の隊員募集ポスターのジェンダー表象研究[25]を除けば今後の課題である。自衛隊生徒に関してはわずかに逸見勝亮の論文があり、かれの陸海軍少年兵の論文[26]をあわせて読むと、少年動員の面からも戦前と戦後の連続面が浮かび上がってくる[27]。また、福浦厚子による自衛官の「婚活」研究は隊員充足の問題を別の角度から浮かび上がらせる[27]。また、自衛隊の退職者団体・隊友会に関する津田壮章の研究[28]は、自衛隊と社会との接点のあり方について、隊員募集の研究とは違った視点から論点を提供している。

戦後の本土における基地問題が沖縄への基地移転・集約によって〝解決〟が図られたことは周知の通りであるが[29]、

本土から米軍基地がなくなったわけではない。榎本信行は軍事基地と住民との関係を立川・横田基地騒音問題を事例に考察している[30]。自衛隊の駐屯地・基地と近隣住民の関係を扱った研究も今後進展してゆくことだろう。

自衛隊にとって、災害派遣は国民に対し自己の存在意義を示すための重要な業務だった。吉田律人は、自衛隊の「災害派遣制度の原型は戦前の災害出動制度にあ[31]」ったと指摘する。つまり戦前の陸海軍と戦後の自衛隊には災害派遣という面での連続性が存在するのである。村上友章は伊勢湾台風（一九五九年）をはじめとする自衛隊災害派遣の歴史を概観し、同台風時の人命救助が在日米軍の支援なしには成立しなかった、その後阪神・淡路大震災まで大規模な災害が発生しなかったため自衛隊においても災害派遣の重要性が忘れられて広報の一環と位置づけられた、などの興味深い事実を提示する[32]。

治安出動は、いわゆる間接侵略[33]への備えを強調した一九六〇年代の自衛隊――とくに陸上自衛隊にとって重要な任務だった。自衛隊にとって国民は支持基盤であったが、有事においては〝騒乱〟を起こしかねない相手でもあった。一九六三年の三矢《みつや》研究など自衛隊の治安出動研究については、纐纈厚が有事法制史の一環として考察を行っている[34]。そこで批判的に強調されるのが、戦前の戒厳令や軍事機密保護法制、国家総動員法など戦前の諸制度と戦後との連続性である[35]。

戦前の陸海軍のアイデンティティ、精神的支柱は「天皇の軍隊」であることに求められた。では戦後の自衛隊は自らのアイデンティティをどこに求めたのであろうか。植村秀樹は一九六〇年代から七〇年代の陸上自衛隊に旧軍の影響力がどの程度残ったのかを考察し、自衛隊ならではの精神的支柱の欠如を指摘する[36]。植村が指摘するように、自衛隊が天皇の軍隊に戻ることはもはやないであろうにせよ、旧軍的な思考法がどの程度残っているのかを外部からうかがい知るのは難しい。そのような中でサビーネ・フリューシュトゥックは、自衛隊内の「男らしさ」という価値観に着目し、体験入隊による参与観察やインタビュー調査、文化論的考察を行っている[37]。

## 2　自衛隊と社会との接点とは

以上の研究史を踏まえ、本巻第Ⅱ部〈自衛隊と社会〉に収録された諸論文の概要を述べよう。佐々木知行「第5章　自衛隊と市民社会——戦後社会史のなかの自衛隊」は「『国民』の軍隊」として成立した自衛隊が国民からの批判を回避するため民生支援事業に取り組んでいった過程を、北海道をフィールドとして描く。むろんすべての国民が自衛隊を支持したわけではなく、基地問題などをめぐる摩擦が生じた。自衛隊基地については反対運動と経済的利益を求めての誘致運動が併存し、国民の自衛隊（とその基地）観は複雑である。清水亮「第6章　自衛隊基地と地域社会——誘致における旧軍の記憶から」は戦後の茨城県南部における自衛隊基地誘致活動をとりあげ、それが戦前の海軍航空隊基地のもたらした経済的利益の記憶に基づいていたものの、戦後の経済成長による利益の埋没化、騒音問題などでしだいに「迷惑施設」化していくとする。野上元「第7章　防衛大学校の社会学——市民の「鏡」に映る現代の士官」は、士官（教育）はその国の社会や市民、とくにエリートのあり方を映し出す「鏡」であるとの見地から、士官養成機関としての防衛大学校の国際的な比較分析の可能性を提起する。

一ノ瀬俊也「第8章　自衛隊と組織アイデンティティの形成——沖縄戦の教訓化をめぐって」は、陸上自衛隊が一九六〇年に行った沖縄戦史研究を分析し、それが有事研究の一環であった可能性を指摘するとともに、沖縄戦がその後の自衛隊の戦史研究・教育のなかで旧軍的「玉砕」精神を潜在的に鼓吹するものとして肯定的にとらえられていく様を述べる。佐藤文香「第9章「自衛官になること／であること」——男性自衛官の語りから」は、男性幹部自衛官の経験とアイデンティティのあり方をインタビュー調査により分析する。彼らは「国防」の第一線に立つ立場でありながら日常の業務が演習や災害派遣であること、自衛隊が社会からの批判にさらされていることへの違和感を語る。彼らのアイデンティティは「単調」で「退屈」な仕事をこなす（と彼らがみなす）外部のサラリーマンや、隊内部の職種のヒエラルキーによりかろうじて支えられている。須藤遙子「コラム③「萌え」と「映え」による自衛隊広報の変容」が描くのは、いわゆる「萌え広報」に注力しつつもそれが実際の隊員充足に結びついていない自衛隊の〝今〟である。松田ヒロ子「コラム④ 自衛隊と地域社会を繋ぐ防衛博覧会——小松市「伸びゆく日本 産業と防衛大博覧会」(一九六二年)を中心に」はかつての自衛隊が各地で行っていた防衛博覧会は国防意識の鼓吹ではなく、地域住民の支持調達のために最先端の科学を紹介するエンターテインメントの場であったとする。

以上の諸論文からは、戦前との連続性を少なくとも戦後のある段階までは色濃く持ち、社会との接点や承認なしには個々の自衛官も含めて存立し得ない自衛隊の姿が浮かび上がる。

## 五 「軍隊と社会」の現在を問う方法

最後に、以上のようにとらえられ、本巻所収の論文において示された「軍隊と社会」という研究領域について、今後の研究を進めるにあたって必要な「方法」をいくつか整理しておきたい。

### 1 軍隊という社会——軍事組織と市民社会という観点

「軍隊と社会」の探究において、軍隊という組織をブラックボックス、あるいは一枚岩として扱うことは避けなければならない。なぜなら軍隊もまた、所属する人間によって構成されるひとつの「社会」であるからだ。各国の軍隊は近代官僚制的な組織的特徴を備えている一方で、機械ではなく「人間」によって構成されており、様々な非機械性と非合理性を含み、独特の慣行や思考法を持つ「軍隊文化」を持っている。それをとらえるための視座に名前をつければ、「軍隊という社会」研究となるだろうか。

「軍隊と社会」研究において「軍隊という社会」の視座が重要なのは、現代の軍隊と社会とが相互に深く関連しあっているからである。そしてその再帰性も加速している。[38] 軍はつねに市民社会からの支持や批判を意識しており、そのぶんだけ市民社会のほうも一層熱心に「軍隊という社会」を注視する必要があるということだ。そうすると、「軍隊と社会」という視座は両者を二項対立的にとらえているにすぎないためにまだ不十分で、やや迂遠な言い回しながら求められるのは、「市民社会を意識する軍隊という社会と、これを注視する市民社会」という視座となる。

現代の軍隊の社会学的把握を試みる分野に、軍事社会学がある。先に述べたとおり軍事社会学は、シビリアン・コントロールはいかにあるべきかという問題意識を起源として誕生し、政治学的な政軍関係論をさらに「軍隊と社会」研究および「軍隊という社会」研究へと展開させてきた。徴兵制の廃止や冷戦の終結など、軍隊のありようをめぐる大きな状況の変化に遭遇しながら、I/O理論（institution: 公的制度としての特質と occupation: 職業としての特質の両面から軍隊を捉える二分法）やポストモダンミリタリー論（主要任務の変更を踏まえ、より広範囲に社会規範を受け入れて変容してゆく軍隊）などの枠組みにおいて、軍隊を解明しようとし続けてきた。「軍隊という社会」をとらえる現代的視座として、今後も軍事社会学は参照されるべきだろう。

## 2　歴史と比較——帝国日本軍と自衛隊を捉える視座

軍隊に関する科学的な歴史研究は、過去の戦争・戦闘から戦訓を引き出し一般化して法則を取り出すために軍学校や参謀本部で行われてきた。軍人たちの「実用」に繋がるそれらを「狭義の軍事史」とすれば、近年注目されているのは、それにとどまらない「広義の軍事史」、あるいは「新しい軍事史」研究である。本巻所収の諸論考が示しているように、日本において（広義の）軍事史研究の広がりがある一方で、西洋史研究および海外における歴史研究におけるそれも見過せない。[39] そこで探究されているのは、近世・近代における軍隊・国家・社会の相互関係である。近世における傭兵中心の軍隊から常備軍への転換、市民革命後の国民軍への更なる転換という巨視的な枠組みのもと、徴兵や軍事訓練・兵営生活の実際、士官・将校の育成、軍制改革や軍規の整備などが探究されている。これらは帝国日本軍および近代日本社会の歴史を相対化する認識をもたらすだろう。これを軍事社会学とあわせれば、比較相対化による認識の強度は一層高められる。ただし、そこに西洋中心主義を持ちこみヨーロッパ近世・近代史、あるいは現代アメリカ軍を理念型の中心モデルにしてしまう危険性には注意しなければならない。

ともあれ相対化の試みは、軍隊をめぐる様々な問題や状況の原因や理由をより繊細に腑分けし、それが軍隊の変えようのない本質によるものなのか、我々の工夫によって修正が可能な部分なのかを見極めるための認識を深めるだろう。実は、それが本巻において帝国日本軍と自衛隊を対象とする論文を併せて収めている理由でもある。二つの「日本の軍隊」を併せて問うことで、両者の連続／断絶を問う認識と、両者を比較する認識とが同時にもたらされているはずである。

## 3　「軍隊と社会」という視座をさらに展開させるために

軍隊・軍事研究の成果は政治学分野には分厚く蓄積し、経済学からのアプローチも存在する。[40] これらの学問領域と連携・総合しつつ、そこからもれ落ちるものがないかを考えてゆくのも「軍隊と社会」研究の課題であろう。その一つとして、技術への視点も問われるべきである。例えば、幹線道路・鉄道や電信電話、インターネット、GPSなどをめぐる技術の社会史・メディア論をみれば分かる通り、我々が技術と呼ぶ様々な領域の多くは戦争や軍事と深いかかわりを持っている。そのため、民生技術の軍事利用と軍事技術の民生利用は、なかなか簡単には区別できない。重要なのは、技術が我々の社会をどのように変え、逆に技術は人間によってどのように馴致されてきたのか、というメディア論・メディア史的な視点である。[41] 新しい技術が誕生すると次の戦争が予見され、それに合わせて軍隊が変わってゆく。かくして変わった軍隊を、ふたたび社会との関係でみていこう、ということである。

最後に、「軍隊と社会」という視座を一方的なものとしないために、逆に一般社会の軍隊・軍事的なものへの関心・態度に注目することも重要な視点である。内閣府が随時行っている「自衛隊・安全保障に関する世論調査」の諸項目をより詳細に検討する社会調査が求められている。[42] また、娯楽や趣味的な関心、あるいは時事問題に関連する関心としての「軍事」「自衛隊」についても調査研究が必要だろう。[43] 今後も、軍隊社会と市民社会の相互浸透と軋轢に様々な視点から注目してゆく必要がある。本巻所収のそれぞれの論考は、そのために提供される任意の探究の出発点の一例と考えて欲しい。

（1）M・ジャノビッツ／張明雄訳『新興国と軍部』世界思想社、一九六八年。
（2）ポール・ポースト／山形浩生訳『戦争の経済学』バジリコ、二〇〇七年。本書によれば、例えばアメリカにおいて軍事費の国家予算比・GDP比は減っている（総額は増えている）。戦前日本の軍事費の支出に関しては、『帝国書院　歴史統計』「軍事費（第一期～昭和二〇年）」（https://www.teikokushoin.co.jp/statistics/history_civics/index05.html）を参照。
（3）河野仁「ポストモダン軍隊論の射程――リスク社会における自衛隊の役割拡大」村井友秀・真山全編『リスク社会の危機管理（安全保障学のフロンティアⅡ）二一世紀の国際関係と公共政策』明石書店、二〇〇七年。
（4）E・ゴフマン／石黒毅訳『アサイラム――施設被収容者の日常世界』誠心書房、一九八四年、M・フーコー／田村俶訳『監獄の誕生――監視と処罰』新潮社、一九七七年。
（5）米軍基地に関しては、難波功士編『米軍基地文化（叢書　戦争が生み出す社会Ⅱ）』新曜社、二〇一四年、青木深『めぐりあうものたちの群像――戦後日本の米軍基地と音楽　1945―1958』大月書店、二〇一三年。
（6）川名晋史『基地の政治学――戦後米国の海外基地拡大政策の起源』白桃書房、二〇一二年、K・E・カルダー／武井楊一訳『米軍基地再編の政治学』日本経済新聞出版、二〇〇八年。
（7）C・エンロー／望戸愛果訳『バナナ・ビーチ・軍事基地――国際政治をジェンダーで読み解く』人文書院、二〇二〇年。
（8）飯塚浩二『日本の軍隊』東大協同組合出版部、一九五〇年、八三頁。
（9）吉田裕『日本の軍隊――兵士たちの近代史』岩波新書、二〇〇二年。

(10) 藤原彰『餓死した英霊たち』青木書店、二〇〇一年。
(11) 大江志乃夫『日露戦争の軍事史的研究』岩波書店、一九七六年。
(12) 大濱徹也『天皇の軍隊』教育社歴史新書、一九七八年。
(13) 「［総合資料構成］日本の民衆動員　戦争とファシズムへ」『季刊 現代史』六号、一九七五年八月。
(14) 黒羽清隆『軍隊の語る日本の近代（上・下）』そしえて、一九八二年など。
(15) 菊池邦作『徴兵忌避の研究』立風書房、一九九七年。
(16) 加納実紀代『新装版 女たちの〈銃後〉 増補新版』インパクト出版会、二〇二〇年。
(17) 荒川章二『軍隊と地域（シリーズ日本近代からの問い 6）』青木書店、二〇〇一年、原田敬一『国民軍の神話――兵士になるということ（ニューヒストリー近代日本 4）』吉川弘文館、二〇〇一年。
(18) 広田照幸『陸軍将校の教育社会史――立身出世と天皇制』世織書房、一九九七年。
(19) 中嶋晋平『戦前期海軍のPR活動と世論』思文閣出版、二〇二一年、藤田俊『戦間期日本陸軍の宣伝政策――民間・大衆にどう対峙したか』芙蓉書房出版、二〇二一年など。
(20) 平井和子『日本占領とジェンダー――米軍・売買春と日本女性たち（フロンティア現代史）』有志舎、二〇一四年、恵泉女学園大学平和文化研究所編『占領と性――政策・実態・表象』インパクト出版会、二〇〇七年。
(21) 佐道明広『戦後日本の防衛と政治』吉川弘文館、二〇〇三年。
(22) 真田尚剛『「大国」日本の防衛政策――防衛大綱に至る過程　1968～1976年』吉田書店、二〇二一年。
(23) 須藤遙子『自衛隊協力映画――『今日もわれ大空にあり』から『名探偵コナン』まで』大月書店、二〇一三年。
(24) 林茂夫『高校生と自衛隊――広報・募集・徴兵作戦』高文研、一九八六年、植村秀樹「防衛白書の変遷――1970～1982年」『流通経済大学法学部流経法學』一五巻一号、二〇一五年八月（植村は白書分析を二〇一二年版まで同誌上にて継続している）。
(25) 佐藤文香『軍事組織とジェンダー――自衛隊の女性たち』慶應義塾大学出版会、二〇〇四年。
(26) 逸見勝亮「自衛隊生徒の発足――1955年の少年兵」『日本の教育史学』四五号、二〇〇二年、同「少年兵史素描」『日本の教育史学』三三号、一九九〇年。
(27) 福浦厚子「自衛隊研究の諸相――民軍関係と婚活」『フォーラム現代社会学』（関西社会学会）一六号、二〇一七年。
(28) 津田壮章「自衛隊退職者団体の発足と発展――1960年代の隊友会を中心に」『立命館法政論集』一一号、二〇一三年など。
(29) その過程を扱った近年の研究に、池宮城陽子『沖縄米軍基地と日米安保――基地固定化の起源　1945―1953』東京大学出版会、二〇一八年、川名晋史『基地の消長　1968―1973――日本本土の米軍基地「撤退」政策』勁草書房、二〇二〇年などがある。

(30) 榎本信行『軍隊と住民――立川・横田基地裁判を中心に』日本評論社、一九九三年。
(31) 吉田律人「昭和期の「災害出動」制度――関東大震災から自衛隊創設まで」『史学雑誌』一二七巻六号、二〇一八年。戦前の陸海軍の災害出動については同『軍隊の対内的機能と関東大震災――明治・大正期の災害出動』日本経済評論社、二〇一六年。
(32) 村上友章「自衛隊の災害救援活動」五百旗頭真監修／片山裕編著『防災をめぐる国際協力のあり方――グローバル・スタンダードと現場との間で(検証・防災と復興 2)』ミネルヴァ書房、二〇一七年、同「自衛隊の災害派遣の史的展開」『国際安全保障』四一巻二号、二〇一三年九月。
(33) 「外国の教唆・指導・支援あるいは干渉により引き起こされた大規模な内乱、騒擾(じょう)をいう」(陸上幕僚監部編『訓練資料101―20 用語集』一九六八年一一月)。
(34) 纐纈厚『有事法制とは何か――その史的検証と現段階』インパクト出版会、二〇〇二年。
(35) 災害出動と治安出動は切り離せない性格を持つ。戦前日本軍の治安出動については前掲注(31)吉田 二〇一六年および松下芳男『暴動鎮圧史』柏書房、一九七七年を参照。
(36) 「自衛隊における〝戦前〟と〝戦後〟」『年報 日本現代史』一四号、二〇〇九年。
(37) サビーネ・フリューシュトゥック／花田知恵訳『不安な兵士たち――ニッポン自衛隊研究』原書房、二〇〇八年。
(38) 野上元「軍事におけるポストモダン――現代日本における社会学的探究のために」『社会学評論』七二巻三号、二〇二一年。
(39) 坂口修平編『歴史と軍隊――軍事史の新しい地平』創元社、二〇一〇年、坂口修平・丸畠宏太編『軍隊(近代ヨーロッパの探究12)』ミネルヴァ書房、二〇〇九年、鈴木直志『広義の軍事史と近世ドイツ』彩流社、二〇一四年など参照。
(40) 例えば前掲注(2)ポースト 二〇〇七年など。
(41) 佐藤卓己『現代メディア史 新版』岩波書店、二〇一八年、フリードリッヒ・キトラー／石光泰夫・石光輝子訳『グラモフォン・フィルム・タイプライター(上・下)』ちくま学芸文庫、二〇〇六年。
(42) その試みとして、ミリタリー・カルチャー研究会編『日本社会は自衛隊をどうみているか――「自衛隊に関する意識調査」報告書』青弓社、二〇二一年。
(43) その試みとして、吉田純編／ミリタリー・カルチャー研究会『ミリタリー・カルチャー研究――データで読む現代日本の戦争観』青弓社、二〇二〇年。

# 第I部

# 旧日本軍と社会

第１章

# 軍事エリートと戦前社会
## ――陸海軍将校の「学歴主義的」選抜と教育を中心に

河野　仁

## はじめに

戦前日本において、「高等文官」と「高等武官」は文武のエリート官僚であった[1]。特に、明治期日本の近代的官僚制は、維新後すぐに整備が始まった「武官制度」をモデルとして「文官制度」が遅れて制度化されたこともあり、「陸軍官僚制」の制度化は、日本の近代化を牽引する役割を果たしていた[2]。大日本帝国憲法において、国家元首として統治権を総攬し、陸海軍を統帥する大元帥たる天皇を頂点とする戦前日本の社会的ヒエラルヒーの重要な一翼を担っていたのが、「軍事エリート」である[3]。現代のエリート官僚から国会議員を経て政治エリートの頂点たる内閣総理大臣となる現代のパターンの原型は、戦前期に作られたが、初代内閣総理大臣の伊藤博文以降、一九四五（昭和二〇）年八月の終戦直後まで計三〇名の内閣総理大臣のうち、一六名が現役・退役の陸海軍中・大将の「軍事エリート」であり、戦前期の「軍事エリート」は「政治エリート」とも重なる社会集団であった[4]。

筆者はこれまで、近代日本における軍事エリートの形成過程をテーマに、陸海軍将校の選抜・教育の問題を取り上げた論稿をいくつか発表してきた[5]。本章では、これまでの類似テーマに関する他の研究者による研究成果を幅広く振り返りながら、改めて陸海軍のエリート軍人は、戦前期の社会において、どのような選抜と教育の過程を経て形成されたのかを再検証してみたい。

## 一　軍事エリートの「学歴主義的」選抜と教育――軍事エリート形成システム

近代日本の軍事エリート形成システムは、エリートの「学歴主義的選抜」という点に特徴がある。近代的な官僚制においては、官僚の任用資格は特定の身分にもとづくのではなく、行政官僚としての専門教育の有無と、競争的な選抜試験によって決定される。明治期の陸海軍将校は、軍事官僚であると同時に、軍事専門職でもある。陸海軍将校の軍事専門職化の進展は、軍事専門知識と技能を教授する軍学校教育制度の整備と業績原理に基づく能力主義的な昇進制度の確立の過程でもあった[6]。そのため、陸軍士官学校や海軍兵学校といった軍事専門教育機関、あるいは陸軍大学校や海軍大学校といった軍事高等専門教育機関は、軍事エリートの選抜と教育において重要な役割を果たしていた。さらに、陸軍においては「士官候補生」の補充学校としての陸軍幼年学校もエリート形成の主要なルートとなっており、「陸幼―陸士―陸大」、「海兵―海大」の軍事エリート形成ルートが次第に確立していった[7]。

しかしながら、「学歴主義的」エリート形成システムの確立に付随して、その負の側面である「学歴の身分化、カースト化」という病理現象が最も顕著にあらわれたのも軍事エリート形成システムの特徴であった。たとえば、陸軍における陸軍幼年学校卒業者をめぐる「陸軍幼年学校問題[8]」、陸軍大学校卒業者の特権化に伴うさまざまな問題を象徴的に示す「天保銭（陸大卒業生徽章）問題」などである。海軍では、過度の成績主義・学歴主義的選抜の弊害として、「ハンモックナンバー（海兵卒業席次）」問題や「機関科将校問題」が指摘されることもある[9]。

武石典史の研究によれば、陸幼組は中学組にくらべて陸士卒業序列は上中位に偏る傾向があり、陸大への入校率や陸大の優等卒業者（軍刀組）輩出率においても陸幼組のほうが中学組を上回っていた。さらに、三官衙（陸軍省・参謀本部・教育総監部）の課長級以上への補職歴でも陸幼組のほうが中学組を凌駕しており、陸大卒の学歴だけでなく、陸士・陸大における卒業成績も考慮されていたという[10]。

こうした陸軍組織内における学歴主義的エリート選抜の傾向については、筆者もかつて検証したことがある。陸幼・中学出身の区別はしていないが、陸軍大学校と海軍大学校の卒業歴が将官昇進率にどのように影響しているかを確認したところ、陸軍将官（少将以上）昇進率は、陸大卒が七七・六％、非陸大卒が九・一％と約八・五倍の差があり、中将以上への昇進率ではさらに格差が広がり、陸大卒四六％に対し非陸大卒一・七％と二七倍の格差がみられた。また、同じく、海軍将官（少将以上）昇進率は、海大卒七五・四％、非海大卒一五・四％、格差約五倍、中将以上昇進率では、海大卒四三・六％、非海大卒五・三％、格差約八倍となっており、陸軍よりは若干学歴間格差は少なかったものの、陸海軍ともに陸海大卒の学歴の有無が明確に将官昇進を左右していたことを確認した[11]。また、陸軍省と参謀本部のエリートポストのうち、最も陸大卒業成績が重視されたのは参謀本部の作戦部長と作戦課長のポストであることも確認できた[12]。ただし、学歴主義・成績主義的なエリート選抜の原則も、将官等トップエリートへの昇進においては、藩閥等の「派閥力学」が影響しているらしいことも示唆された[13]。

## 二　軍事エリートの社会的選抜——出身階層と社会的基盤

欧米諸国に比べて、遅れて近代化を開始した明治期の日本においては、「近代化の後発国」に典型的にみられるエリート人材の育成パターンが確立されていた。すなわち、学校教育制度によって社会変革の要請に呼応したエリート人材を育成して、社会の近代化を推進してきたのであり、その中核に「旧制高校―帝国大学」という「正系」ルートをたどった政治・経済エリートが存在した。[14] 一方、陸軍士官学校・海軍兵学校等の軍学校は、エリートへの「王道」から外れた「傍系」ルートのひとつに位置づけられた。社会の上流あるいは上層中流階層の子弟に限定される傾向にあった「正系」ルートを、経済的に選択できなかった階層の子弟が選ぶ、比較的安価な「立身出世」ルートが、軍学校を経由する軍事エリートへの道であった。

戦前期の陸軍将校の出身階層を詳しく調べた廣田照幸は、政治・経済エリート養成の正系ルート（旧制高校―帝国大学）には上流階層出身が多く、軍事エリートに進む軍人養成ルートには主として中流階層の子弟が集まる傾向がみられることを「社会的分節化」と呼んだ。また、その「社会的分節化」傾向は、明治から昭和初期にかけて次第に顕著になる点や、西洋諸国の土地所有貴族との結びつきが強い将校団とは違って、旧特権身分層たる士族が身分集団としてのまとまりを急速に失い、それと同時に、「学力」試験による能力主義的で階層開放的な人材の選抜方法が「きわめて容易に」定着した点も強調している。[15] さらに、明治期の陸軍官僚制の形成過程を検証した大江洋代も、陸軍が身分制でなく、試験成績や能力を重視した能力主義的な任用・昇進システムを採用し、[16] 人材登用における公平性を担保していたことは、明治期の青少年の「立身出世」意欲をかきたて、「明治期近代化のエネルギー」となったと指摘する。[17]

## 1 「社会的分節化」説の再検証

さて、ここでもう一度、前述の廣田による「社会的分節化」説の根拠となったデータを確認してみよう。

まず、戦前期の旧制中学校の生徒にとって、陸軍士官学校や海軍兵学校といった軍学校への進学が「進学ルート」として、どのように位置づけられていたのかが、いくつかの中学校卒業者の進学先を示す統計資料や軍学校採用者の出身地・族籍・父兄職業を示す統計データの分析をもとに、軍学校進学を望ましい選択肢と考える社会階層と、旧制高校―帝国大学ルートのほうを望ましいと考える社会階層との「ズレ」が生じていたことが示される。地域差については、各地域の「高校・大学予科入学者一〇〇人に対する陸海軍諸学校入校者数」の数値によって示される「軍学校進学傾向」の違いをみれば明らかとなる。たとえば、東京では一九二三・二四年に「一・八」、一九三七・三八年で「七・五」であるのに対し、九州では一九二三・二四年に「七・三」、一九三七・三八年には「六二・一」(全地域で最高値)と大きな違いがある。ちなみに、一九三七・三八年の山口では「五八・三」、鹿児島では「一〇五・六」である。(18)ここで興味深いのは、明治期に軍事エリートの主流派であった「藩閥エリート(薩長閥)」の影響力がすでにかなり衰退していた一九三〇年代後半において、むしろ鹿児島・山口県出身者の軍学校進学傾向が急速に強まっている点である。

さらに、父兄職業の統計資料をもとに、農業・商業・工業・公務自由業の各セクター間で、どの程度陸幼・陸士といった軍学校への志望動向が違うのかを「軍人志向度指数」(陸幼・陸士入校者の父兄職業構成比率÷中学本科入学者父兄職業比率)という独自に算定した指標により検証している。

この「軍人志向度指数」を算出することのメリットは、単純に、陸幼・陸士入校者の父兄職業構成比率の時系列的変化だけをみただけではわからない各職業セクターの子弟の軍キャリア志向の強さをかなり正確に測定できるようになるということである。廣田は、この軍人志向度指数を検討する前の段階で、「選抜度指数」(採用者父兄の職業構成比率÷全有業人口中の職業構成比率)の検討もしている。日本社会全体の職業構造の変化による影響を除去するためである。しかしながら、この選抜度指数をみる限りでは、公務自由業の選抜度は農業セクターと比べて数倍高い数値を示すこととなり、農家の子弟よりも公務自由業家庭の子弟のほうが軍人を強く志望していたかのように思われる。だが、見かけ上の選抜度指数の高さは、各セクター間での中学校進学率の違いに大きく影響されてしまっているため、この中学校進学率の違いによる影響を除去してみなければ、各セクターの軍人志望の度合いを正確に測定することにはならない。これが「軍人志向度指数」を算定することの目的である。その結果、陸幼入校者の場合、明治後期にはほぼ同じ志向度だった「農業」と「商業」セクターは、その後「農業」の方が「商業」を上回るようになる一方で、「工業」

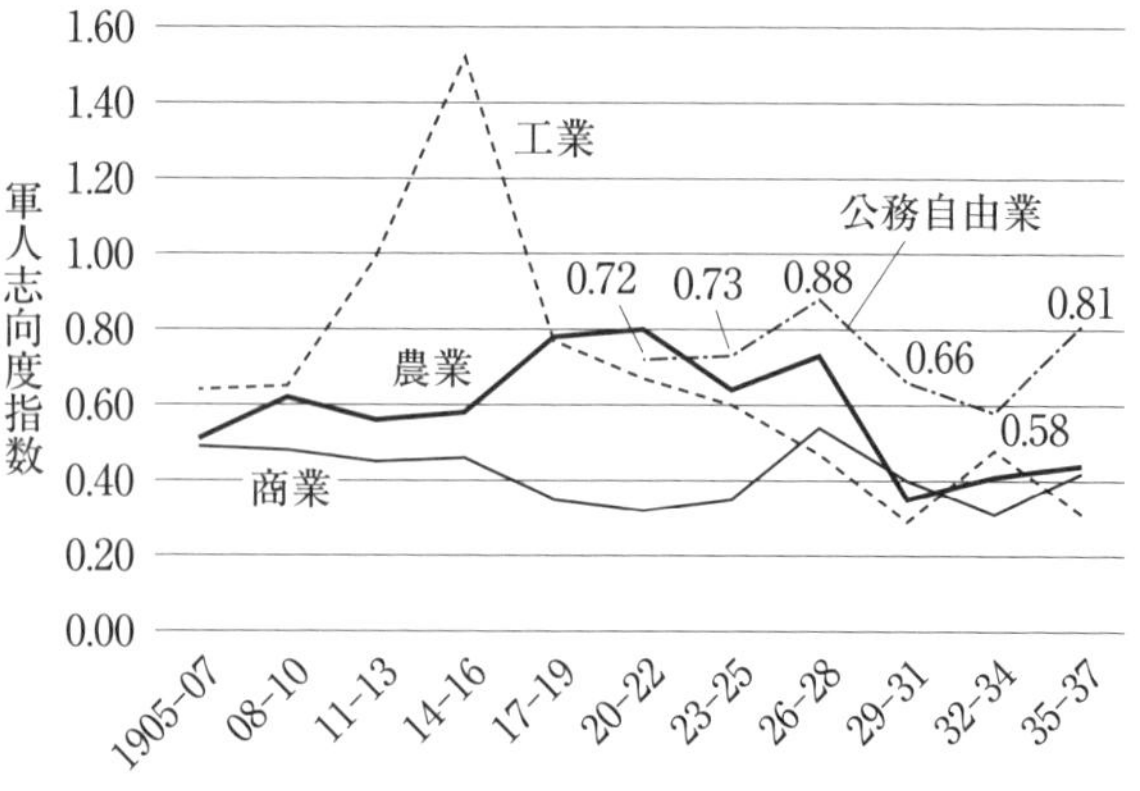


**図1**　軍人志向度の年次推移(陸幼)

セクターは第一次世界大戦期に志向度が非常に高くなったものの、その後次第に低下して昭和初期には低迷。昭和期以降になると、一般の中学よりも費用がかかる陸幼を「農業」は敬遠する反面、「公務自由業」が一貫して高い「陸幼」志向度を維持していた[19](図1)。

一方、「陸士」への志向度については、明治末期には高かった「工業」は次第に低下してゆき、大正期になってからは「農業」の志向度のほうが、他のセクターとくらべてかなり高いレベルで推移していた。また、日中戦争期になると、「農業」の「陸士」志向度がやや低下する一方で、「公務自由業」「商業」は「陸士」志向度がやや上昇傾向に転じた[20](図2)。

しかしながら、これらの大まかな職業分類データだけでは、軍学校入校者の出身階層(社会経済的地位)の上下についてはよくわからない。そこで、他のデータによる補足的情報が必要になる。たとえば、一九二一(大正一〇)年の陸幼と陸士採用者の家庭状況調査を廣田は引用し、「社会上流ノ地位」(陸幼九%、陸士五・七%)、「相当ノ地位」(陸幼三九%、陸士三〇・一%)、「生計上支障ナキ」(陸幼四三・五%、陸士四一・五%)、「辛シテ独立ノ生計ヲ営ミ得ル」(陸幼八・五%、陸士二二・八%)という四段階の評価の結果から、全体的には陸幼採用者の階層が比較的高く、陸士採用者の約四分の一に相当する割合の者が経済的には恵まれない階層出身であったことが推察されている[21]。

そのため、廣田は一九二二年卒業期以降の陸士卒業生を対象とした筆者によるアンケート調査の結果(陸士入校時の父親職業細分表)を参照しつつ、父親の職業が「文官・公務・専門自由」業のうち「半分以上が一般公吏」、「学校」のうち「四〇%が一般教師」、「農業」のうち「自作・自子作」が多く、「三町歩未満の中小農家」が大半であったことから、これらの陸士入校者の出身階層は「社会の上流」というよりは「社会の中層」を募集基盤としていたとみるべきであると指摘している[22]。したがって、「社会的上層」の子弟は「旧制高校―帝大」ルートを志向し、「社会的中層」の子弟は「社会的上昇移動のバイパスとして軍人を積極的に志向[23]」していたと廣田は結論づけている。

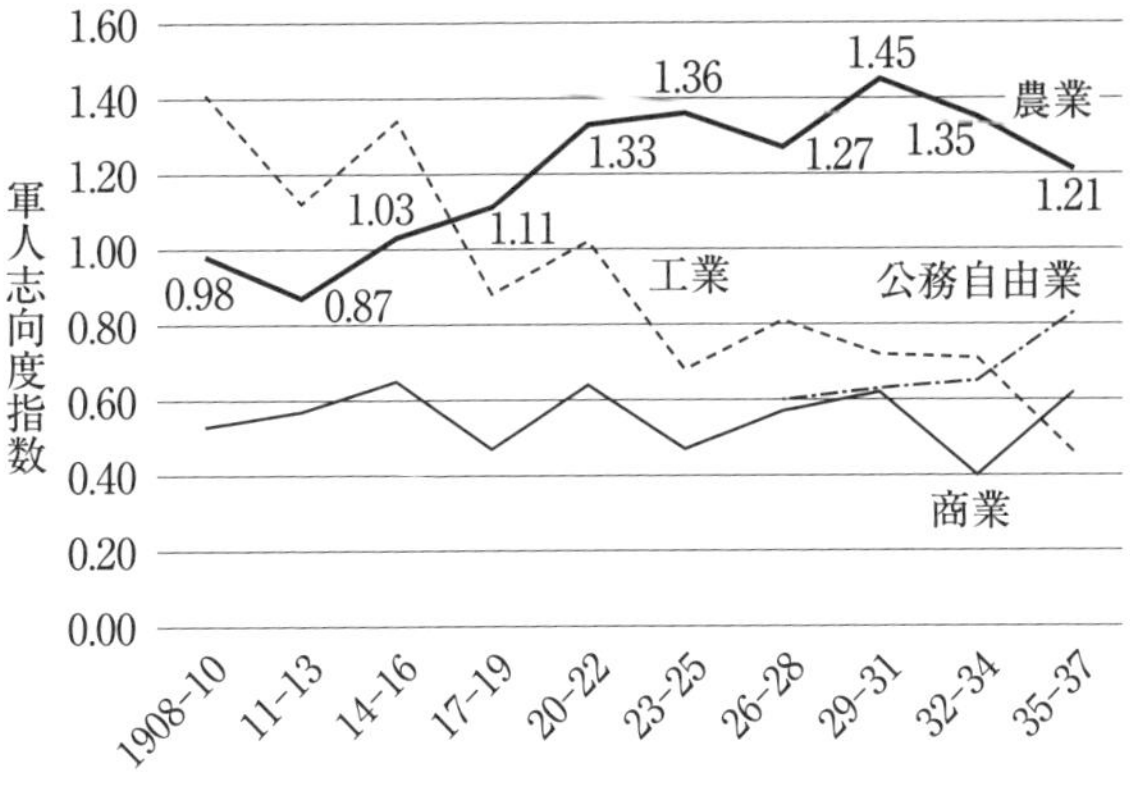

**図2**　軍人志向度の年次推移(陸士)

こうした文官エリートコースと武官エリートコースとの「社会的分節化」については、すでに各種のエリート研究でも示唆されており、けっして目新しい論点ではない[24]。しかしながら、武石によれば、陸幼組の出身階層は比較的高く、武官を中心とした「近代セクター(武官+公務自由業)」を基盤としていたのに対し、中学組は「農業セクター」が基盤となっており、陸幼組と中学組との出身階層の重なりは小さく、従来の「陸軍将校＝農業層」「帝大生・官僚＝新中間層」という単純な図式は、見直されるべきであるという[25]。さらに、昇進の過程をみると、陸幼組のほうが中学組よりも陸士成績優秀者が多く、進級速度が速い傾向があり、陸大卒や陸大軍刀組(成績優秀者)の輩出率も高かったという。そのため、陸軍のエリート(将官)層に占める陸幼組の割合が高くなっており、陸軍将校集団の上層部であればあるほど、「近代セクター色・都会色」が強まる傾向があった[26]。こうした指摘をふまえて、今後の研究においては、陸軍将校集団内部における幼年学校出身者と中学出身者の間の「階層分化」といった「二重の社会的分節化」についても、注意が必要であろう。

## 三　軍学校受験動機と教育過程への適応

ところで、近代日本の軍事エリートとなることを志向した陸海軍学校への志願者は、どのような動機により、軍キャリアを選択したのだろうか。また、どのように軍学校教育に適応したのだろうか。ここでは、一九八五年に実施された陸士・海兵卒業生対象のアンケート調査の結果を用いて、当事者の立場からみた「軍事エリート」志望の動機と教育過程への適応状況を明らかにしてみたい(27)。

まず、陸幼・陸士・海兵の志望動機を確認してみよう(表1)。

陸幼と陸士受験の動機面において、「国家有用の人材になる」(陸幼六六・七%、陸士六九・九%)との動機が最も肯定回答率が高い点は共通しているものの、「家族・親族の後継(父または祖父・兄・おじの後を継ぐ)」(陸幼四六・四%、陸士二三・八%)を受験動機に挙げた者は、陸幼全体で半数近くとなっている一方で、陸士受験者では四分の一以下にとどまっている。他方で、「経済的理由(家の経済状態では中学・高校・大学までの学資の出資は困難だ)」を動機として挙げた者は、陸士全体で五五%となっている一方で、陸幼では二八%と大きな開きがある。幼年学校出身者と中学出身者の間の階層分化を示す結果であるといえる。もともと陸幼は戦争遺児の救済を目的としており、武官の子弟に対する納金の免除などの優遇措置もあった。また、旧制中学校の学費よりも相当高い納金制度のゆえに、そもそも経済的には豊かな階層の出身者が多かった。なお、前述の武石の研究においても、陸幼と陸士入校者の出身階層の重なりは比較的小さく、むしろ陸幼入校者の「近代セクター(武官を含む公務自由業)」出身者の割合は、高校―帝大入校者のそれを上回っていたことが明らかにされている(28)。

さらに、「国体護持」(陸幼三三・五%、陸士五三・五%)を受験動機にあげた者の割合も陸幼と陸士では全体で二〇ポイントの開きがあり、「天皇への奉仕(天皇陛下のために奉仕する)」(陸幼四九・四%、陸士六二・三%)を理由に挙げた割合も陸幼より陸士入校者のほうが全体で一〇ポイント以上高く、陸士五八―六一期(終戦時在学中)においては二八ポイントもの開きがある。このことは、廣田の描いた「天皇制イデオロギー」を積極的に内面化しようとする幼年学校生徒像とは裏腹に、陸軍幼年学校に入校した生徒たちの天皇制イデオロギーの信奉度はそれほど高くないことが示唆されている。

海軍兵学校入校者との比較の観点から興味深いのは、「難関の入校試験に挑戦する」との動機が海兵全体で最も高い(六九・一%)が、陸幼(六〇・二%)や陸士(六四・五%)でも、二番目に高い肯定回答率を示していることである。この数字からも、軍事エリートの「学歴主義的選抜」が熾烈であったことがうかがえる。他方、「大臣・大将になる」「英雄・軍神になれる」といった勇ましい野心は、いずれの学校においてもそれほど強い動機とはなっていない。しかしながら、海兵では「軍艦・潜水艦・戦車・戦闘機に乗れる」(六六・四%)との動機が陸幼(二四・五%)・陸士(二三・二%)にくらべて倍以上強い点は注目される。

これらの各種の受験動機のうち、「もっとも強い動機」をたずねた結果をみると、各軍学校受験の動機のパターンがより鮮明に理解できる(表2)。すなわち、陸幼では「後継(二二・〇%)」「国家有用(一三・七%)」、陸士や海兵では「経済的理由(陸士一八・七%、海兵一四・八%)」「国家有用(陸士一七・四%、海兵一四・四%)」が全体を通じてもっとも強い受験動機となっており、明らかに陸幼と陸士・海兵とでは受験動機の面で質的な違いがみられる。また、「天皇奉仕(天皇陛下のために奉仕する)」との動機は、陸幼入校者の間では、陸士三四―五二期の時期には「後継」についで強い動機であったが、その後は次第に弱まっていった。また、その傾向は中学から陸士を受験した者、さらに海兵入校者の間ではとくに顕著であった。

| 陸軍士官学校(陸幼以外) | | | | |
|---|---|---|---|---|
| 陸士期別 | | | | |
| 34-43 | 44-52 | 53-58 | 59-61 | 合計 |
| 51.5 | 41.9 | 55.4 | 62.5 | 53.5 |
| 75.0 | 56.8 | 62.9 | 66.7 | 62.3 |
| 45.5 | 36.2 | 42.8 | 52.1 | 42.2 |
| 80.0 | 70.8 | 67.6 | 75.0 | 69.9 |
| 17.4 | 26.9 | 27.4 | 31.2 | 27.2 |
| 46.2 | 49.6 | 54.1 | 45.8 | 51.6 |
| 0.0 | 39.8 | 44.1 | 33.3 | 42.2 |
| 40.9 | 41.0 | 55.4 | 65.3 | 52.1 |
| 10.0 | 8.7 | 13.8 | 8.3 | 11.8 |
| 14.3 | 21.2 | 22.8 | 34.0 | 23.2 |
| 41.7 | 47.0 | 53.3 | 60.4 | 51.8 |
| 54.2 | 42.1 | 30.6 | 12.8 | 33.0 |
| 62.5 | 70.1 | 63.0 | 60.4 | 64.5 |
| 53.8 | 58.1 | 57.6 | 32.7 | 54.9 |
| 31.8 | 29.1 | 21.1 | 22.9 | 23.8 |
| 14.3 | 20.0 | 25.4 | 27.7 | 23.7 |
| 0.9 | 44.1 | 30.0 | 24.5 | 33.5 |
| (25) | (123) | (275) | (47) | (470) |

| 海軍兵学校 | | | | |
|---|---|---|---|---|
| 海兵期別 | | | | |
| 50-58 | 59-67 | 68-74 | 75-78 | 合計 |
| 34.6 | 32.4 | 44.9 | 63.8 | 47.7 |
| 39.3 | 38.2 | 51.7 | 55.2 | 49.1 |
| 25.9 | 20.6 | 37.1 | 57.4 | 39.4 |
| 72.4 | 67.6 | 68.1 | 69.6 | 69.0 |
| 29.6 | 33.3 | 22.5 | 23.5 | 25.3 |
| 38.5 | 42.9 | 47.8 | 35.8 | 42.2 |
| 29.6 | 29.4 | 37.5 | 31.3 | 33.3 |
| 32.0 | 61.8 | 68.1 | 71.4 | 64.1 |
| 7.7 | 5.9 | 16.1 | 19.1 | 14.4 |
| 40.7 | 67.6 | 69.2 | 72.1 | 66.4 |
| 30.8 | 48.6 | 53.3 | 50.7 | 49.1 |
| 29.6 | 50.0 | 26.7 | 14.9 | 27.1 |
| 46.2 | 57.1 | 79.1 | 70.6 | 69.1 |
| 69.0 | 56.8 | 51.1 | 41.4 | 51.3 |
| 12.5 | 17.6 | 18.2 | 10.6 | 15.1 |
| 30.8 | 28.6 | 32.6 | 33.3 | 31.9 |
| 33.3 | 48.6 | 26.7 | 23.9 | 30.2 |
| (26) | (34) | (89) | (69) | (218) |

### 1　軍学校入校者の意識と教育適応

つぎに、陸幼・陸士・海兵入校後の教育過程における適応状況をみてみよう。在校中に、「我々は特別に選ばれたのだという誇り・自負を感じていた」（エリート意識）、「軍人勅諭の精神を身につけようと努力した」（軍人勅諭）、「天皇陛下のために我が身を捧げる覚悟ができていた」（天皇献身）、「伝統ある国体を守るのは我々だという使命感を感じていた」（国体護持）かどうかを尋ねた質問に、「よくあてはまる」と回答した者の割合を「積極的肯定率」として取り上げることにしよう（図3）。

### 2　陸幼教育

最も強いエリート意識を持ってい

**表1　軍学校受験動機**（肯定回答率：％）

| | 陸軍幼年学校 | | | | |
|---|---|---|---|---|---|
| | 陸士期別 | | | | |
| 受験動機 | 34-43 | 44-52 | 53-58 | 59-61 | 合計 |
| 国体の護持 | 35.4 | 35.7 | 34.2 | 16.7 | 33.5 |
| 天皇への奉仕 | 61.2 | 50.0 | 43.2 | 38.5 | 49.4 |
| 戦争への参加 | 28.9 | 35.7 | 42.7 | 61.5 | 39.1 |
| 国家有用の人材になる | 63.8 | 62.1 | 72.4 | 53.8 | 66.7 |
| 大臣・大将になる | 32.6 | 43.4 | 37.3 | 46.2 | 37.4 |
| 家名をあげる | 52.2 | 41.4 | 43.2 | 46.2 | 45.7 |
| 郷土の栄誉を担う | 36.4 | 28.6 | 35.6 | 38.5 | 34.8 |
| 制服への憧憬 | 40.9 | 59.3 | 57.9 | 61.5 | 53.8 |
| 英雄・軍神になれる | 0.0 | 14.8 | 9.7 | 23.1 | 9.0 |
| 軍艦・戦車・戦闘機等に乗れる | 7.3 | 17.9 | 35.6 | 30.8 | 24.5 |
| 世間で高く評価される | 37.8 | 26.7 | 47.9 | 38.5 | 40.4 |
| 生活の安定 | 35.6 | 20.7 | 17.6 | 8.3 | 22.5 |
| 難関入試に挑戦 | 55.6 | 48.3 | 67.6 | 61.5 | 60.2 |
| 経済的理由（学資不足） | 32.6 | 23.1 | 28.4 | 23.1 | 28.3 |
| 家族・親族の後継 | 43.8 | 58.6 | 47.4 | 23.1 | 46.4 |
| 先輩・友人のあとに続く | 25.0 | 21.4 | 27.4 | 23.1 | 25.3 |
| 周囲の勧め | 37.8 | 53.6 | 48.1 | 46.2 | 46.0 |
| （有効回答数：N） | （44） | （31） | （80） | （13） | （168） |

［備考：それぞれの受験動機について，「とても考えた」「少し考えた」と答えた者の割合を合計し「肯定回答率」として示した］（注(5)河野 1990年，表4より作成）

たのは陸幼入校者で、全期の積極的肯定率平均が七二・〇％、特に陸士四四―五二期に相当する期では八〇・六％に達していた。ちなみに、この時期に相当する陸幼二九期から三七期までの平均採用倍率は四〇・四倍、陸幼三五期は五七・二倍、と陸幼開校以来の最高倍率を記録している[29]。

ある回答者（陸幼三六期・陸士五一期・陸大五九期）は、「私が（陸幼に）入校した当時は、東京一校であって、競争率が五〇倍と難しかった。従って受験の動機も難関に挑戦というのが第一で、国体護持という高尚なもの、生活の安定という現実的なことは考えていない。父も幼年学校出身だが、宇垣軍縮でやめさせられているので、後を継ぐという思い入れも

表2　最も強い受験動機

| | 陸軍幼年学校 | | | | | | | |
|---|---|---|---|---|---|---|---|---|
| | 陸士期別 | | | | | | | |
| | 34-43 | | 44-52 | | 53-61 | | 合計 | |
| 順位 | 動機 | % | 動機 | % | 動機 | % | 動機 | % |
| 1位 | 後継 | 29.5 | 後継 | 29.0 | 後継 | 16.1 | 後継 | 22.0 |
| 2位 | 天皇奉仕 | 15.9 | 天皇奉仕 | 12.9 | 国家有用 | 15.1 | 国家有用 | 13.7 |
| 3位 | 国家有用 | 11.4 | 国家有用 | 12.9 | 周囲の勧め | 10.8 | 周囲の勧め | 9.5 |
| 4位 | 経済的理由 | 9.1 | 周囲の勧め | 12.9 | 制服憧憬 | 6.5 | 天皇奉仕 | 8.3 |
| (N) | | (44) | | (31) | | (93) | | (168) |

| | 陸軍士官学校(陸幼以外) | | | | | | | | | |
|---|---|---|---|---|---|---|---|---|---|---|
| | 陸士期別 | | | | | | | | | |
| | 34-43 | | 44-52 | | 53-58 | | 59-61 | | 合計 | |
| 順位 | 動機 | % | 動機 | % | 動機 | % | 動機 | % | 動機 | % |
| 1位 | 国家有用 | 32.0 | 経済的理由 | 18.7 | 経済的理由 | 20.4 | 国家有用 | 23.4 | 経済的理由 | 18.7 |
| 2位 | 国体護持 | 20.0 | 国家有用 | 13.8 | 国家有用 | 16.7 | 経済的理由 | 12.8 | 国家有用 | 17.4 |
| 3位 | 経済的理由 | 12.0 | 後継 | 13.0 | 国体護持 | 9.5 | 後継 | 10.6 | 国体護持 | 9.8 |
| 4位 | 周囲の勧め | 8.0 | 国体護持 | 9.8 | 後継 | 7.3 | 天皇奉仕 | 10.6 | 後継 | 8.7 |
| | 天皇奉仕 | 8.0 | | | 天皇奉仕 | 7.3 | | | | |
| (N) | | (25) | | (123) | | (275) | | (47) | | (470) |

| | 海軍兵学校 | | | | | | | | | |
|---|---|---|---|---|---|---|---|---|---|---|
| | 海兵期別 | | | | | | | | | |
| | 50-58 | | 59-67 | | 68-74 | | 75-78 | | 合計 | |
| 順位 | 動機 | % | 動機 | % | 動機 | % | 動機 | % | 動機 | % |
| 1位 | 経済的理由 | 31.0 | 経済的理由 | 24.3 | 国家有用 | 17.4 | 国体護持 | 12.7 | 経済的理由 | 14.8 |
| 2位 | 天皇奉仕 | 6.9 | 国家有用 | 16.2 | 経済的理由 | 10.9 | 国家有用 | 12.7 | 国家有用 | 14.4 |
| 3位 | 国家有用 | 6.9 | 軍艦・戦闘機 | 10.8 | 軍艦・戦闘機 | 10.9 | 制服憧憬 | 9.9 | 軍艦・戦闘機 | 9.6 |
| 4位 | 周囲の勧め | 6.9 | 家名 | 8.1 | 入試挑戦 | 10.9 | 経済的理由 | 8.5 | 入試挑戦 | 8.3 |
| | 大臣・大将 | 6.9 | | | | | 軍艦・戦闘機 | 8.5 | | |
| | 軍艦・戦闘機 | 6.9 | | | | | | | | |
| (N) | | (29) | | (37) | | (92) | | (71) | | (229) |

［備考：表1であげた受験動機のうち，最も強い動機として回答した者の割合の高い順に第4位までを示した］
（注(5)河野 1990年，表5より作成）

ない。東幼の同期生は皆そんなものであったらしい。ただし、合格してみると優れた教育（校長として阿南大佐―終戦時の陸相もおられた）、素晴らしい先輩に恵まれ、全校生一七〇名（三・二年五〇名、我々のみ七〇名）の小さな世帯で個性教育が充分であった。エリート教育で気位ばかり高く教えて云々と批判する人があるが、決してそうではない。皆が通過する小隊長として戦野を駆けめぐるとき、そんな思い上がりは空中分解する」と述懐している。(30)

別の回答者（陸幼四一期・陸士五六期）は、「少年クラブ『星の生徒』作・山中峯太郎に刺激された」ことが動機で陸幼を受験したが、母親は海兵受験を勧めて陸幼入校には反対であったという。ただし、母方の祖父は軍人（将校）であり、幼少期から「軍人たるべく母に育てられた」ため、陸幼・陸士の教育はスムーズに受け入れることができた。陸幼では「恵まれた環境で、規則正しい生活、躾教育、整理整頓など生活するための教育を受けた。陸幼は中等教育として、音楽、図画を含む、又、独逸語は外人教師による授業週一時間を受けるなど、当時としては恵まれた教育を受けた。特に健康には学校当局が細心の注意を払ったと思う。陸士では、終始、将校、特に第一線の中・小隊長たるべく教育された」と当時の教育を振り返っている。(31)

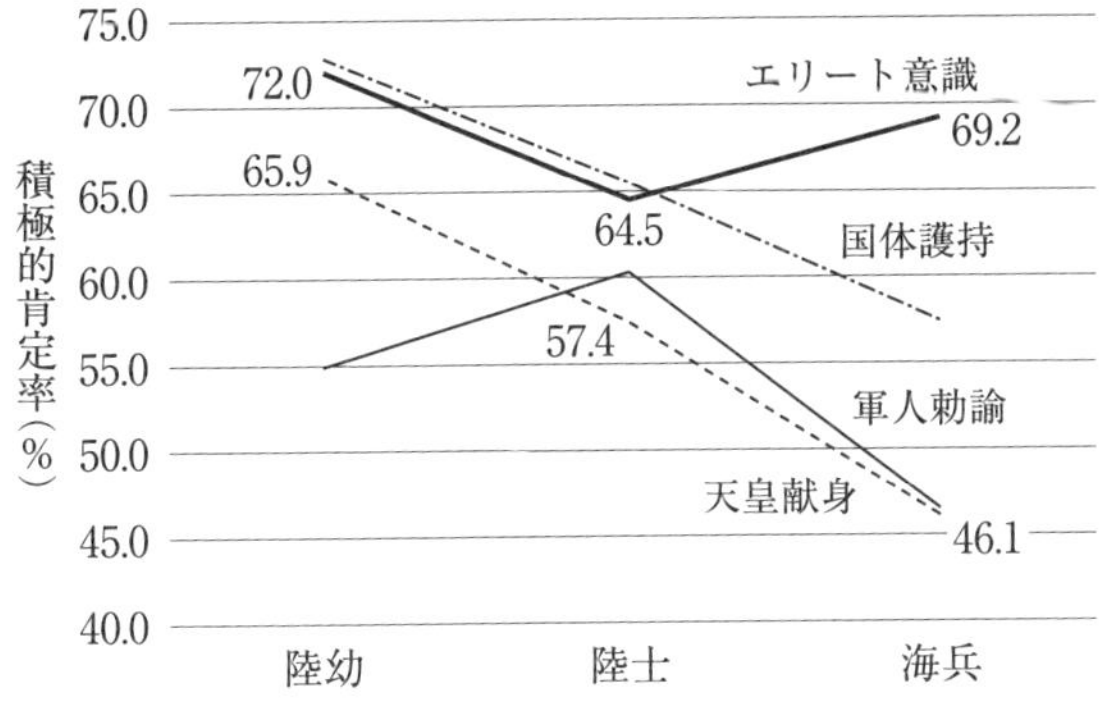

図3　教育適応（全期平均）

そのほかにも、「自由主義的な空気が溢れた人格陶冶の場であった」（陸幼三八期・陸士五三期）、「陸幼の教育は素晴らしかった（陸幼四一期・陸士五六期）、「比較的自由に伸び伸びしたもの」（陸幼四三期・陸士五八期）、「陸幼は誇りを持った青春のパラダイスであった」（陸幼四三期・陸士五八期）、「軍国主義的の教育はなく秀才教育を《ママ》行われていた」（陸幼四三期・陸士五八期）、などと陸幼教育を受けた回答者には、非常に肯定的な評価をしている傾向が強い。また、好意的に評価をしている陸幼教育にくらべ、「陸士にはあまり好感は持っていない」(陸幼四三期・陸士五八期)、「(陸士)予科時代が最も上下級生間の制裁の激しい時期であった」(陸幼・陸士期別不明)と述べる回答者がみられるなど、陸士教育については、やや異なった評価をしている。[32]

## 3　陸士教育

一方、中学から陸士に入校した回答者のなかには、陸幼教育に対して批判的で、「私は中学出身ですが彼らの思想言行はすべて児戯に等しかった。ただし軍事学や教練はよくできたので成績は良かった。現在の教育によく似ている。知識はあるが人間としては失格者が多い」(陸士五一期)、「偏向的で狭小な視野からの教育」であり「百害あって一利なし」(陸士五八期)、といった意見も散見される。[33]このように、陸幼教育の経験者と非経験者の間では、陸幼教育観は対照的である。

陸士教育については、ある陸士教官(区隊長)の経験者(陸士四八期・陸大五七期)が次のように回顧している。

私が陸士学生時代の陸士教育は、極めて自由、広範な学問を教育し、大成教育であり、教育としては理想的であった(昭和一二年頃まで)。しかし、私が陸士教官となった頃(昭和一五年以降)の教育は、戦争遂行がその目的であり、即成、短縮、第一線将校用の教育であり、到底よい教育とはいえなかった。戦争が陸士の教育目的かもしれないが、実戦的教育というものは悪の教育であり、平和時代の陸士教育こそ、理想追求の教育であった(大きな矛盾。戦争なき陸士教育がよい教育であったとは)。この頃は天皇制についても極右的であり感心できない(傍点原文)。[34]

実際に陸士教育に従事していた立場から、陸士教育の問題点を指摘しており、興味深い。

また、別の陸士教官(区隊長)経験者(陸士五〇期・陸大五八期)も陸士教育について批判的な意見を述べている。

在学中の教育は、全く社会から隔絶(外出、新聞、ラジオ一切なし)された環境の中で、大元帥を絶対神とし、軍人勅諭の拳拳服膺のみを唯一、至上の教典とし、いわゆる士官学校―市ヶ谷台の伝統の下、先輩・上級生の跡を追うのみで筋金入りの軍人精神が培われた。〔中略〕こうしたエリート意識の中で、上述の超社会的な坩堝に入れられたら、極めて幅の狭い唯我独尊的独善的な人格が形成されるのは自然なことだった。このことは、後年、区隊長として生徒を訓育した時にも痛感したことである。また、この傾向は陸幼出身者がより強かったことも否めない事実である。〔中略〕どの社会でも同様だが、超エリートの弊害は大である。陸軍にも野に遺賢は多かったはずであるが、一握りの官僚的いわゆる秀才幕僚のグループが要衝を独占し、ついに惨憺たる敗戦をもたらした。この原因は全て陸幼・陸士の全くゆとりのない坩堝の教育に根ざすものと思われてならない(35)。

どちらの回答者も、陸士教官として将校教育に実際に携わった経験をもとに、批判的な意見を述べていることが特徴的である。また、どちらも陸軍大学校を卒業しているが、幼年学校を経ていない中学組である点も共通している。

一方、陸士教育について肯定的に評価する意見もある。たとえば、「教官区隊長は生徒の先輩にあたるので心の通った教育をしてくれた」(陸士五一期)、「陸士教育は鍛えられたという感じが強いがこれがあって部隊に赴任する時に自信らしいものを持つことができたという実感がある。特に精神力と体力、基礎軍事能力について然りである」(陸幼三八期・陸士五三期)、「陸士は時局柄速成教育の感はあったが、区隊長と生徒との間柄はよかった。現在の教師と生徒との間柄とは雲泥の差あり」(陸幼四一期・陸士五六期)、などである。ちなみに、陸士では区隊長が「最も影響を受けた人物」としてあげられる傾向が強く、生徒に対して非常に良い影響を与えた反面、「鉄拳制裁」を行う場合もあり、「教官との不和や反発」につながった場合もあった(36)。しかしながら、陸士における教官と生徒との関係は非常に密接で、平時で一〇歳前後、戦時期には数年しか年齢差がなく教官と生徒というよりは、先輩―後輩に近かった(37)。

## 4　海兵教育

海兵教育に目を転じると、右記の「鉄拳制裁(修正)」は、上級生と下級生との間で頻繁にあったことはよく知られており、「先輩からの制裁」については、海兵五九—六七期では「五三・八％」が「先輩の後輩に対する制裁・しごきの不合理さを感じ」ていた[38]。とはいえ、海兵入校者の「エリート意識」は非常に強く、その一方で「国体護持」「軍人勅諭」「天皇献身」といった天皇制イデオロギーや精神主義的要素は、陸幼・陸士入校者とくらべて、あまり強かったとはいえない[39]。

ある回答者(海兵六六期)の海兵教育に関する回顧と反省をみてみよう。

海兵の教育は全般的には進歩的な良い教育であったが遺憾な点は、一、あまりにもエリート意識ジェントルマン教育を強調しすぎた。二、政治・経済等の社会(科)学教育の面が不十分であった、ことである[40]。

エリート意識の過度の強調が陸海軍の摩擦を生んだり、海軍組織内での兵科と機関科等の他兵科士官や予備学生出身士官に対する差別意識を醸成したりという、弊害をもたらしたことは他の海兵卒業者も認めている[41]。

その一方で、「当時の日本の青年として最も恵まれた環境で最も充実した教育であった。(中略)戦後の海軍批判には反発を覚える(海兵六六期)[42]」「武人であるとともに紳士であれという教育(中略)イギリスのパブリックスクールの教育とかなり似ている(海兵六八期)[43]」「日本最高のエリートとしてのプライドを植え付けられ(中略)海兵の教育は二度と実現できない最高の教育であった(海兵七二期)[44]」と高く評価する回答も多い。特に海兵(予科)七八期生は、終戦までのわずか四カ月半の在校期間ながら、七七期生までと違って「上級生も居らず、本格的な海兵教育を受けたとは言えない」とはいえ、「こんな窮迫の時代に、こんな贅沢があってもよいのかと在校中思ったほど、自由でのびのびとしており」「崩壊寸前の日本の中で最も恵まれた贅沢な生活、教育」を受けたと、戦時下で優遇された教育環境に感謝する意見が特徴的である[45]。

## 5　天皇観

さらに、海兵での教育適応において特徴的な傾向は、「天皇への献身」意識が陸幼・陸士にくらべて低いことである。もちろん、陸幼・陸士入校者でも「天皇第一主義の教育は誤りであり、陸幼時代から疑問に感じていた。天皇の為の国民というのは誤りであり、国民の為の天皇という考へ方の方が正しいと思ふ」（陸幼三八期・陸士五三期）と天皇制イデオロギーに批判的な者もいたが、海兵入校者のうち、若い世代になればなるほど、より批判的な考え方を持つ者の割合が高かった。たとえば、ある回答者（海兵六七期）は、受験動機として「天皇陛下の為に奉仕する」ことは「全く考えなかった」し、最も強い動機は「当時はいづれにしても兵役に就かねばならなかったので、直接人を殺傷する陸軍は嫌で、なるべく人殺しに関連のない海軍の航空屋になろうと思ったことが一番の動機」であった。海兵在校中、「天皇陛下のために我が身を捧げる覚悟ができていた（天皇献身）」かどうかの質問には「全くあてはまらない」と回答し、「エリート意識」「国体護持」の意識も全くなかったと答えている。(46)

特に、こうした天皇観の世代間ギャップは、戦後四〇年を経たアンケート調査当時（一九八五年）にはさらに拡大しており、「（昭和）天皇陛下を尊敬している」かどうかとの質問に「よくあてはまる」と答えた者の割合（積極的回答率）をみると、陸士三四―四三期で九〇・五％、海兵五〇―五八期で八三・九％であったのが、終戦時在校の陸士五九―六一期では二七・四％、海兵七五―七八期では三三・三％と、いずれも大幅に低下していることがわかった。(47) 陸海軍学校の違いより、世代間の相違の方がより大きなギャップを示している点が重要である。(48)

## おわりにかえて――エリート軍人たちの戦後

ある陸軍士官学校卒業生（五三期）は、戦後四〇年を経た一九八五年（当時六五歳）に、それまでの自身の民間企業（複数）における管理職経験（取締役を含む）をふまえて、陸軍もまた「官僚組織の一つであって、例外ではないとつくづく思う。学歴偏重（陸大出、高文出、エリートの扱い）、保身、ことなかれ主義、予算どんぶり（表現は悪いが）、省庁あって国家なし、大過なくすごすことが出世の途だという空気、等々が軍の上層部にはあった。それは、同じことが文部省にも、海軍省にも、大蔵省……にもあったことで、決して陸士、海兵出身者だけではない。東大→高文の官僚と同じだと思う」と述懐している。[49] 戦後に、民間企業に職を得てその後に昇進して管理職や役員・社長となったり、自ら会社を創設し、経営者となってビジネス・エリートとなった陸士・海兵卒業者は多い。[50] 戦後に慶應義塾大学を卒業した海兵七五期の石井によれば、同期生（三三七八名）だけでも「東証一部上場企業の社長が二一人」いた時期があるという。[51] 一九八二年に出版された上杉公仁（海兵七八期）編『ザ海軍』は、海軍兵学校をはじめ、海軍機関学校、海軍経理学校やその他の海軍関連学校・教育機関出身の財界人（会社役員級）として一〇八五社、二〇五四名（うち海兵卒は六〇六名）を掲載している。[52] また、衆参議院の国会議員として政治エリートとなった海軍出身者七六名も掲載しており、うち一二名が海兵卒である。[53]

さらに、旧軍エリートのなかには、戦後の新軍事エリートとなった者もいる。終戦後、陸海軍を解体し、日本の非軍事化推進をめざす連合国軍最高司令官総司令部（ＧＨＱ）の指令による公職追放によって、旧陸海軍将校は一切の公職に就くことを禁止されていた。しかし、朝鮮戦争の勃発によりアメリカ軍を主体とする占領軍の非軍事化方針は転換し、公職追放解除の結果、旧軍エリートは新たな軍事エリートとして「再周流」をはじめた。[54]

しかしながら、戦後社会において自衛隊の将官となりえたのは少数の例外的存在である。終戦時に概ね陸海軍大佐以下であった陸軍士官学校（第三四期生以降）・海軍兵学校（第五〇期以降）卒業生・在校生は約五万人、うち終戦時に在校の陸軍士官学校生は約一万二五〇〇名、海軍兵学校生（予科の第七八期生を含む）は約一万三五〇〇名。ただし、終戦までに卒業した陸士五八期・海兵七四期までの戦没者は、陸士約五七〇〇名、海兵約二九〇〇名を数え、戦没者比率が最も高いのは陸士五六期の約四五％、海兵六八・七〇期の約六六％である。

復員した彼らのほとんどが、戦後に新たな高等教育学歴を得て、あるいはそうした新たな学歴獲得の機会がないままに、戦後日本社会のさまざまな分野に「拡散」した。それぞれの持ち場で、新たなキャリアを重ね、戦後日本社会の復興に一定の役割を果たした。戦後日本におけるエリート軍人の社会的拡散は、結果的に豊かな社会関係資本をかれらにもたらし、旧軍関係のインフォーマルな人的ネットワークの拡大は、ビジネス・キャリア構築の面で、相互扶助の社会的機能も有していた。陸海軍は解体されたが、彼らの陸海軍将校（あるいは将校生徒）としての「矜持（プライド）」と「絆」は、終生消えることはなかった。[55] ある意味で、戦後日本社会の「パワー・エリート」[56] 輩出の母体となったのが、社会集団としての旧軍エリート軍人とその養成機関の在校生であった。

（1）　戦前期の官吏制度では、「武官」とは「陸海軍の下士官以上」をさし、武官以外の官吏を「文官」と呼んだ。武官・文官ともに「高等官」と「判任官」に区分されており、ここでは「高等官たる武官」を「高等武官」、「高等官たる文官」を「高等文官」と呼ぶ。高等武官である陸海軍将校は、官吏区分の「高等官」に相当し、尉官（少尉〜大尉）および佐官（少佐〜大佐）は、それぞれ「奏任官」の高等官八〜六等、五〜三等に相当する。将官のうち少・中将は「勅任官」（高等官二・一等）、大将は「親任官」である。高等官の最上位の親任官には、内閣総理大臣、国務大臣、特命全権大使、枢密院議長なども含まれており、宮中席次では、陸海軍大将は、貴族院・衆議院議長よりも上位を占める。伊藤隆監修・百瀬孝『事典　昭和戦前期の日本――制度と実態』吉川弘文館、一九九一年、九二、二六五頁。園田英弘「宮中席次の思想」飛鳥井雅道『国民文化の形成』筑摩書房、一九八四年、二四〇―二七四頁。

（2）　大江洋代「日清・日露戦争と陸軍官僚制の成立」小林道彦・黒沢文隆編『日本政治史の中の陸海軍――軍政優位体制の形成と崩壊』ミネルヴァ書房、二〇一三年、四六―八一頁。大江洋代『明治期日本の陸軍――官僚制と国民軍の形成』東京大学出版会、二〇一八年。北岡伸一『官僚制としての日本陸軍』筑摩書房、二〇一二年、宮中席次表参照。

（3）本章では「軍事エリート」を「勅任官・親任官（少～大将）」であった「陸海軍将官」と定義し、佐官級で中央官衙の要職にある者は「エリート将校」、「陸海軍正規将校」全体を指す場合には「エリート軍人」という呼称を用いることとする。

（4）小林道彦『近代日本と軍部』講談社現代新書、二〇二〇年。小林久三『軍人宰相列伝』光人社、二〇〇三年。

（5）河野仁「近代日本における軍事エリートの選抜——軍隊社会の「学歴主義」」『教育社会学研究』第四五集、一九八九年、一六一—一七九頁。河野仁「大正・昭和期軍事エリートの形成過程——陸海軍将校のキャリア選択と軍学校適応に関する実証分析」筒井清忠編『「近代日本」の歴史社会学——心性と構造』木鐸社、一九九〇年、九五—一四〇頁。

（6）ちなみに、ハンチントンは軍事専門職化の指標として、教育と試験による将校団への加入、能力と業績による昇進、軍事高等教育制度の設置、確立した参謀組織、をあげている。サミュエル・ハンチントン『軍人と国家（上）』原書房、二〇〇八年、二〇—五八頁。

（7）陸軍における兵科将校の補充には、陸軍士官学校経由、下士官から少尉候補者を経由、幹部候補生を経由、の三つのルートがあったが、陸軍士官学校経由のルートが「正統コース」とされた。

（8）幼年学校問題については、野邑理栄子『陸軍幼年学校体制の研究』吉川弘文館、二〇〇六年を参照。

（9）ハンモックナンバーが過度に重視されたことの問題点や、海軍兵学校卒兵科将校と海軍機関学校卒機関科将校との待遇格差の問題については、戦前期から海軍内で問題認識はあった。戸高一成編『証言録 海軍反省会』PHP研究所、二〇〇九年参照。

（10）武石典史「陸軍将校の選抜・昇進構造——陸幼組と中学組という二つの集団」『教育社会学研究』第八七集、二〇一〇年、二三—三八頁。

（11）前掲注（5）河野 一九八九年、一六一—一七九頁。

（12）陸大卒業席次上位一〇％の者がどれぐらい各ポストに補職されたのかを示す割合を示す指標として「E係数（当該成績分位帰属者のエリートポスト全補職者中に占める割合÷ノーマル分布における割合）」を計算したところ、参謀本部作戦部長（七・一）、同作戦課長（六・〇）、陸軍省陸軍次官（三・八）、同軍務局長（三・六）、同軍事課長（三・五）の順となった。前掲注（5）河野 一九八九年、一七三頁、表六参照。

（13）大江によれば、明治中期以降の陸軍将校の進級について、長州閥の将官人事への影響は認められるものの、佐官級以下の進級においては「厳格で公平な人事考課システム」が日清戦後軍拡期に成立していたという。前掲注（2）大江 二〇一八年、第五章参照。

（14）麻生誠『エリート形成と教育』福村出版、一九七八年。麻生誠『近代化と教育』第一法規、一九八二年。天野郁夫『教育と選抜の社会史』筑摩書房、二〇〇六年。天野郁夫『帝国大学』中公新書、二〇一八年。専門学校等の高等教育経由ルートは「傍系」と位置づけられ、陸士・海兵も専門学校と同等とされていた（ただし、文部省令によって正式に専門学校相当の学校とされたのは一九二一年）。廣田照幸『陸軍将校の教育社会史——立身出世と天皇制』世織書房、一九九七年、一二八頁。

(15)　前掲注(14)廣田 一九九七年。
(16)　ただし、こうした能力主義的な人材登用を是とする考え方は、すでに幕末期から次第に武士社会内に広がっていた。園田は、武士の「戦士」としての能力を重視した武士人材の登用思想を「機能主義的武士観」と呼んでいる。園田英弘『西洋化の構造――黒船・武士・国家』一九九三年、一四八―一五三頁。
(17)　前掲注(2)大江 二〇一八年、一四頁。
(18)　前掲注(14)廣田 一九九七年、一三二頁、表三―一二。
(19)　前掲注(14)廣田 一九九七年、一五六―一五七頁、表四―八。
(20)　前掲注(14)廣田 一九九七年、一五六―一五七頁、表四―九。
(21)　前掲注(14)廣田 一九九七年、一六一頁、表四―一〇。
(22)　前掲注(14)廣田 一九九七年、一六二頁、表四―一三。河野仁「大正・昭和期における陸海軍将校の出身階層と地位達成」『大阪大学教育社会学・教育計画論研究集録』第七号、一九八九年。
(23)　前掲注(14)廣田 一九九七年、一六三頁。
(24)　戦前期日本のエリート形成には、エリート集団間の機能的文化という特徴がみられ、「旧制高校―帝国大学」というナショナル・エリート(文官官僚)養成コースと、たとえば「旧制中学・実業学校―旧制専門学校」等の産業領域や、師範学校や軍学校を経由して教育・軍事分野で単一機能を担うエリートへと機能分化するとともに、エリート集団内部での「階層分化」が進展していた。前掲注(14)麻生 一九七八年、九一―九四頁、麻生誠『日本の学歴エリート』玉川大学出版会、一九九一年、一九頁。
(25)　前掲注(10)武石 二〇一〇年、二五―四五頁。
(26)　前掲注(10)武石 二〇一〇年、三九頁。
(27)　一九八五年に陸士三四―六一期・海兵五〇―七八期生約二〇〇〇名を対象としたアンケート調査を実施し、九二七名から回答を得た(回収率約四六%)。サンプリング方法等の詳細については、前掲注(5)河野 一九九〇年。
(28)　前掲注(10)武石 二〇一〇年、一〇〇―一〇二頁参照。
(29)　東幼史編集委員会『東京幼年学校史――わが武寮』東幼会、一九八二年、四七頁。陸幼の定員は、当初三〇〇名、一九二一(大正一〇)年に二〇〇名、一九二三年に一五〇名、一九二六年には五〇名となり、一九三二年に七〇名、一九三三年に一二〇名、翌年には一五〇名、一九三六年に三〇〇名、一九三七年に四五〇名、一九三八年に六〇〇名、一九三九年に九〇〇名と増加し、一九四四年入校期では一七五〇名、一九四五年入校の期(陸幼四九期)では東京幼年学校だけで三六〇名となり、全体では二〇〇〇名を超えた。
(30)　回答番号〇三五八。宮城県仙台市出身。仙台一中二年中退。「エリート意識」「軍人勅諭」「国体護持」は「よくあてはまる」が、「天皇献身」は「すこしあてはまる」と答え、陸幼陸士在校中「最もうれしかったこと」は「一流の教官に教わることができた」ことだという。陸士区隊長、陸大学生を経て、終戦時は少佐。戦後ソ連抑留一一年四カ月、復員後は運送会社に勤務し、役員も務めた。

(31)　回答番号〇三四三。中国青島で出生後、鹿児島市で育った。西郷隆盛、東郷平八郎を尊敬し、一三歳ごろから軍人を志望。陸幼受験にあたり、鹿児島造士会で模擬テストを受けた。陸幼受験の最も強い動機は『星の生徒』に刺激されたことであり、「憧れの制服が着用できる」「祖父の後を継ぐ」「母の勧め」も副次的な動機であった。陸幼入校後は、「エリート意識」「軍人勅諭」「天皇献身」は「よくあてはまる」、「国体護持」は「すこしあてはまる」と答えており、在校中最もうれしかったことは「家族・近隣の人々から喜ばれた」ことだという。

(32)　ある陸幼四六期・陸士六一期生は、「温室のような陸幼から荒野のような陸士」に入校してカルチャー・ショックを受けた。陸幼の同窓会には出席するが、戦後五〇年、陸士関係の会合に一度も出席していない理由は、「一、南京虫に食われた、二、馬鹿げた歴史教育だった」ため、陸士という学校に「全く愛着を持っていないから」であるという。『仙幼四十六期二訓誌』一九九六年、一四四頁。

(33)　中学卒で陸士に入校した加登川(陸士四二期・陸大五〇期)によれば、陸幼卒は「カデー(仏語 cadet)」と呼び、中学組をCより下の「デー(D)」(あるいは「デーコロ」)と俗称し、陸幼組と中学組との軋轢を「C・D戦争」と表現している。加登川幸太郎『陸軍の反省(上)』文京出版、一九九六年、一三四頁。陸海軍将官の経歴のうち、陸軍幼年学校や陸海軍大学校といった学歴に着目して、学歴主義的選抜に関する考察を行った山口宗之も、「カデ(幼年校)出身者をエリート視する傾向」があったことを指摘している。山口宗之『陸軍と海軍――陸海軍将校史』清文堂出版、二〇〇〇年、第四章参照。

(34)　回答番号〇〇〇八。熊本県玉名市出身。玉名中学四年時、陸士と海兵を共に受験し、いずれも合格、第一志望校だった陸士に入校。最も強い受験動機は「家名をあげる」、次に「天皇陛下に奉仕する」だが、配属将校や中学教師の勧めもあった。中学時代の成績は一〇〇人中五番以内。父親の職業は農業(自作)で、入校当時の暮らし向きは「貧乏だった」。長男で、弟二人も軍人。陸士時代の適応状況として、「エリート意識」は「よくあてはまる」と回答しているが、「軍人勅諭」「天皇献身」は「すこしあてはまる」、「国体護持」については「全くあてはまらない」と回答している。陸士在学中に最もうれしかったことは「栄えある帝国陸軍軍人になれた」ことである。終戦時は少佐。戦後に、陸上自衛隊入隊、防衛大学校幹事も務め、陸将で退官。

(35)　回答番号〇九〇〇。静岡県出身。岐阜県立本巣中学五年修了。陸士以外に、海軍機関学校、旧制高校、師範学校を受験し、陸士と師範学校に合格。第一志望の陸士に入校した。最も強い受験動機は「周りの人の勧め」で、特に配属将校が強く勧めた。また、父が教員であり、軍人以外には教師か学者をめざしていた。本人曰く、「満州事変後の国内外の不安な情勢、正確に伝えるべき情報機関の貧弱。そうした中で育った田舎の中学生の思索能力では、人生の選択もわずかな刺激で左右される素地が大であった。当時の私には殉国の大義に燃えるといった崇高な気持ちは微塵もなく、能弁な配属将校が説く時局観に、どうせ兵として戦野に出されるなら、その上の段階、すなわち複数の兵を率いて働いた方がよく一層国家、民族に尽くすことになるとの論理で」入校した。在校中は、「エリート意識」「軍人勅諭」「天皇献身」「国体護持」のすべてに「よくあてはまる」と回答し、最もうれしかったことは「家族・近隣の人々から喜ばれた」ことと、「家族に迷惑をかけないで暮らせた」ことであった。終戦時は少佐、戦後は会社員(総務部長で定年退職)。
(36)　詳しくは、前掲注(5)河野 一九九〇年、一二四―一二七頁。
(37)　陸幼・陸士・陸大などでの軍人教官と生徒との関係は卒業後の人事や配属などにも影響することがあり、陸軍エリートの世界は「ずいぶん狭く、また閉鎖的であった」と指摘する声もある。戸部良一『逆説の軍隊』中公文庫、二〇一二年、一〇〇頁。
(38)　前掲注(5)河野 一九九〇年、一一七頁、表一二参照。海兵六八―七四期も四七・九%と約半数が不満を持っていた。海兵は前期を通して不満は四二%、陸士の場合、前期を通しての不満は三七・六%、陸士五九―六一期(終戦時在校)で最も多く四四・三%であった。
(39)　もちろん、陸士入校者でも天皇制イデオロギーの内面化を無批判に行っていたわけではなく、「なぜ天皇に忠節を尽くさねばならないのかの疑問は本科卒業まで解明できなかった」(陸士五〇期)、「皇国史観は多くは心底からの納得は得られなかったのではないか」(陸士五七期)と本音を吐露する者もあった。前掲注(5)河野 一九九〇年、一二〇―一二二頁。
(40)　回答番号〇二〇五。東京府麻布区出身。学習院中等科五年卒。祖父・父ともに海軍軍人(将校)、特に祖父の出身地が鹿児島で軍人尊重の国柄であったことが海兵受験の動機でもあったが、「もっとも強い受験動機」は「戦闘機に乗れる」であり、海兵卒業後は戦闘機搭乗員となり、終戦時は少佐。海兵受験時の家庭の暮らし向きは「裕福だった」。戦後は、航空自衛隊に入隊し、一等空佐で退官。再就職は、飛行機メーカー(飛行部門部長)。
(41)　前掲注(5)河野 一九九〇年、一一九頁。
(42)　回答番号〇七五八。終戦時少佐(飛行)。戦後、海上自衛隊(海将補で退官)。「海軍にも批判の余地は大いにあったと思うが、世上に流布されている海軍(作戦)批判には、〔中略〕すでに国民の考え方が一変している現代の考え方により、しかもたくさんの資料の中から都合のよい資料を取り上げての非難がまま見受けられる。このようなものを目にしたとき、海軍の中の飛行将校という恵まれた立場にあったものとしての反省よりも反発が先立つのは凡人としてやむを得ない」。
(43)　回答番号〇四二〇。終戦時大尉(潜水艦)。戦後、民間会社勤務を経て海上自衛隊入隊(一八年間勤務。最終階級不明)。
(44)　回答番号〇〇〇二。終戦時大尉(砲術)。戦後、私立大学卒、損保会社支店次長。
(45)　回答番号〇七二五(戦後、医師)、および同〇六九〇(戦後、教員)の自由回答より。
(46)　回答番号〇七五二。しかしながら、調査時点で昭和天皇を尊敬しているかとの質問には「よくあてはまる」と答えており、自由回答では「戦時中の苛烈な生活があったものの私どもには古き良き海軍のイメージが残っており、また私個人としては海軍生活中接した人は上下同輩を問わず良い人ばかりで不愉快な思いをさせられるような人は一人もいませんでした。海軍社会はいろんな意味で最も高級な(精神的に)社会だったと思います」と述べている。
(47)　前掲注(5)河野 一九九〇年、一二二頁、表一四参照。
(48)　仙台陸幼四六期・陸士六一期(終戦時在校)の佐藤昭夫(早稲田大学名誉教授)は、幼年学校時代の「脳髄に感応」させられた「天皇崇拝、天皇への盲目的な忠節心」について振り返り、戦後も続いていた尊皇感情が「消えた」のは、天皇の虚像と実像の違いに気づいたからだと吐露している（仙台陸軍幼年学校第四十六期第二訓育班会『仙幼四十六期二訓誌』一九九六年、五六―七六頁）。

（49）回答番号〇四五六。島根県出身、松江中学四年修了、陸士五三期卒。終戦時、陸軍少佐（航空兵科）、飛行学校教官、飛行隊長歴任。戦後、大学中退、三つの民間企業（株式会社）で総務課長、副工場長、業務本部長、取締役（総務・経理担当）を歴任。

（50）おそらく最も象徴的な事例は、シベリア抑留を経て、戦後に伊藤忠商事会長となった瀬島隆三（陸幼二九期・陸士四四期・陸大五一期、終戦時中佐）であろう。瀬島は、陸幼・陸士等陸軍諸学校出身の財界人を会員とする「同台経済懇話会」の創設者である。

（51）石井勝『指揮官経営学』元就出版社、二〇〇六年、一七五頁。

（52）上杉公仁編『ザ海軍――政財界リーダーたちとその秘めたる心情』誠文図書、一九八二年、一八一―二二六頁。

（53）現職国会議員一二名の内訳は、自民党七名、民社党二名、共産党二名、公明党一名である。前掲注（52）上杉編　一九八二年、一七二―一七九頁。なお、一九九六年に参議院議員となり、その二年後にオレンジ共済組合詐欺事件で逮捕され、二〇〇一年に実刑判決が確定した友部達夫（海兵七八期）は含まれていない。

（54）一九五四年以降、陸海空自衛隊のトップエリートである各幕僚長と統合幕僚会議議長（二〇〇六年以降は統合幕僚長）のポストを、陸士・海兵出身者がほぼ独占してきた。一九八〇年の時点で、統合幕僚会議、陸上・海上・航空幕僚監部のエリートポスト（課長級以上）陸士・海兵卒占有率は六一％であった。これに海軍経理学校卒三名を加えると、六六％（七七名中五一名）となる。なお、学歴不明者は集計から除外した。草地貞吾他編『自衛隊史』日本防衛調査協会、一九八〇年、五二二―五二六頁。

（55）回答番号〇五三三。陸幼二八期・陸士四三期。二・二六事件に連座し、陸軍中尉で免官。禁錮刑終了後渡蒙。戦後、一〇回以上転職。「陸士教育に兎角の批判をする仲間もあったが私は未だに当時の教育は独り軍人に限らず青年教育としても一般にとっても誇りあるものであると確信」し、誇りを失わず、堂々と生きることを信条としているが、「貧乏は死ぬ迄やまず」という。

（56）C・W・ミルズ／鵜飼信成・綿貫譲治訳『パワー・エリート（上・下）』東京大学出版会、二〇〇〇年。

# 第２章　徴兵制と社会階層
## ――戦争の社会的不平等

渡邊　勉

## 一　徴兵と不平等

本章の目的は、アジア・太平洋戦争をめぐる日本国内の不平等の実態を明らかにすることである。具体的には徴兵制をめぐる不平等があったのか、あったとしたらどのような不平等なのかという問題を、社会階層という枠組みから取り上げる。本論に入る前にまず本章の特徴を三つ述べておく。

第一の特徴は、戦争が人々に与えた影響を社会階層という枠組みから明らかにすることである。ここでいう「社会階層」とは、社会的資源が不平等に配分されている状態、または社会的資源の保有が類似した集団のことを指す(1)。つまり第一に社会全体の状態を指し、第二にその不平等な状態における個々の集団を指している。こうした社会階層という枠組みには、三つの特徴がある。

まず社会を俯瞰するという視点である。個別の体験や事例を取り上げるのではなく、社会全体を眺める。アジア・太平洋戦争は、一九三八年の国家総動員法にあらわれたように、日本国民全体を巻き込む総力戦であった。それゆえ、アジア・太平洋戦争の実情を理解するためには、こうした社会を俯瞰する視点が必要となる。次に不平等という視点である。社会全体の不平等の状態に焦点を当てる。特定の不遇な人びと、あるいは逆に恵まれた人を取り上げるのではなく、不平等な配分全体に焦点が当てられる。国家総動員体制は、国民全体が等しく戦争に協力し戦争によって生じる試練を平等に克服していくことが求められた。しかし現実がどうだったのかは別の問題であり、そのずれを社会階層という視点があぶり出してくれる。さらに、個々の集団、具体的には社会階層を構成する主要な要素である職業や学歴によって区分された集団間の不平等に焦点を当てることができる。これら三つの視点はアジア・太平洋戦争をめぐる不平等を分析する上で有効となる。

次に第二の特徴は、徴兵制から戦争が個人に及ぼした影響を検討することである。

徴兵制は、一八七三年の徴兵令からはじまる。徴兵令にはじまる徴兵制では、日本男子は一七歳から四〇歳(一九四三年以降は四五歳)まで兵役の義務がある。つまり、日本男子すべてが兵役の義務を負うものであった。しかしアジア・太平洋戦争前までは、「人びとの間に「徴兵されるのは貧乏くじ」という不公平感[2]」があったように、実際に徴兵されていく者は多くなかった。しかしアジア・太平洋戦争の戦況が悪化していく中で、根こそぎ動員として、だれもが徴兵されていった。つまり徴兵は一部の国民が負うべき役務なのではなく、兵役義務のある大部分の男性およびその家族が負うべき義務へと変貌した。この点でアジア・太平洋戦争時における徴兵制の問題は、社会全体の問題へと変貌したのである。

さらに第三の特徴として、社会調査データの利用が挙げられる。社会調査データはこれまでの戦争研究にはない情報を提供してくれるのである。

従来、戦時の徴兵をめぐる事実を明らかにするための資料やデータは、二つに分類することができるだろう。一つは、個人のデータや資料である。例えば証言、日記、手記などが挙げられる。これらのデータ・資料は、個人の体験を詳細に知ることができ、当時の行動だけでなく、意識や感情へも接近することができる。もう一つは、集計された資料・データ、さらに行政文書などである。例えば徴兵者数、復員者数、戦死者数などが代表的である。それぞれの数字から日本全体の状況を知ることができる。

しかしこの個人データと集計データの間には、深い溝がある。個人データからは社会全体はわからない。例えば個々人の体験が国民全体の中で平均的なのか、それとも特殊なのかはわからない。一方集計データからは個々人は見えてこない。社会全体の総数はわかるが、そこに含まれる人々の内実はわからない。

それに対して本章において取り上げる社会調査データは、こうした個人データと集計データを架橋する情報を提供してくれるのである。

## 二　社会調査データの歴史研究への応用可能性

ここで社会調査データの特徴について確認しておきたい。大規模な社会調査データの特性は大きく三点ある。第一に、サンプル数が多いということである。例えば本章で利用する「社会階層と社会移動全国調査（ＳＳＭ調査）」では、分析対象となる一八九七―一九二八年生まれの男性は、四〇一四サンプルである。これだけのサンプル数があればさまざまな計量的な分析が可能である。第二に、無作為抽出による全国調査であるために、バイアスが小さく、統計的検定ができるということである。調査では各調査時点における日本社会の構成員を偏りなく対象としている。もちろん回収率が一〇〇パーセントではないので、回収における偏りは考えられる。しかしそれを考慮したとしてもバイアスの小さいデータであり、そこから統計的検定により、日本社会全体を知ることが可能である。第三に、さまざまな個人に関する情報が含まれていることである。性別、年齢、学歴、職業などといった社会的属性だけでなく、意識や行動などについての情報も含まれる。それゆえ多様な属性、意識や行動の関連を明らかにすることができる。

しかし戦後におこなわれた大規模な社会調査の目的は、戦後社会および人々の意識の把握にあったこと[3]から、戦前、戦中の社会の解明に戦後の社会調査のデータが利用されることは多くなかったのである。

本章で取り上げるSSM調査についても同様であり、歴史研究は近年増えているものの[4]、戦争に焦点を当てた研究はほとんどない。SSM調査とは一九五五年から一〇年おきにおこなわれている日本の代表的な全国調査である。本調査は社会階層論を理論的背景としており、その主たる目的は、社会の階層構造、世代間移動を中心とする階層間関係、階層的不平等に関わる意識の解明などである[5]。また継続調査であることから時代変化も重要な研究テーマであった。しかし焦点は戦後高度経済成長期に入った一九五〇年代以降であった。

このようにSSM調査は戦後社会を主として分析しているが、このデータには他の調査にはない、歴史研究をおこなう上で重要な特徴がある。それはこの調査が職業経歴の情報を保有しているということである。職業経歴とは、学卒後調査時までの職業の経歴である。例えば一九五五年時に六〇歳だった人であれば、一九〇〇年代初頭から一九五五年までの職業経歴がデータ化されている。それゆえ一九五五年の調査であっても、調査対象者の一九五五年以前の履歴がわかる。履歴の中には、徴兵の記録も含まれている。それゆえ、戦時中の徴兵の状況がわかる。また社会階層論に基づく、出身(親の職業、学歴)、学歴、職業といった属性との関連が分析可能である。

ただ、SSM調査データが万能なのかというとそうではない。歴史研究においては常に史料批判がなされるのと同様に、社会調査データもまた批判的検討が必要である[6]。限界として考えられるのは四点である。

第一に、戦後のデータであることである。戦後のデータから戦前、戦中を再構成するため、当然ずれが生じ、過去を完全に再現できるわけではない。例えば戦前、戦中の死亡者については、データに含まれていない。また一九五五年の調査であれば、一八八六年生まれ以降の者しか含まれておらず、例えば一九二〇年当時であれば、当時三四歳より上の年齢の世代のことはわからない。第二に回顧データであるということである。SSM調査は調査時点よりも前の職歴情報を有しているが、それはすべて回顧データである。そのためデータの正確性については一定の留保が必要である。第三に変数が限られていることである。ＳＳＭ調査以外にも戦争研究に利用できる調査データは存在するが、どの調査も戦争がテーマではない。それゆえ、戦争の実態、戦争の影響を明らかにするために必須と思われる変数が存在しないことも多い。例えばＳＳＭ調査には戦災経験、疎開経験、徴用経験などの質問項目はない。また徴兵経験者がどの戦地に行ったのかもわからない。第四に、個人の記録であることである。ここで取り上げている社会調査データとは、個人に対して意識や行動を尋ねた記録である。それに対して戦争の影響とは、必ずしも個人の行動や意識だけから見えるわけではない。例えば戦後のＧＨＱによる五大改革の影響を個人の行動や意識から推し量ることは難しいだろう。我々がみているのは個人であるが、戦争とは社会の変化をもたらすものである。個人と社会を結びつけるためには、社会調査データだけでは難しいことに自覚的である必要がある。

ＳＳＭ調査データは、このようにいくつかの限界を内包しているものの、それを踏まえた上でも、戦争研究に対して、従来とは異なる研究の独自性があると考えられる。

その独自性とは、一言で言えば計量による分析をおこなうことができることにある。計量分析には、質的な歴史研究にない視点と情報を提供してくれる。その中でも特に重要なのは平均（比率）と分散という指標である。

まず平均（比率）である。平均とは社会全体の特徴をあらわす。例えば徴兵率から当時の徴兵の特徴を知ることができる。ある程度社会全体の傾向を記述するためには、平均のような指標を使わなければ難しい。第二に分散である。分散はデータの散らばりである。散らばりの程度を知ることで、社会の多様性がわかる。それは不平等の実相を明らかにすることができるということでもある。例えば、戦時期の人びとの収入が平均〇〇円だったということがわかれば、当時の社会全体の経済状況の特徴を知ることができる。しかしそれだけでは、みんなが貧しかったと考えてしまうかもしれない。加えて分散を知ることで、平均は〇〇円だったが、もっと貧しい人も多かったし、実は裕福な人たちもいたということがわかる。平均と分散を組み合わせると、社会の特徴を多角的に眺めることができる。

さらに多様な分析を通じて、比較できる点も大きな利点である。平均や分散といった指標を利用することで、さまざまな属性による意識や行動の違いを検討することができる。例えば徴兵された者とされなかった者の比較、高学歴者と低学歴者の比較などが可能である。こうした比較は社会階層間の格差を明らかにすることに有効である。

## 三　戦争とライフコースの不平等

本節では、徴兵をめぐる不平等を社会階層という枠組みから分析していく。具体的には、学歴および職業階層と徴兵の関連を中心に、不平等のありようを検討する。

### 1　戦争をめぐる不平等

分析に移る前に、戦争をめぐる平等―不平等という議論において、不平等が何を指すのかをあらためて考えておきたい。戦争において、どのような社会的資源が不平等に配分されるというのだろうか。徴兵の平等―不平等の点から考えてみよう。

徴兵は、戦争によって生じる武力行使を負担するということである。武力行使を負担することで、自らの時間を供出し、それまでの生活、仕事が奪われる。徴兵された者の家族には少額の支給があるが、それは生計を維持するには十分な額ではなく、(7) 生活水準は低下する。また復員後にもとの職場にもどれる保障もない。つまり徴兵とは、第一に経済的資源と社会的地位という資源を奪う。それゆえ徴兵された者とされなかった者およびその家族の間には、経済的資源や社会的地位といった資源において格差が生じる。

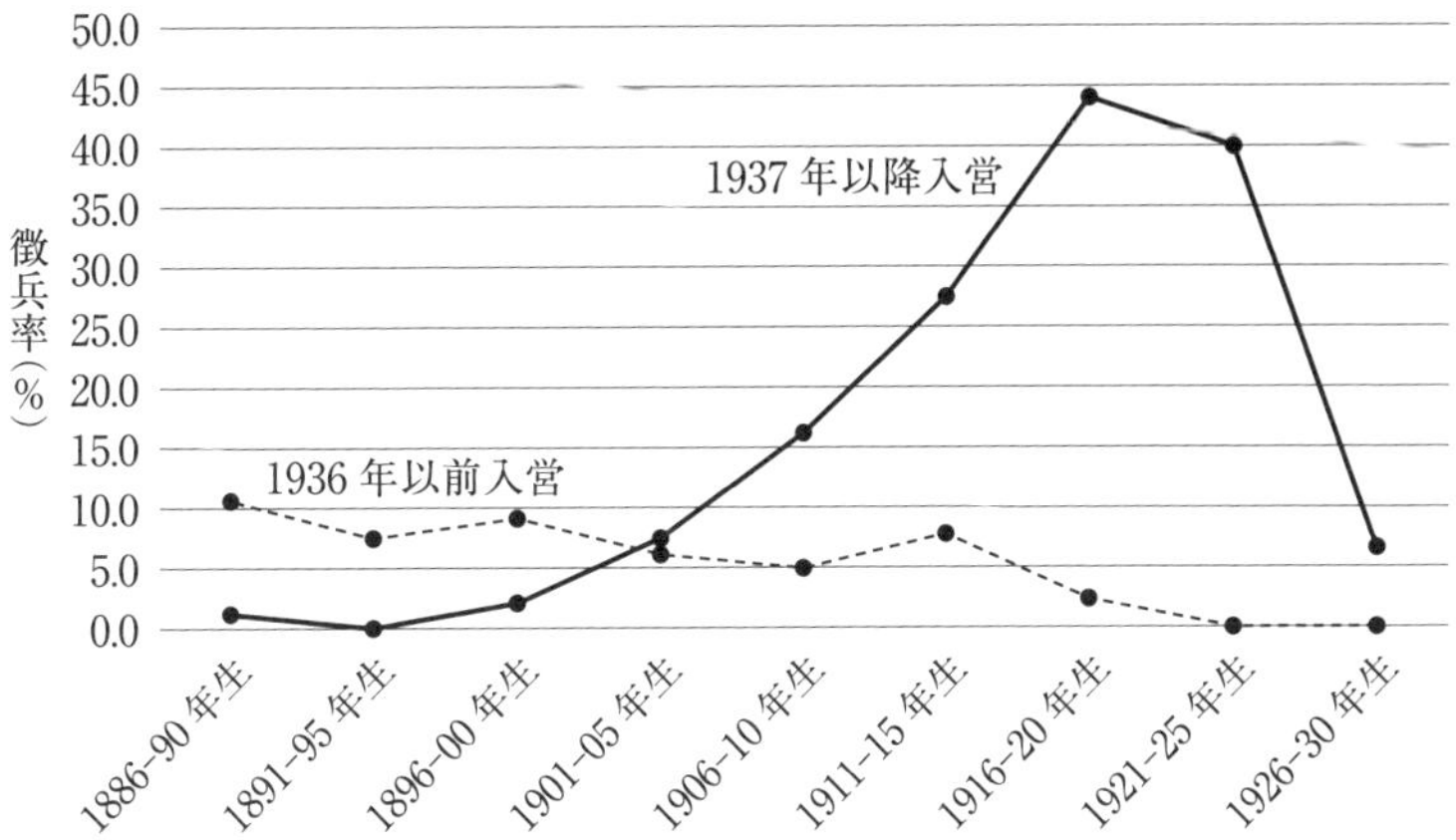


**図１**　出生コーホート別徴兵率

第二に生命という財産を奪う。武力行使の負担には当然生命の負担も含まれている。生命という財産は、一度失われれば回復することのできない究極の財産である。そして戦争という状況において最も顕著に不平等が表面化する財産でもある。

アジア・太平洋戦争は、こうした資源と財産の偏在による不平等が問題となりうる戦争であった。徴兵率が低い時代においては、こうした不平等は社会全体の問題ではなく、ある特定の人々の問題であった。アジア・太平洋戦争が総力戦であったがゆえに、社会を構成する人々全体を巻き込む社会的不平等の問題になったのである。

それでは具体的にデータから徴兵をめぐる不平等を確認していきたい。まず徴兵率が生年によってどれほど異なるのかをＳＳＭ調査データから確認する。利用するデータは一九五五年から一九九五年までの五回分のＳＳＭ調査データの男性票である。図１は、一八八六年から一九三〇年生まれまでの徴兵率をあらわしている（五年ずつに出生年のグループにまとめている、以下では出生コーホートと呼ぶ）。実線が一九三七年以降に徴兵された者の比率、点線が一九三六年までに徴兵された者の比率をあらわしている。一九三六年までに徴兵された者の比率はどの世代も低く、世代差も小さい。どの世代も、せいぜい一〇％程度の徴兵率であり、一九一五年生まれまでの世代では五―一〇％程度であった。一九三六年までの徴兵の大部分は徴集によるものであり、二〇歳の徴兵検査後入営している。それに対して一九三七年以降の徴兵は、特定の世代、具体的には一九〇六―二五年生まれまでの世代に集中している。最も徴兵された世代は一九一六―二〇年生まれで、四五％近くである。ただし一九三七年以降の入営者については、戦死者が多いため、徴兵率はさらに高いと考えるべきである(8)。

一九一〇年以降三六年までの兵士数の推移を調べてみると、多少の変動はあったが二七万人から三七万人程度であった。それが一九三七年には一〇〇万人を超え、一九四五年には七〇〇万人を超える(『日本長期経済統計』)。つまり一九三六年までと一九三七年以降では徴兵のあり方がまったく異なっていたのである。

こうした出生コーホートの違いから、アジア・太平洋戦争期における徴兵は、国民皆兵のもと国民全体を巻き込んでいるものの、徴兵が特定の世代に極端に偏っていたことがわかる。それは単純に一九三七年から一九四五年の間に徴兵適齢期を迎えていた世代に負担が押しつけられていたことを示している。

次に、具体的に徴兵をめぐる不平等の存在を、学歴、職業から確認していく。そのため、次のような分類を採用した。まず学歴については、尋常小学校卒、高等小学校卒、中学校・実業学校・師範学校卒、高等専門学校・大学卒の四分類である。ただし一部の分析では、データの変数の制約から尋常小学校卒と高等小学校卒を合併した三分類を用いている。また職業については一五分類を基本とした。さらに一五分類を再構成した八分類も用いている。

また以下の分析では、一八九七―一九二八年生まれの世代の者のみを対象とする。この範囲の者は、一九三七年から一九四五年までの間に一七歳から四〇歳にあった者であり、四〇一四人が対象となる。

## 2　徴兵の不平等

徴兵される者と徴兵されない者を生み出すメカニズムはどのようなものなのだろうか。

徴兵は、軍隊のニーズによっておこなわれる。軍隊としては、戦地に数多くの兵士を送り込みたい。その兵士は優秀である必要がある。ここで必要とされる兵士の能力は、第一に健康・体力であり、第二に資格・技能の有無である。健康な者ほど徴兵されやすい。また例えば車の運転、船舶の運転、衛生・医師、さらには馬の蹄鉄技術などの資格・技能を有する者を軍は必要としていた(9)。

しかし徴兵は単純に軍隊のニーズだけで決まっていたわけではない。総力戦下では、戦争の主戦場は戦場だけではないからである。戦争遂行するためには、銃後の生産体制の強化は急務であり、「不要・不急と見なされた業種は整理の対象となり、労働者の移動抑制と転廃業の推進、徴用などが実行」されていた(10)。つまり国内のニーズが他方で存在する。国内で必要とされる能力は、主として経済活動に代表される社会を支えるための能力だろう。そうした能力を持つ者として技術者、管理者、技能者などがあてはまるに違いない。

このような軍隊のニーズと国内のニーズの拮抗の中で徴兵される者が決定されると考えられる。戦況が切迫していない状況であればこの拮抗はあまり問題とはならないだろう。そもそも徴兵される人数が少ないからである。しかしアジア・太平洋戦争の末期は、徴兵数が膨大になる。このような状況下では国内のニーズと調整する必要性が高くなる。ただ、どちらのニーズが優先されるとしても、軍隊および国内において必要とされる能力の最適配分の原理が、徴兵の不平等をつくりだすメカニズムになっていたと考えられる。

具体的に仮説を考えてみると次のようになる。

**(一)軍隊ニーズ仮説**

一―一　ブルーカラーや農業は徴兵されやすい

農業やブルーカラーはホワイトカラーよりも体力を必要とする職業であるため徴兵されやすいと考えられる(体力説(11))。またブルーカラーの中には戦場で利用可能な技能者も多く含まれているだろう(技能説)。

## （二）国内ニーズ仮説

二―一　専門職、管理職は徴兵されにくい

国内の産業を維持していくために必須の存在であることから、徴兵されにくいに違いない。

二―二　ブルーカラーや農業は徴兵されにくい

ブルーカラーや農業は、国内産業、食料維持を担う者として必要不可欠な存在でもある。しかし女性や子どもの動員によって、ある程度代替可能だともいえる。

二―三　販売職などの下層ホワイトカラーは徴兵されやすい

国内の政治経済を考えてみると、国の中枢を担う高学歴の官僚、経営者と、農業、ブルーカラーは相対的に必要度が高いが、それ以外の職業の必要度は低い。特に販売、サービスなどのホワイトカラーの必要度は低いだろう。[12]

二―四　学歴が高いほど徴兵されにくい

戦場に比べて、国内では知識労働の重要性が相対的に高い。経済、政治、教育などは高い学歴が必要とされるだろう。

以上の仮説を踏まえて、以下で分析していくことにする。具体的には学歴、職業による徴兵率の違いを明らかにする。分析では主な指標としてオッズ比を利用する。[13]

オッズ比とは、ある属性（階層）の人がそれ以外の属性（階層）の人に比べて、どれくらい（何倍）徴兵されやすいかをあらわした数値である。例えば、高等小学校卒の人の徴兵オッズ比は次のように求められる。

（高等小学校卒の徴兵者数／高等小学校卒の非徴兵者数）÷

（高等小学校以外卒の徴兵者数／高等小学校以外卒の非徴兵者数）

この数値が1よりも大きければ相対的にその属性の集団が徴兵されやすいことを意味し、1よりも小さければ徴兵

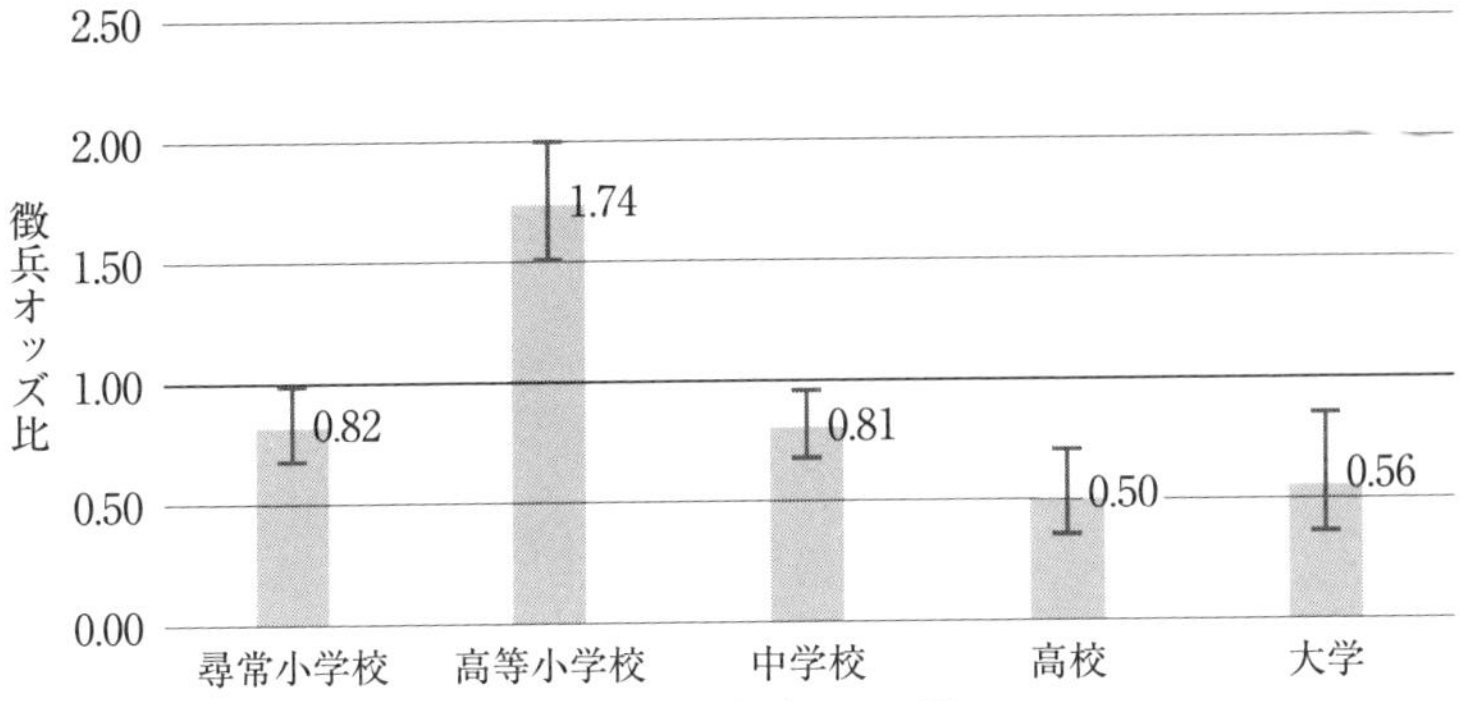

図2　学歴別徴兵オッズ比

されにくいということを意味する。ただ計算された値は、ＳＳＭ調査の対象者の分析から求められた値である。母集団である日本国民全体に対して当てはまるかどうかはわからない(14)。そこで母集団におけるオッズ比を推定するために、ここでは統計的に九五％の確かさで示すことのできる範囲(九五％の信頼区間)も同時に求める。九五％の信頼区間が1をまたがなければ、統計的に有意に徴兵されやすい、あるいは徴兵されにくいといえる。以下の図ではこの信頼区間を示している。

まず学歴については図2が分析結果である。学歴別の徴兵オッズ比の値を棒グラフであらわし、棒グラフと重なっている線分の範囲が九五％の信頼区間の範囲となる。

最も徴兵オッズ比が大きいのは高等小学校卒で一・七四である。他の学歴よりも一・七四倍徴兵されやすかったということである。九五％の信頼区間が1をまたがないので、統計的にも有意である(信頼区間は一・五一から二・〇〇)。次に尋常小学校、中学校、大学、高校と続いている。これらの学歴ではどれも上限が1を超えない。つまり統計的に有意に徴兵されにくかったということである。高等小学校とそれ以外の学歴の間に明確な差があったことがわかる。この結果は吉田の「高等小学校卒業程度の学力を有する者が甲種合格者の最大の供給源であり、この層を中心にして高学歴、あるいは低学歴になればなるほど合格率が低下する傾向がある」という指摘とも一致する(15)。ただこの分析だけでは、出

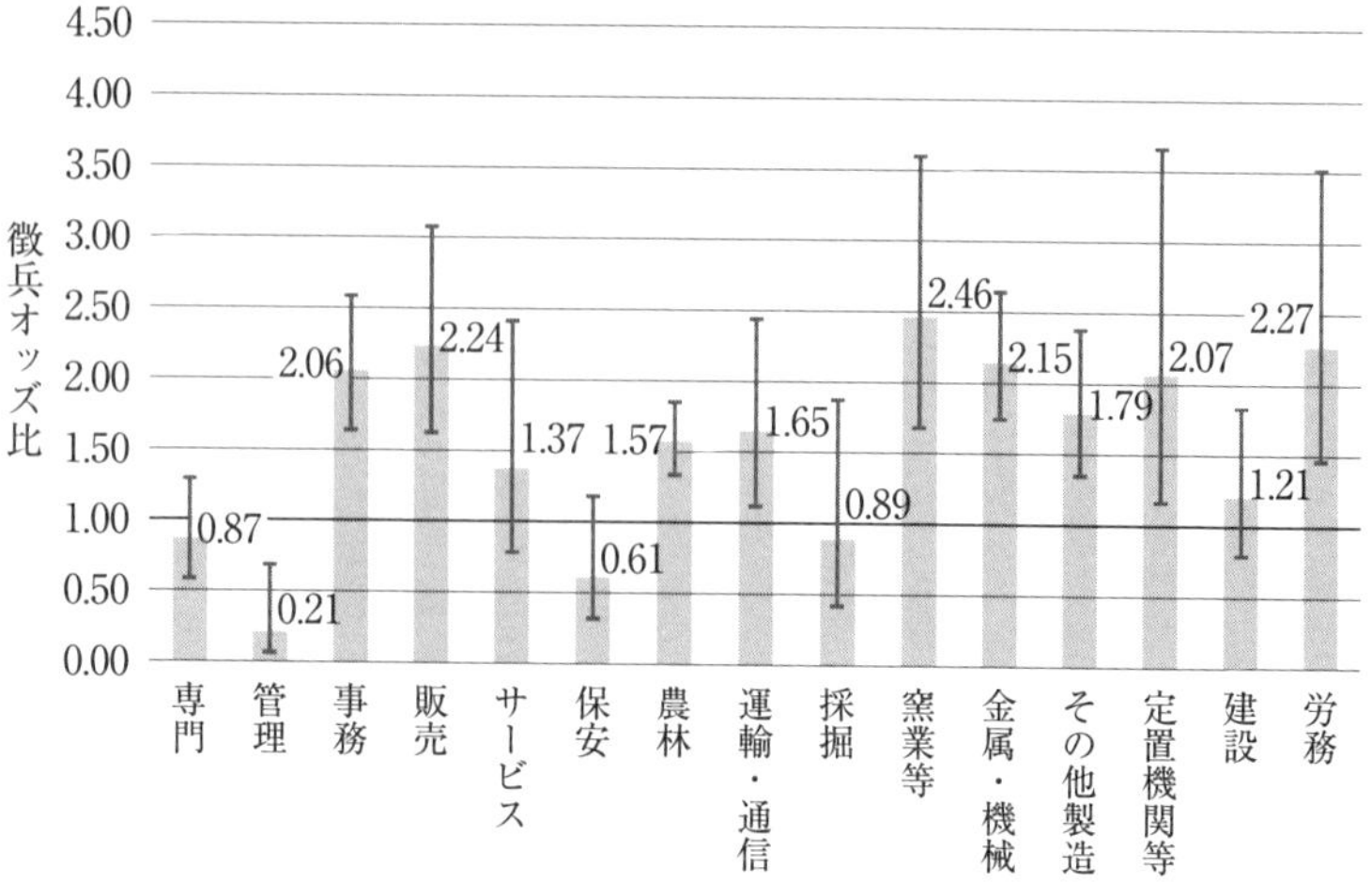


図3　職業別徴兵オッズ比

生年の効果の可能性を排除できない。特に尋常小学校卒は一九〇〇年生くらいまでの出生コーホートで高く、その後の出生コーホートは高等小学校卒が増える。そのため尋常小学校卒の徴兵のオッズ比が低い理由として、生年コーホートの影響も考える必要がある。[16]

次に、職業別の徴兵オッズ比を求めたのが図3である。[17] 職業の分類は一五分類とした。一九三七年から一九四五年までの各年について、徴兵された者とされなかった者の前年の職業を調べている。九年分の前年の職業（前年も徴兵されている者は分析から除外）と当該年の徴兵の有無から、それぞれの職業の徴兵のされやすさをオッズ比によって求めた。

図3から、徴兵されやすかった職業は三つのグループにまとめることができるだろう。第一に、事務、販売といったホワイトカラーである。第二に農林である。第三に運輸・通信、窯業等、金属・機械、その他製造、定置機関等、労務といったブルーカラーである。事務、販売が徴兵されやすいものの、サービス職は必ずしも徴兵されやすいわけではないことから、国内ニーズ仮説に完全に適合的とは言えないものの、仮説とある程度適合している。農林やブルーカラーについては、徴兵されやすい傾向が見られ、軍隊ニーズ仮説と適合的であった。国内事情を考慮すれば徴兵するよりは国内産業の

維持、発展に寄与する必要があるものの、現実には女子、子どもに代替させ、こうした職業階層の人々を徴兵していったと考えることができる。

一方、管理職は徴兵されにくく、専門職や保安職も信頼区間に1が含まれているものの、他の職業階層に比すれば徴兵されにくい。この結果も国内ニーズ仮説と適合的である。

以上からわかることは、基本的に国内ニーズによって徴兵がおおよそ決まっており、代替可能な部分については軍隊ニーズに対応していたということができる。一見、誰もが適材適所で戦争の負担を負っていたのだ(応能原理)と結論づけることも可能であるが、戦時において最も大きな負担である徴兵を、結果的には階層的に低い層が担っていたのであり、これを平等というのは難しい。

## 3　戦死の不平等

次に、戦死の不平等について検討する。

アジア・太平洋戦争では兵士約二三〇万人、民間人約八〇万人が死亡したといわれている。つまり四分の三は兵士であった。この事実を考慮すると、戦死の不平等と徴兵の不平等とは深くつながっていると考えられる。

軍隊内に疑似デモクラシーが存在していたとするならば、徴兵の不平等と戦死の不平等の傾向は一致するはずである。徴兵後は学歴や職業といった社会階層に関係なく戦死の可能性が等しかったはずだからである。しかしもし疑似デモクラシーが不十分なものであったとしたら、一致しない可能性もある。実際はどうだったのかを、次に分析してみたい。

本来戦後の社会調査は、戦争で生き残った人々のみを対象としているので、戦死者についての情報は存在しない。しかしＳＳＭ調査では一九六五年調査でのみ、すでに亡くなった兄弟も含めて学歴、職業などの情報を収集している。

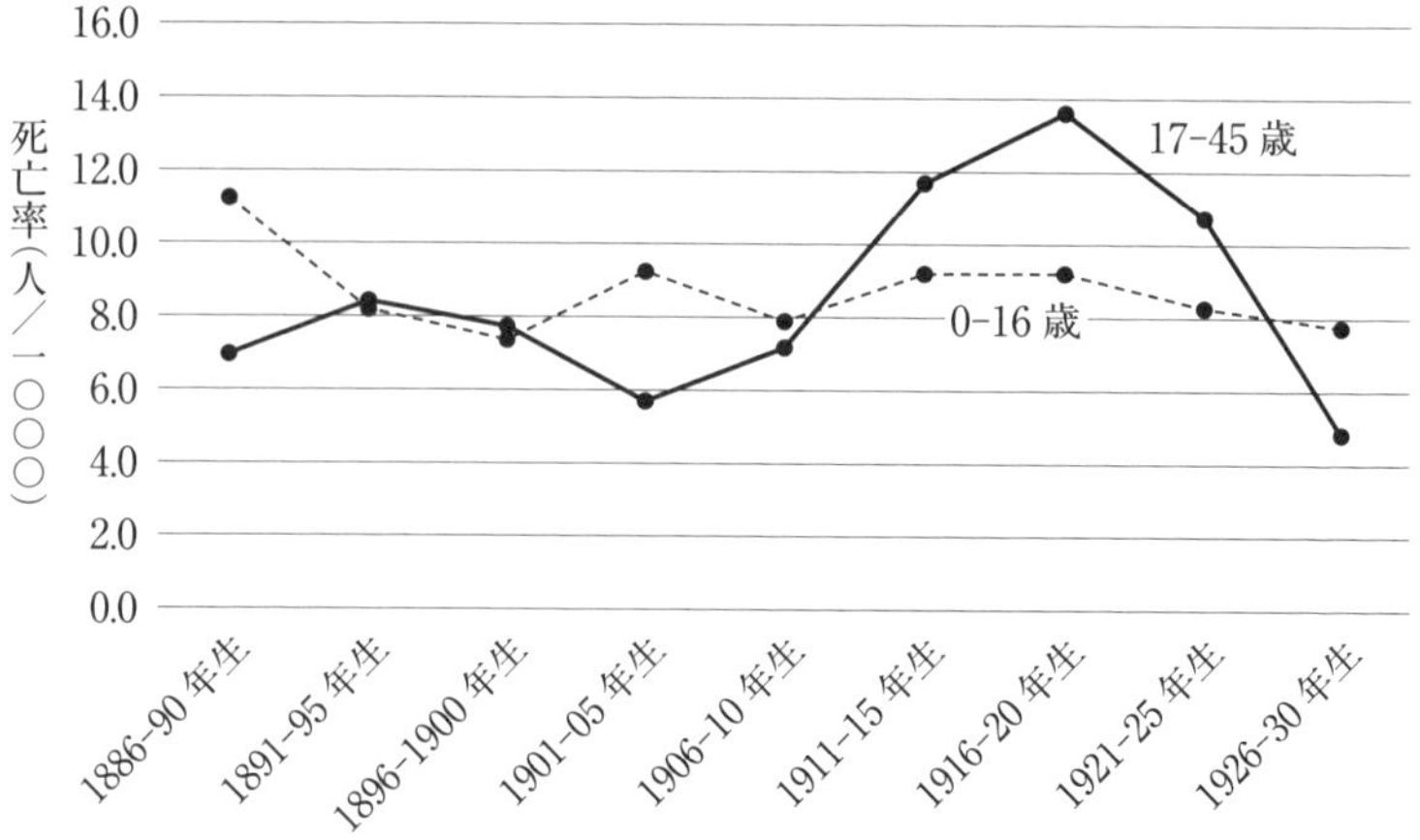


**図4** 出生コーホート別死亡率の推移

そして亡くなった兄弟については、亡くなった年齢を尋ねている。兄弟の生年とあわせると、死亡年を特定することができる[18]。

ここでは一九六五年データのうち、本人以外の兄弟のみのデータを利用する。本人は一〇〇%生きているので、含めて分析してしまうと、結果にゆがみが生じてしまうためである。

まず、コーホート別に死亡率(一〇〇〇人あたりの人数)を求めてみた。結果は図4である。比較のため〇—一六歳と一七—四五歳の二つのカテゴリーについて値を求めた。その結果、〇—一六歳については出生コーホート間でほとんど違いがない。子どもについては、戦時であっても平時であっても死亡率は変わらない。この傾向は、四六歳以上についても同様である。それに対して一七—四五歳については、一九一一—二五年生まれの死亡率が高いことがわかる。図1と比較してみてわかるように、徴兵経験率の高い世代は死亡率も高い。つまり徴兵されたことによる死亡である可能性が高いのだ。

次に一九三七年から一九四六年までの間の一七—四五歳までの死亡率に、学歴と職業による違いがあるのかを確認してみた。なお対象出生年は、一八九七—一九二八年生まれとなる。徴兵と死亡が関連しており、軍隊に疑似デモクラシーがあるのだとしたら、先ほどの仮説が同様に当てはまるだろう。

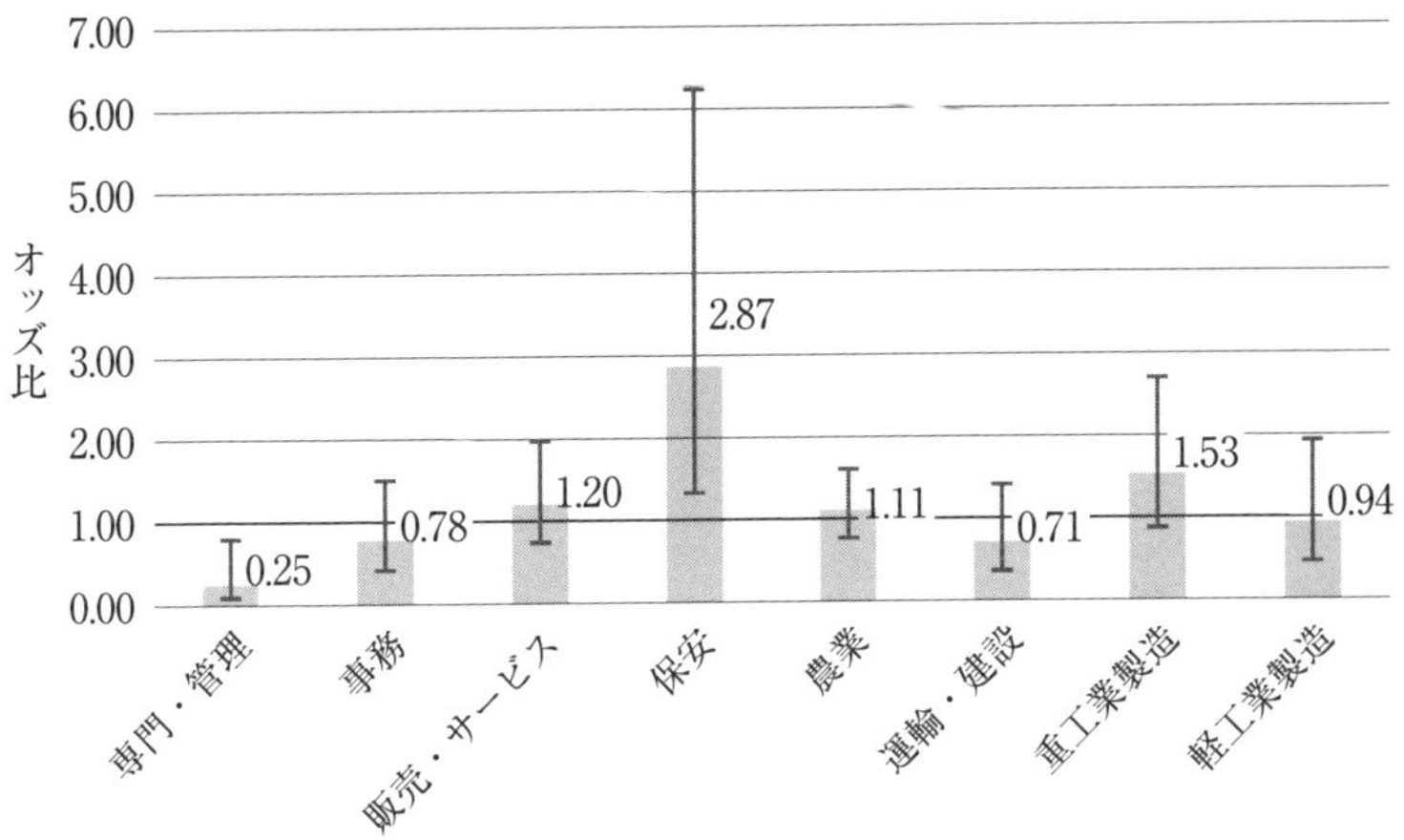


**図5**　職業別死亡オッズ比(1897-1928年生まれ)

まず学歴別に死亡オッズ比を求めてみた。高等小学校以下卒が一・一九、中学校卒が〇・九五、高専・大学卒が〇・七二と、学歴が高くなるほど死亡オッズ比が低くなる。しかし統計的には有意差はない。図2では高等小学校と尋常小学校を分けていたのに対して、本分析では変数の制約上分けられなかった影響が考えられるが、定かにはわからない。

次に職業についてはサンプル数が少ないことから八分類で分析している。図5を見ると、職業階層間で違いがあることがわかる。特に保安職の死亡オッズ比が高い。対象人数が少ないため誤差も大きいが、それでも他の職業に比べると死亡オッズ比が高い。図3の徴兵オッズ比については、保安職は必ずしも大きくなかったことから、死亡リスクの高い危険な任務に就いていた可能性がある。一方、専門・管理職は死亡オッズ比が低い。専門・管理職は徴兵されにくかったし、死亡もしにくかったのである。

以上から三つの知見をまとめることができる。第一に徴兵と死亡は連動している可能性が高いということである。データからは徴兵による死亡であるのかを特定することはできないが、蓋然的に両者は連動していると考えることができる。第二に、そうであるならば軍隊には疑似デモクラシーが働いていたと考えることができる[19]。ただ、かなり

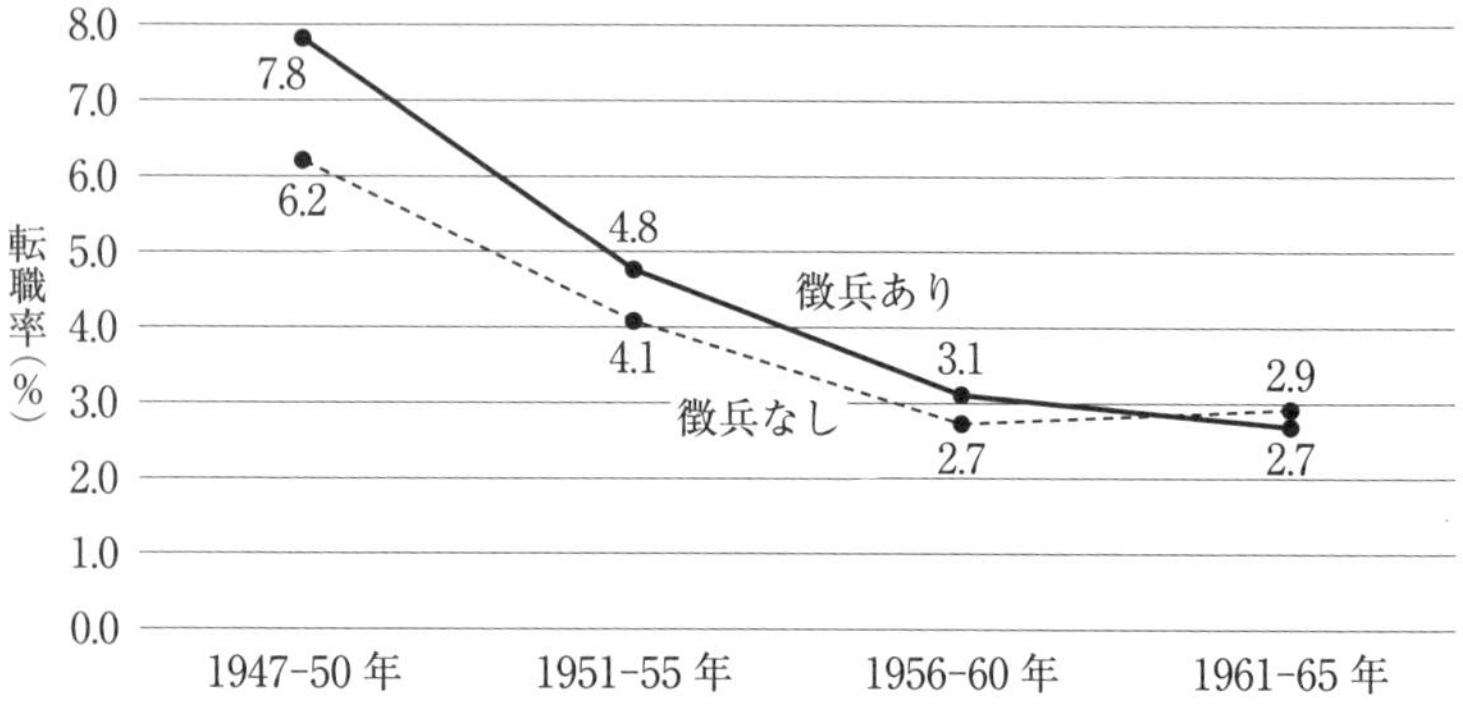


**図6**　徴兵経験の有無と転職率の推移(1897-1928年生まれ)

限定的な分析結果に基づいているので、さらに多面的な分析、評価が必要だろう。第三に生命という個人にとって最も大事な財産においてさえも、少なくとも職業という社会階層によって格差が生じていたということである。死亡のしやすさが序列づけられているというよりは、ある一部の特権的な階層が存在していたということである。

## 4　復員兵の不平等

終戦を迎え、戦場から無事帰ってきたとしても、復員兵はその後再び厳しい現実に直面することになる[20]。復員兵の戦後生活は、二つの点で不利であった。第一に復員兵への国民の冷ややかな視線である。復員兵であることが一種のスティグマとなっており、復員兵の社会復帰を阻害していた可能性がある。第二に職歴の断絶である。復員兵は、徴兵によりキャリアが断絶しており、元の職場に戻れた人は多くなかったと考えられる。そのことが戦後のキャリアを不利にしていた可能性がある。こうした二つの不利の中で、徴兵されたことが戦後の生活にどのような影響を与えたのかを職業経歴から考えてみる。

まず、一八九七—一九二八年生まれの復員兵と復員兵以外の年あたりの転職率の変化を、一九四七年から一九六五年まで比べてみた。図6から読み取れる特徴は二点である。第一の特徴は、終戦後から一九六〇年代に至るまで転職率は減少傾向にあったということである。四七—五〇年には復員兵の転職率が

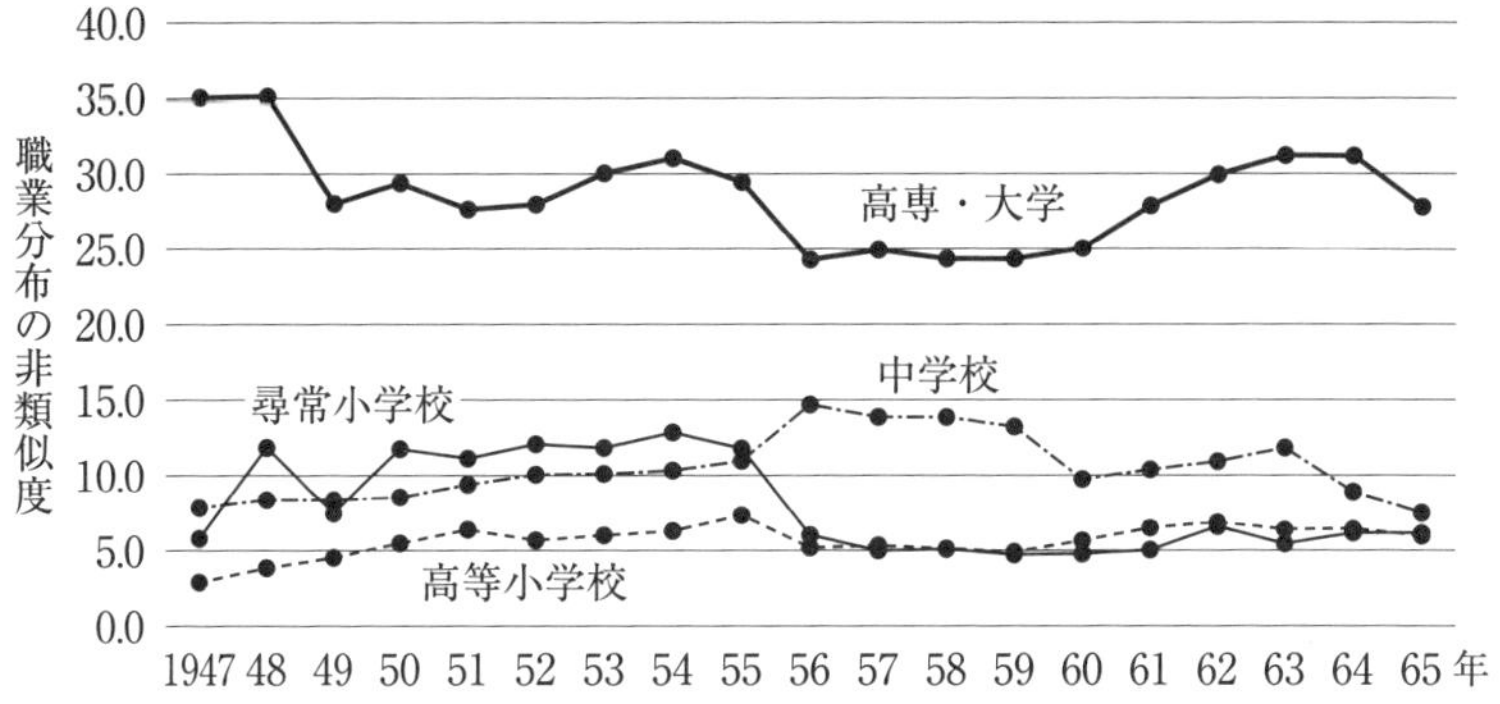


**図7** 学歴別徴兵経験の有無による職業分布の乖離の推移

七・八%、復員兵以外が六・二%であったのが、五〇年代後半には三%前後へと半減している。これは終戦後の混乱期から次第に経済が安定していくことで、転職率が下がっていったと考えられる。また、一般に年齢と共に転職は少なくなる傾向にあるので、年齢が上昇したことにより転職率が低下した可能性もある。

第二の特徴は、一九四〇年代後半から五〇年代後半くらいまでは復員兵の転職率は復員兵以外よりも高かったということである。つまり復員兵は一九五〇年代初頭まで一定の職に就かず、転職をしていた者が多い。そして一九五〇年代後半以降になると復員兵と復員兵以外で差がなくなる。復員兵の生活と復員兵以外の生活はどちらも安定し同等になったと解釈できるが、逆に平等になったのではなく、両者の格差がそのまま維持されるようになったという解釈もありうる。一九五〇年代初頭までに就いた職業を維持し続けているということは、一九五〇年代初頭にあった復員兵と復員兵以外の格差がその後維持され続けていたと考えることができるだろう。

果たして復員兵と復員兵以外の職業格差はあったのだろうか。一九四七年から一九六五年までの復員兵と復員兵以外の間での職業分布の非類似度(ユークリッド距離)を、学歴別に求めた。この値は両者の分布が異なるほど値が大きくなる。その結果が図7である。図から明らかなことは二つある。第一に多少の増減はあるものの復員兵と復員兵以外の職業分布の違いは年代によって大きく変

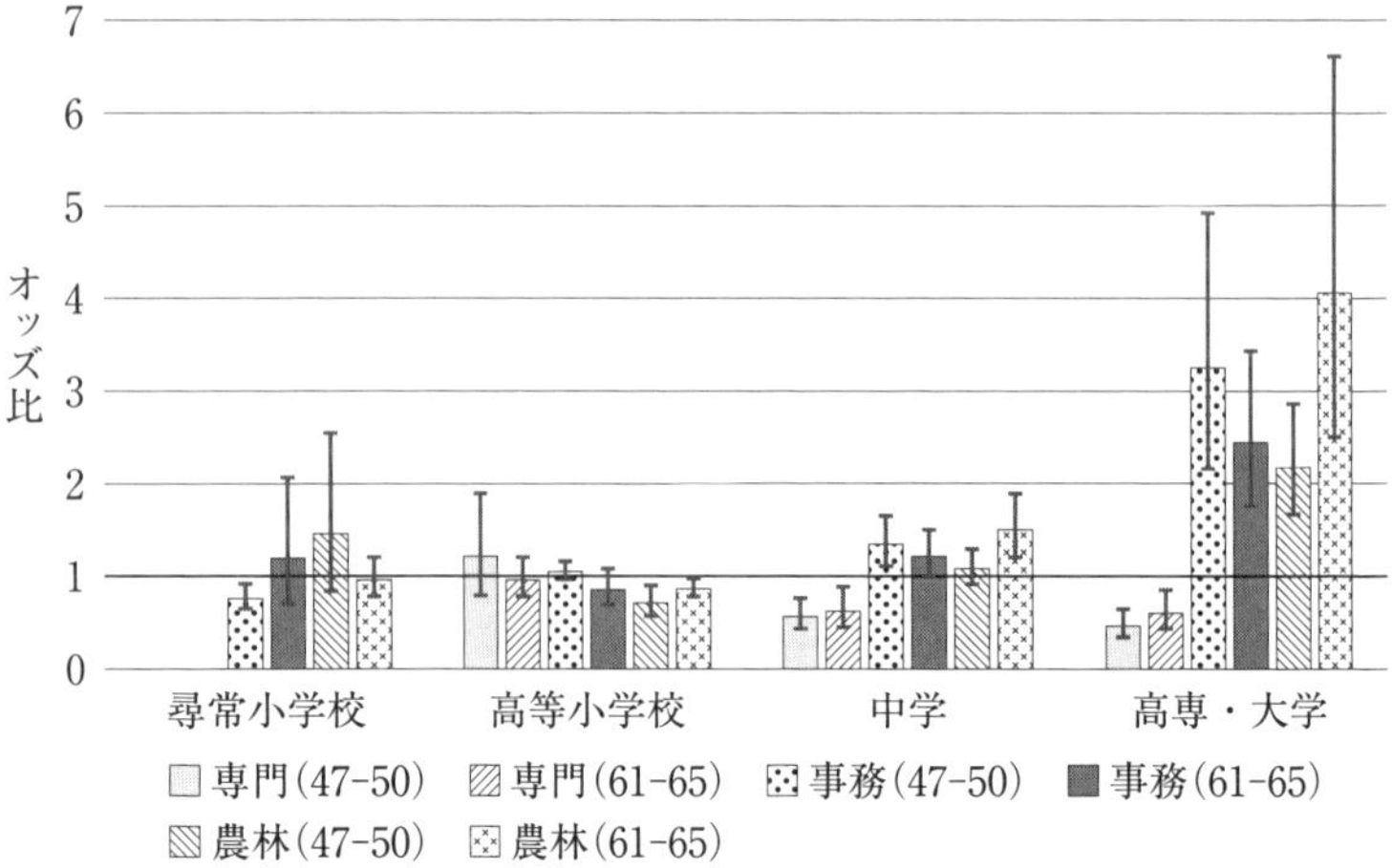


**図8**　学歴別徴兵経験の有無による専門・事務・農林オッズ比

化していないということである。一九五五年と五六年の間での値の変化は、一九五六年以降が一九五五年調査を除き一九六五年以降の調査のみを利用していることによる。先に見たように転職率は一九五〇年代前半までは高いので、個人水準での職業の変化は起きているものの、集計水準ではある程度安定しているといえる。

第二に高専・大学卒の高学歴層において、職業分布に大きな違いがあるということである。図8は、例示として三つの職業(専門、事務、農林)について、一九四七―五〇年および一九六一―六五年におけるオッズ比を学歴別に計算している(尋常小学校卒の専門職はいないので数値がない)。このオッズ比は、復員兵が復員兵以外に比べて何倍、当該の職業に就きやすいかをあらわしている。高専・大学卒をみると、専門職は1より小さいため就きにくく、事務職、農林職は1よりは大きいため就きやすいことがわかる。それに対して中学以下では違いがある職業・時期もあるが、いずれの職業でも1前後で、相対的に高専・大卒よりも徴兵の経験の有無による差が小さい。さらにこの傾向は一九四七―五〇年と一九六一―六五年で大きな違いがない。

以上から、復員兵も復員兵以外も戦後、転職率が一貫して減少していくが、それは復員兵と復員兵以外の間に存在する不平等が解消したのではなく、維持されていたのだということがわかる。特に高学歴者の徴兵経験は、戦後職業選択に大きな不利をもたらし続けていた。高学歴者は図2からわかるように徴兵はされにくかったものの、一度徴兵されてしまうと戦後大きなハンデを負うことになり、徴兵されなかった高学歴者との間に大きな格差が生まれていた。一方、それ以外の学歴では徴兵経験と戦後の不利さの間に強い関連は見られないのである。この差がなぜ生まれるのかは、さらに詳細な検討が必要であるが、戦後の国内ニーズの影響が考えられる。徴兵された高学歴者は、戦後復興の中で労働市場から弾かれていたといえるのではないかと考えられる。

## 四　戦争負担の不平等

社会的不平等とは、農耕を始めて以降、人間社会の基本的な特徴であり続けている。それゆえシャイデル[21]によれば、「数千年にわたり、文明のおかげで平和裏に平等化が進んだことはなかった」のであり、「貧富の差を縮めることに何より大きな役割を果たしたのは、暴力的な衝撃だった」という。その衝撃とは「大量動員戦争、変革的革命、国家の破綻、致死的伝染病の大流行」である。そしてシャイデルはアジア・太平洋戦争における日本を典型的な事例として分析している。確かにアジア・太平洋戦争は所得の不平等を解消している。またそうした傾向は日本に限らず、かなり多くの国で観察されている[22]。しかし所得の不平等だけが社会的不平等ではない。

本章が扱ってきたのは、戦争負担の不平等である。戦争でだれが兵士として戦場に行き、戦死し、復員後の生活難を背負ってきたのかということである。戦争に関する平等—不平等という議論の多くが所得など結果の不平等に焦点が当てられてきたのに対して、本章が焦点としたのは、戦争に携わった人々の間に生じていた不平等である。

アジア・太平洋戦争は、国家総動員体制のもと、建前上戦争負担の平等が喧伝されてきた。しかし本章の分析からは、必ずしも戦争負担は平等ではなかったといえる。特定の学歴や職業といった社会階層に負担は押しつけられていたのである。戦争は一方で社会の不平等を見えにくくする。自由が統制され、生活は制限される。しかし他方で、単に経済的、社会的不平等にとどまらない不平等が、徴兵される者とされない者の間で立ち現れてきた。

このような戦時における不平等は、平時における不平等の延長線上であるのと同時に、平時とは異なる様相も持っている。例えば専門職などの高い職業階層が徴兵されにくい、戦死しにくいというのは平時の延長線上の不平等である。平時の不平等が戦時でも同様にあらわれている。しかし、ただそれだけではない。高学歴の内部において、徴兵経験者と未経験者にあらわれる格差は、平時には存在しない不平等であった。徴兵という戦争の経験が、不平等をあらたに作り出していた。それゆえおそらく戦争における不平等を明らかにするためには、平時と戦時の資源配分の構造の違いを解き明かしていくことが必要なのだと考えられる。

そのことは、平時と戦時の平等の違いを検討することでもある。本章で議論してきた平等とは負担が等しいという意味である。しかし単純に負担が等しいことのみが平等なのではなく、負担においては公平性という観点も考える必要がある。

さらに仮に負担が等しいとしても、負担の結果が異なることも考えなければならない。戦死する人がいて復員する人がいる。つまり戦争負担の平等とは、徴兵といった負担自体によって生じる機会の平等と同時に、負担によって生じた結果の平等が含まれている。つまり戦争遂行のための資源の配分だけでなく、再配分（戦後補償）が含まれるのであり、今後より広汎な視点から平等―不平等の問題をとらえる必要があるだろう。

本章では、社会調査のデータ分析を通じてアジア・太平洋戦争の不平等の一端を示すことができた点では、その有効性を示せたといえよう。ただ同時に限界も踏まえる必要がある。戦争研究においては大量の資料がある。社会調査データもそうした資料の一つである。確かに他の資料とは性質が異なるが、だからといって特別なものではない。そして他の資料と同じように、一資料によって研究が完結するわけでもない。社会調査データによる分析もまた、他の資料によって批判、補完される必要がある。今後は別のデータ（量的、質的）を通じて、本章の知見の妥当性をさらに検討していく必要があるだろう。

（１）与謝野有紀「社会階層」『現代社会学事典』弘文堂、二〇一二年。
（２）喜多村理子『徴兵・戦争と民衆』吉川弘文館、一九九九年。
（３）西平重喜「世論調査の精度」『社会学評論』三二巻一号、一九八一年。
（４）ＳＳＭ調査データを利用した戦前社会の研究として、佐藤俊樹編『近代日本の移動と階層――一八九六―一九九五』一九九五年ＳＳＭ調査研究会、一九九八年、中村牧子『人の移動と近代化――「日本社会」を読み換える』有信堂高文社、一九九九年、原純輔編『日本の階層システム１　近代化と社会階層』東京大学出版会、二〇〇〇年、佐藤香『社会移動の歴史社会学――生業／職業／学校』東洋館出版社、二〇〇四年などの研究がある。
（５）盛山和夫「ＳＳＭ調査」社会調査協会編『社会調査事典』丸善出版、二〇一四年。
（６）佐藤香「方法としての計量歴史社会学」『社會科學研究』五七巻三―四号、二〇〇六年。
（７）大江志乃夫『徴兵制』岩波新書、一九八一年。
（８）『動員概史』によると、現役徴集率は一九四一年以降、五一％、六〇％、六〇％、八九％、九〇％であり、ＳＳＭ調査データの結果とは乖離がある。
（９）軍の動員計画に基づいて動員担当者は技術・技能を持つ者を集めるのに苦慮していた（小澤眞人・ＮＨＫ取材班『赤紙――男たちはこうして戦場に送られた』創元社、一九九七年）。
（10）佐々木啓『「産業戦士」の時代――戦時期日本の労働力動員と支配秩序』大月書店、二〇一九年、一頁。
（11）「肉体労働に従事することの少ない地主やブルジョワジーの子弟、あるいは知識人層に属する者は、徴兵検査の段階でふるい落とされ」、「日々の過酷な労働のなかできたえられた頑健な肉体をもつ労働者や農民が、……現役兵として徴兵する例が多かった」（吉田裕『徴兵制――その歴史とねらい』学習の友社、一九八一年、五九頁）。
（12）例えば、中村隆英『日本の経済統制――戦時・戦後の経験と教訓』ちくま学芸文庫、二〇一七年。
（13）オッズ比を利用する理由は、第一に学歴や職業間の比較ができること、第二に１という基準値からの乖離によって直観的に理解できることである。他の変数を統制した分析については、渡邊勉『戦争と社会的不平等――アジア・太平洋戦争の計量歴史社会学』ミネルヴァ書房、二〇二〇年を参照。

(14) 厳密には母集団を推定することがそもそもできるのかという問題もあるが、本章では分析結果の解釈の一つの手がかりとして信頼区間を利用する。

(15) 吉田裕『日本の軍隊――兵士たちの近代史』岩波新書、二〇〇二年、一一四頁。

(16) 前掲注(13)渡邊二〇二〇年では、分析範囲が若干異なるが、出生コーホートを統制しても尋常小学校卒が有意に徴兵されにくいことを示している。また高専・大学卒は有意にならないが、おそらく職業の効果に吸収されていることによると考えられる。

(17) 職業別のオッズ比は、一九三七年から一九四五年までの各年について、それぞれの職業からの徴兵のされやすさの累積となっている。

(18) バイアスの可能性については、前掲注(13)渡邊二〇二〇年、一一八頁。

(19) 前掲注(13)渡邊二〇二〇年、六八―七一頁では徴兵期間の階層差を検討しているが、影響はない。

(20) 木村卓滋「復員――軍人の戦後社会への包摂」吉田裕編『戦後改革と逆コース』吉川弘文館、二〇〇四年。

(21) Scheidel, Walter, *The Great Leveler: Violence and the History of Inequality from the Stone Age to the Twenty-First Century*, Princeton: Princeton University Press, 2017(鬼塚忍・塩原通緒訳『暴力と不平等の人類史――戦争・革命・崩壊・疫病』東洋経済新報社、二〇一九年)。

(22) Piketty, Thomas, *Le capital au 21e siècle*. Editions du Seuil, 2013(山形浩生・守岡桜・森本正史訳『21世紀の資本』みすず書房、二〇一四年)。

# 第3章　退屈な占領
## ――占領期日本の米軍保養地と越境する遊興空間

阿部純一郎

### 一　占領下のオリンピック――越境する軍隊と娯楽

一九四六年一月二七日、東京・明治神宮外苑競技場でアジア太平洋地域の王者を決めるアメリカンフットボールの決勝戦が開催された。対戦したのは、日本代表のイレブンス・エアボーン・エンジェルスとハワイ代表のホノルル・オールスターズで、結果は一八―〇で日本代表の勝利に終わった。ただし、日本代表といっても日本人のチームではない。前者は、日本占領の先遣隊としていち早く厚木飛行場に上陸し、横浜ではマッカーサー元帥の護衛も務めた米陸軍第一一空挺師団(11th Airborne Division)の隊員が結成したチームであり、後者もまたハワイに駐屯する米軍部隊を母体とするものだった。つまりこの日、占領下の東京で開かれたのは、アジア太平洋各地に駐屯する米軍部隊が地区代表として競い合うスポーツ大会であり、当時米軍はこのイベントを「太平洋(陸軍)オリンピック(Pacific (Army) Olympics)」と呼んでいた。

太平洋オリンピックの事例は、日本占領軍の娯楽活動が、駐屯先たる日本の一地方に限定されない空間的広がりのなかで組織化されていたことを示している。本章は、戦後米軍がアジア太平洋地域に形成したこの越境的な遊興空間に注目し、米軍の日本占領、さらには朝鮮戦争の遂行にとって兵士へのレクリエーション施策がどのような役割を果たしたかを分析する。

太平洋オリンピックはアメリカ陸軍省が企画したものだが、現地での運営は米軍内で兵士に様々な娯楽サービスを提供するスペシャルサービス局が担当した。前記のアメフト大会の場合、東日本と西日本の占領をそれぞれ管轄した第八軍と第六軍のスペシャルサービス局が協力して調整にあたり、軍の報告書によれば、最終的には全国各地の米軍部隊を巻き込む形でトーナメントが作られ、「すべての地区の部隊に本物の(real)アメリカンフットボールを観覧する機会が与えられた」[1]という。

実際の試合経過を追うと、このイベントのスケールの大きさが分かる。まず一九四五年一二月一六日に以下の三試合がそれぞれ別の会場で同日開催された。すなわち、東京会場(明治神宮外苑競技場)では第一騎兵師団(司令部・朝霞)と第三三歩兵師団(司令部・神戸)、仙台会場では第一一空挺師団(司令部・仙台)と第九八歩兵師団(司令部・大阪)、大阪会場(阪神甲子園球場)では第四一歩兵師団(司令部・呉)と名古屋基地(第二五歩兵師団)が対戦した。結果はいずれも前者が勝利し、これら三試合を観覧した兵士は計四万四〇〇〇人と記録される。一九四五年一二月時点で日本に駐留した米兵数は約四三万人と言われているので[2]、その約一割がいずれかの試合を観覧したことになる。その後、クリスマスに合わせて準決勝が開催され、東京会場では第一一空挺師団が第一騎兵師団に勝利(観覧者数三万人)、京都会場では第四一歩兵師団がUSASCOM-C(第八軍補給部隊)に勝利した(観覧者数は不明)。そして翌年一月一日の決勝戦では第一一空挺師団が第四一歩兵師団を破り、太平洋オリンピックに出場する代表権を獲得した。ちなみにこの決勝戦には約三万八〇〇〇人の観客が詰めかけ、米軍が東京で開局した軍関係者向けのラジオ放送(WVTR、後にFENと改称)で中継されたほか、米本国の新聞でも報道されたという。オリンピック開幕後も第一一空挺師団チームは快進撃を続け、大阪会場でフィリピン代表(Clark Field)を破った後、東京会場でハワイ代表(Honolulu All-Stars)に勝利し、アジア太平洋地域一位に輝いた。

以上やや詳しく試合経過を追ったが、アメリカンフットボールは太平洋オリンピックで実施された競技種目の一つにすぎない。また、開催場所も日本国内にとどまらず、アジア太平洋各地に及んだ。一九四五年度に日本占領軍が代表として出場した競技種目(開催地)を挙げると、バスケットボール・バドミントン・陸上競技(マニラ)、水泳・ゴルフ・ボクシング(ホノルル)、ハンドボール・卓球(サイパン)、テニス(テニアン島)、ホースシューズ(韓国)、そして日本ではアメフト以外にバレーボールとタッチフットボールの決勝戦が行われた。このように会場を分散させた軍の狙いは、アジア太平洋地域に駐留するすべての米兵に少なくとも数種目の決勝戦を観覧させるためであった[3]。

占領軍として日本各地に進駐した米兵たちが、勤務外の余暇時間に様々な娯楽を楽しんでいたことはよく知られている。その様子は、米軍が駐屯した各地方の自治体史や、軍の休暇・娯楽施設として接収されたホテル・劇場・運動競技場あるいは軍関係者に観光ツアーや芸能ショーを斡旋した仲介業者(旅行会社、芸能社)に関する記録から窺える。驚かされるのは当時米兵が楽しんだ娯楽の多様性とそれを可能した軍の娯楽提供体制であり、その規模と華やかさは敗戦後の日本人に圧倒的な印象を残しただけでなく、現代の感覚からしても過剰に映る。太平洋オリンピックは最たる例だろう。では、なぜ米軍は地域の枠を超えたこれほど大掛かりなイベントを、アジア太平洋戦争終結からわずか数カ月後のこのタイミングで実施したのか。その意味を理解するには、日本国内の社会状況だけでなく、広くアジア太平洋地域で米軍が直面していた課題に目を向ける必要がある。

ここで留意したいのが、日本占領軍として派遣された第八軍と第六軍はアジア太平洋地域を管轄する米太平洋陸軍(一九四七年一月に極東軍に再編)の下位部隊の一つであり、連合国最高司令官として対日占領政策を統括したマッカーサーは同時に米太平洋陸軍司令官も兼務していたという事実――日本占領史研究にいう「二重構造」の問題――である。これは要するに、日本占領軍の施策は、その上位組織である米太平洋陸軍の問題意識にも強く規定されるということで、だからこそ太平洋オリンピックは日本だけでなくアジア太平洋地域の全兵員を出場者もしくは観覧者として動員する形で組織されたのである。

ではその問題意識とは何か。次節ではまず、日本占領が始まってまもなく米軍内部では、戦争終結に伴う帰国願望の高まり、復員計画の遅れや不公平性に対する不満の蔓延、占領の必要性に関する無知・無理解など、兵士の士気（モラール）の低下が深刻化していたことを明らかにする。そのうえで、この危機的状況に対処するための施策の一つが、兵士の余暇時間を埋める膨大なレクリエーションの提供だったことを論じる。

## 二　第二次世界大戦後の大量復員計画とモラールの危機

一九四五年九月二日、東京湾に停泊した米戦艦ミズーリ号上で降伏文書調印式が行われ、日本は正式に連合国に降伏した。このとき米軍の総兵力はアメリカ国内・海外を合わせて約一二〇〇万人に達しており、そのうち陸軍兵力（地上軍・航空軍）が約八〇〇万人、海軍兵力（海兵隊・沿岸警備隊を含む）は約四〇〇万人だった（一九四五年九月一日時点）。アメリカが第二次世界大戦に参戦した一九四一年の総兵力は約一八〇万人（うち陸軍兵力は一四六万人）なので、戦時中に米軍の規模はおよそ六—七倍に膨れ上がったことになる。対日戦争終結後に米軍当局が直面した課題は、この巨大化した軍隊を速やかに平時体制に戻してその規模を縮小し、召集した兵士の復員・帰還を進めることにあった。

結果からいえば、この一大プロジェクトにより、戦争終結時に八〇〇万人を数えた陸軍兵力は一九四五年末には四二〇万人へと半減し、翌年六月末にはさらに半減して一九〇万人まで落ち込んだ。[4] この大規模な復員兵帰還計画は「魔法の絨毯作戦（Operation Magic Carpet）」と呼ばれたが、ヨーロッパ・アジア・太平洋各地に散らばった数百万の兵士をアメリカ本国まで輸送する業務は困難を極め、長距離航海に適した船舶の不足や、占領部隊を現地に駐屯させる必要性などに制約され、現実は魔法と呼べるほど順調に進んだわけではなかった。以下ではこの問題が、これから始まろうとしている対日占領任務の遂行を揺るがしかねない危機へと発展していく過程を追う。太平洋オリンピックはこの危機に対する米軍独特の対応だったのである。

兵士の復員・帰還を進めるにあたり軍当局が特に注意しなくてはならなかったのが、手続きの「迅速性」と「公平性」の問題だった。ここでいう「公平性」とは、兵士のなかで誰が優先的に軍務を解かれ帰還できるかを決める判断が、関係者の多くが認めた客観的なルールに沿って行われていることを指し、第二次世界大戦後の復員計画では「ポイント制」というルールが採用された。ポイント制とは、①従軍期間（一カ月につき一点）、②海外駐留期間（一カ月につき一点）、③戦闘実績（規定の勲章一個につき五点）、④一八歳以下の子供の数（一人につき一二点、最大三人まで）という四つの基準に従って兵士にポイントを付与し、合計八五点以上に達すれば除隊資格を獲得して優先的に帰国できる制度である。例えば二年間の海外駐留経験があれば、①で二四点、②で二四点を獲得し、合計四八点となる。この制度の立案に関わった陸軍長官ヘンリー・L・スティムソンの解説によれば、上記の四つの基準は「世界中のあらゆる兵士に平等に適用される」ものであり、また、陸軍省が実施したインタビュー調査のなかで九〇％以上の兵士が優先的に軍務を解かれるべき人物として挙げた条件（海外に駐屯し、戦闘任務が長く、子供がいる）を踏まえて考案された、まさに「兵士自身の願望を具現化したもの」にほかならなかった。[5]

ポイント制に基づく復員業務は、ドイツ降伏後の一九四五年五月頃から陸軍の一部で始まり、六月初めにはアジア太平洋地域の米軍関係者に配られた日刊紙・星条旗新聞（*Pacific Stars and Stripes*：以下S＆Sと略記）に、米本国に帰還した最初の復員兵として、沖縄、サイパン、グアム、マーシャル諸島で従軍した一〇〇〇名超の陸軍兵がサンフランシスコの港に到着したとの記事が載った。ただし当時はまだ日本との戦争が継続中であり、海軍の復員手続きは始まっておらず、軍艦を復員兵輸送に活用することも困難だったため、実際に帰還できた兵士の数は限られていた。この点について、日本のポツダム宣言受諾を報じた一九四五年八月一四日付の星条旗新聞（号外）は、五月八日のヨーロッパ戦勝記念日（V-E Day）以後三カ月間のうちにヨーロッパ戦域から米本国へ帰国できたのは三〇〇万人の駐留兵のうち七五万人にすぎないと述べ、日本降伏後は除隊条件も緩和され、大規模な復員計画が進められるはずだが、その際も輸送船の不足が大きな足かせになるだろうと注意している[6]。

事後経過を追うと、当初は除隊条件として八五点以上（将校や女性兵士はさらに低い点数）が必要だったが、この基準は降伏文書調印翌日（九月三日）には八〇点に下がり、その後も一〇月から七〇点、一一月から六〇点、一二月から五五点へと段階的に引き下げられた。また一二月以降、ポイント数とは別に、兵役に四年間従事した者や一八歳以下の子供が三人以上いる者は除隊資格を得られるように制度変更がなされた[7]。こうした相次ぐ条件の緩和は、早期帰還を求める兵士の要望に配慮したものだが、除隊資格者をいくら増やしても十分な輸送船が確保できなければ逆に期待の裏切りになる。実際、一九四五年冬から翌年にかけて米軍当局は、終戦後も帰国できず海外に留まる兵士と、兵士の帰宅を待ちわびるアメリカ本国の家族の双方からの厳しい批判にさらされた。

この時期に軍への不満が噴出した要因の一つは、輸送船の調達が不安定な状況のなかで軍高官から早期帰国を約束するようなメッセージがたびたび発せられ、兵士の間に過度の期待が生じたことにある。なかでも有名な発言として、一九四五年九月一七日にマッカーサーは、日本占領が円滑に進んだ結果、当初の予定よりも大幅な兵力削減が可能になったと述べ、今後半年間で占領軍兵力は二〇万人程度にまで縮小できると主張した。この日は降伏文書調印からようやく二週間が過ぎた頃で、日本では「ＧＨＱ」で知られる連合国最高司令官総司令部（ＧＨＱ／ＳＣＡＰ）はまだ設置されておらず（一〇月二日開設）、西日本への進駐も始まっていないタイミングだ。しかもこの発言は、国務省や陸軍省との事前協議なく発せられたもので、すぐにアメリカ政府から、彼の試算は楽観的すぎており、必要な兵力数を低く見積もっていると批判された[8]。しかし九月二〇日に今度は陸軍参謀総長ジョージ・Ｃ・マーシャルが、「冬が終わる頃まで（by late winter）」にはポイント制自体を廃止し、二年間の兵役終了者はすべて除隊する方針に切り替えたいと発言し、波紋を呼んだ。というのも、スパロウが後に関係者の証言から明らかにしたように、当時陸軍省内にはマーシャルの方針を支持する調査研究は存在せず、予定されていた兵力目標を考えれば、二年間の兵役終了者の除隊は一九四六年夏以前には考えられなかったからだ。⑨

これらの発言により帰国への期待は一気に膨らんだが、それが叶わない兵士の間では、自分たちに与えられるべき権利が何者かに不当に妨害されているとの疑念が広がり、軍はその対応に追われた。批判の矛先は、当時アメリカの船舶を使って輸送された日本人復員兵や「戦争花嫁」にも向けられた。⑩さらに軍への不満は、公平性を謳うポイント制の差別的な運用が明るみになることで一層高まった。一九四五年一一月の星条旗新聞には、陸軍航空軍所属のアメフト選手がポイント数の多い他の兵士を差し置いて駐留先のハワイから帰国し、しかもその際に飛行機が使われたという記事が出て、制度の公平性が問われるきっかけとなった（図1）。同紙はこの問題を社説でも取り上げ、兵士の士気を高める存在であるはずのスポーツ選手がいまや士気低下の元凶になっていると強く非難した。だがその直後、今度は海軍に所属する上院議員の息子がわずか一八ポイントで駐留先の日本から帰国した事実が暴露された。しかもこの一件にはマッカーサーが関与していたとの報道もなされたため（本人は関与を否定）、軍上層部への信頼を大きく損なう結果となった。⑪こうして蓄積された苛立ちは、クリスマスが近づく一二月から翌年一月にかけて最高潮に達し、ヨーロッパ・アジア・太平洋各地での同時多発的な抗議デモ

You Gotta Be A Football Hero!

図1　ポイント制の不公平性を揶揄する風刺漫画
（『S & S 中部太平洋版：1945. 11. 19』より）

へと発展していく。

その直接の引き金は、復員計画のペースを遅らせるという陸軍省の発表だった。一九四六年一月四日に陸軍省は、復員計画は船の輸送力ではなく兵力数の観点から決定されると述べ、今後半年間で必要な海外兵力数は、補充兵でカバーできる限度を超えているため、海外駐留兵の帰国を遅らせる必要があると発表した。陸軍省によると、「十分な補充兵が到着する前に除隊資格者をすべて帰国させてしまえば、海外における我が国の軍隊は敵国を占領するには危険なほどに兵力不足に陥る」。したがって今後は、手元にある船舶を有効活用して戦争花嫁やその他の米兵家族の輸送を進めるとの方針が示された⑫。早ければクリスマス、遅くともマーシャルのいう「冬が終わる頃まで」には故郷に帰れると信じて我慢してきた兵士は、突如として占領業務の延長を突き付けられ、怒りに燃えた。

陸軍省の発表から二日後、フィリピンの首都マニラでは帰国の遅れに抗議する米兵がプラカードを掲げて行進し、軍司令部を取り囲んだ。参加者一万人とも伝えられるこの集会の狙いは、早期帰国の約束を反故にした陸軍省を非難するとともに、本国の家族や議員に働きかけて日本及びドイツ占領に必要な兵力数を減らすことにあった。この種の抗議デモはマニラにとどまらず、一九四六年一月にホノルル、グアム、ロンドン、パリ、フランクフルト、さらに横浜でも呼応して起こり、これら一連の動きが米本国の主要新聞でも報じられると、軍の復員計画に対する世論の評価は一層厳しくなった⑬。

歴史学者スーザン・L・カラザースは、アメリカの公的言説のなかで米軍の日独占領が「良き占領」と記憶され、後続する占領(例えばイラク占領)の正当化に利用されてきた点を批判し、この歴史観は、占領軍兵士の現地住民に対する(性)暴力や略奪行為を看過しているばかりか、戦中から終戦後にかけて占領軍兵士が抱いていた軍への不満や嫌悪感——兵役期間の延長に抗議する早期帰還促進運動はその一例——を忘却するものだと指摘する⑭。確かに日本の占領史研究でも、対日占領政策をめぐる米国政府とGHQ(マッカーサー)の対立やGHQ内部の部署間の抗争などは分析されてきたが、占領任務や駐留生活そのものに対する忌避や抵抗という意味での軍隊内の対立は十分注目されてこなかった。また米軍の日本「本土」進駐に際して、降伏に反対する日本軍民との武力衝突がほぼ起こらなかったことから、我々(日本人)は、米軍は占領初期から日本社会のなかで盤石の体制を築いていたように考えがちである。しかし、これまで見てきたように、米軍内部では、占領任務の継続に対する苛立ちが軍上層部への敵対的な抗議行動へと発展し、海外での米軍のプレゼンスを揺るがす恐れがあった。この点について、初期の日本占領に参加した第八軍第一軍団の司令官チャールズ・P・ホール中将は、横浜の抗議集会への参加を呼びかけるリーフレットを部隊内で発見したとき、次のように警告した。すなわち、この出来事は「占領軍の士気と規律が全般的に崩壊していく最初の兆候」として日本人に受け取られ、占領政策を妨害する口実を与えることになるかもしれない、と[15]。結果的には、占領軍兵士の抗議活動に乗じて日本人が反旗を翻すという最悪のシナリオは避けられたが、早期帰国を求める抗議運動と極東地域における米国の軍事的覇権の崩壊とを結びつける発想は、ただの絵空事とも言えなかった。実際、当時アメリカ国内では共産主義勢力や一部の活動家が、兵士やその家族による帰還促進運動とアジアの民族解放運動とを結びつけ、米軍の海外駐留を「アメリカ帝国主義」として批判する動きを強めていたのである[16]。

だが、軍上層部は抗議デモの根底に軍隊内の不平等や反軍主義の問題があるとは決して認めなかった。カラザースによれば、この問題への軍の対応として特徴的なのは、帰還運動の主な原因を、占領任務の必要性に関する兵士の無知・無理解やホームシックの問題として片づけたことである。そしてこの解釈は、不満の原因を個人化または非政治化し、米軍組織や占領任務そのものへの問題追及を弱めるレトリックとして機能した[17]。アメリカの連邦議会や新聞報道のなかには兵士の抗議デモを「反乱」「秩序ある統治体制への挑戦」「暴徒化」とみなして問題視したり、他国に対するアメリカの権威を失墜させるものだと危惧する声もあったが[18]、そのような意見が米軍内で支配的になることはなかった。

ホームシックが抗議デモの根本原因と見なされたことは、その後の問題解決の仕方にも影響を与えた。直接の解決策は、除隊条件のさらなる緩和や復員輸送の迅速化を図ることだが、それとともに間接的な解決策として、海外駐留に伴う孤独や退屈を解消するための施策が講じられた。こうして打ちだされた第一の施策が家族呼び寄せである。今では米兵が家族を連れて海外基地に赴任することは当たり前のようになっているが、D・ヴァインによれば、このスタイルが確立したのは、米陸軍がドイツの駐留兵に家族帯同を認めた一九四五年の決定以降のことだ。そしてこの決定は、兵士との再会を願う家族の要望に応えると同時に、米兵と現地女性との「親交」に関わる多くの問題に対処するためでもあった[19]。日本の場合は、一九四六年二月に陸軍省が占領軍兵士に家族帯同を認める指令を発し、将兵ならびに軍属が一年ないし二年の海外勤務に同意した場合には家族を呼び寄せられること、特に二年間の勤務に同意した者に優先権が与えられることが決められた[20]。

第二の施策は、兵士の余暇時間を満たす豊富なレクリエーションの提供である。その最たる例が太平洋オリンピックの開催だった。実際、陸軍省が大会開催を発表した際の説明には、帰還の遅れによる士気低下の問題を明確に意識していたことが読み取れる。「帰国運動の拡大にもかかわらず、開催予定日にはまだ太平洋地域にたくさんの兵士がいることだろう。彼らの気持ちはクリスマスが近づくにつれて急激に落ち込むだろうが、オリンピックゲームはその気持ちを鼓舞してくれるはずだ[21]」。この文脈でみれば、アメフト大会の準決勝がクリスマス、決勝が元旦に合わせて開催された理由も、スポーツ観戦に熱中させることで帰国できない寂しさや占領任務の退屈さを紛らわす方策であったと理解できよう。しかも軍はあらかじめこの両日を休日とみなし、どうしても必要な警備や港湾・倉庫業務などを除いて、第八軍の一切の任務を停止すると宣告していたのである[22]。

## 三　退屈な占領

以上のように米軍の復員問題を視野に入れることで、日本占領の最初の半年間が、米軍部隊が全国展開し、占領政策の組織体制が整えられていく時期であると同時に、復員計画の遅れや不公平性に対する不満が蔓延し、士気が急落していた時期でもあったことが明らかになる。兵士の士気や規律が急速に失われていく中で、いかにしてそれを食い止め、占領業務を効率的に実行していくか――これが占領初期の米軍当局が直面した最重要の課題だった。当時の危機的状況について第八軍の報告書は、一九四五年冬から四六年春までの期間を、占領軍兵士の性質が変化した第二段階と位置づけ、戦場経験のある古参兵が帰国し、代わりに戦闘経験がなく、軍隊での訓練も乏しい補充兵が流入した結果、兵士の士気ならびに品質は「最低」に落ちたと厳しく評価している。また同時期の『第八軍日本占領報告』にも、戦争が終わり明確な目標を失ったことで、多くの占領軍兵士(特に新兵)にとって、祖国から遠く離れた日本に留まる理由は曖昧・不明確になっていったと記されている。そのうえで同報告は、こうした状況下で占領政策を実行するために、「第八軍は日本に駐留する理由を十分理解し、勤務時間中・時間外のいずれにおいても満足している兵士を必要とした」と述べ、そのような兵士を育成するための施策として、軍の教育・職業訓練プログラムとレクリエーションの提供を挙げている。㉓

勤務時間外の兵士の満足度にも目配りした軍の施策は、第八軍司令官R・アイケルバーガーの意向を強く反映したものであった。彼は占領当初から、兵士の士気を高く保つためには、みずからの任務や所属部隊に対する満足感と誇りが必要であり、それには軍事訓練や指揮系統の徹底だけでなく、軍の設備や生活環境を快適に整え、余暇時間を満たす充分な娯楽施設を建設することが重要と考えていた。㉔ また現実にも、日本軍民の非武装化が円滑に進むにつれて兵士が軍事的に活動する局面は少なくなり、軍事訓練以外の教育・娯楽プログラムに費やせる時間が増えていった。

さらに日本人労務者を積極的に採用したことも兵士の仕事量を減らし、余暇時間の増加につながった[25]。こうした流れの中で、一九四五年一一月には第八軍の声明として、占領任務が許す限りにおいて、兵士は一日の半分を厳密に軍事的な業務に費やし、残りの半分は軍の教育プログラムを受講したり、スポーツや観光などの非軍事的活動（non-military activities）に費やしてよいとの方針が示された。約七年に及ぶ長期の占領期間に耐えた日本人の立場からは想像しづらいことだが、占領開始から数カ月も経つと、早くも米軍内部では、退屈な駐留生活をいかに快適にやり過ごすかが重大な関心事になっていたのである[26]。

さらに注意したいのは、占領軍兵士が娯楽を楽しむ際に必要となる施設や道具類、各種サービスは、米側がすべて独自に用意したわけではなく、その大部分が日本政府への調達要求書（ＰＤ）を通じて確保され、調達にかかる費用も「終戦処理費」の名目で日本の国家予算から支払われていたことだ。ＧＨＱが日本政府に占領軍への娯楽提供を正式に命じたのは、一九四五年一〇月二日の指令（SCAPIN-90）が最初である。これは、占領軍が必要とする物資と役務（サービス）の範囲を具体的に予告した文書であり、そこには要求予定のサービスとして、「保養地、リゾートホテル、運動施設」「観光案内」「特別な娯楽（音楽、芝居、相撲等）」と記されている[27]。また、前記の指令翌日には第八軍スペシャルサービス局が、現在進めている企画として、日本の観光地を占領軍兵士が娯楽やスポーツを楽しむ保養地として整備する、日本の旅行会社と連携して軍関係者向けの観光ツアーを主催する、日本の運動施設を占領軍兵士に開放してオリンピックを模した競技大会を開催すると発表した[28]。

占領軍兵士の休暇・娯楽のために接収された施設は数多い。表1は、一九四六年八月時点での米軍用の運動施設、劇場・映画館（theater）、図書室、休暇用ホテルの施設数である[29]。なお、このデータは第八軍スペシャルサービス局が管理・監督していた施設のみを数えており、小規模の部隊がスポーツ用に改修した施設は含まれていない。さらにこのデータには、占領軍用の娯楽施設として飲食や芸能ショーを提供した、いわゆる「進駐軍クラブ」も含まれていない。したがって網羅的なデータとは言い難いが、それでも占領開始から一年ほどで米軍用の運動施設が計五五三施設と、かなりの量に達していたことが分かる。

接収された運動施設のうち有名なのは、明治神宮外苑競技場（接収後、Nile Kinnick Stadium と改名）、明治神宮球場 (Stateside Park)、両国国技館 (Memorial Hall)、横浜公園球場 (Lou Gehring Stadium)、甲子園球場 (Koshien Stadium) だが、他にも代表的なゴルフコース（小金井、霞ヶ関、保土ヶ谷、仙石、川奈、熱海、軽井沢、宝塚、六甲山など）はことごとく接収された。また東京・横浜以外の大規模な運動施設として、仙台の「第一一空挺コロシアム (11th Airborne Coliseum)」がある。これは同地に駐留した第一一空挺師団が作った施設で、元隊員の証言によれば、そこにはバスケットボールコートが四面とれる広大なフロアにくわえて、二五〇〇名収容できる劇場、四〇〇〇名収容できるボクシング場、アメリカから取り寄せた六本のボウリングレーン、一〇〇台のビリヤード台を備えた玉突き場があり、さらにスナックバー、図書室、トレーニングルーム、アメリカ赤十字社とスペシャルサービス局の事務所も入っていた。師団長のJ・スウィング少将は、兵士の余暇活動のなかでもスポーツを重要視していたと言われるが、その姿勢は仙台に続く駐屯先の北海道でも続いた。その一例が、札幌・真駒内の広大な種畜場を接収して建設された米軍基地「キャンプ・クロフォード」（現・陸上自衛隊真駒内駐屯地）だ。その建設には日本人労務者五〇〇〇名、工事費三〇億円（当時）が投じられ、基地内には兵舎（三四六棟）や家族用住宅（二一〇戸）のほか、映

表1　米第八軍管下の保養施設

| 活動種目 | 施設数 |
|---|---|
| 野球 | 85 |
| ソフトボール | 67 |
| フットボール | 29 |
| バスケットボール | 41 |
| バレーボール | 54 |
| ハンドボール | 3 |
| トラック競技 | 14 |
| ボクシング | 14 |
| レスリング | 4 |
| ゴルフ | 19 |
| テニス | 56 |
| バドミントン | 35 |
| ホースシューズ | 18 |
| スイミング | 37 |
| ビリヤード | 6 |
| 卓球 | 71 |
| 運動施設 小計 | 553 |
| 劇場・映画館 | 139 |
| 図書室 | 105 |
| ホテル | 29 |

画館、野球場、屋内プール、ゴルフ場、ボウリング場、ローラースケート場なども建設された。またスウィング少将は、戦時中閉鎖され食糧増産のため畑になっていた札幌競馬場を整備して競馬を再開したり(「進駐軍競馬」と呼ばれた)、キャンプ・クロフォード近郊の藻岩山に占領軍専用のスキー場(北海道初のリフト付スキー場とされる)を建設した人物でもあった(30)。

このように日本各地で運動施設を確保する一方、軍は兵士の運動技術向上のため、米本国から著名なコーチを招いたり、隊員をスポーツ指導員に養成する講座を始めた。後者の講座は一九四五年一一月に横浜で始まり、第八軍および第二四軍団(在韓国)の隊員の中から体育大学の卒業生、プロのアスリート、コーチ経験者らを集め、専門の講師のもとで二週間のトレーニングを受けさせるものだった。受講者は所属部隊に戻った後、スポーツの審判や選手の指導訓練・体調管理を担当するほか、部隊内で指導員養成講座を開講することも期待されていた(31)。占領開始から数カ月で実現した太平洋オリンピックは、競技場の確保と選手の技術力向上というハード・ソフト両面での軍のスポーツ振興策に支えられたものだった。

さらに米兵が長期の休暇をつかって娯楽を楽しんだ場所として、米軍の休暇用ホテルの実態も見ておきたい。ここでは筆者が現地調査を進めている愛知県・蒲郡の事例を紹介する(32)。米軍が蒲郡に進駐したのは一九四五年一〇月上旬、降伏文書調印から一カ月後のことだった。『蒲郡市史』によれば、「昭和二〇年一〇月四日、米軍第一一補充部隊長代理ハーター中佐ら一行が、ジープに乗って現れ、蒲郡ホテル・常盤館及びその他の施設を、米兵の休養地として利用するために検分した。その約一〇日後の一〇月一五日から駐留が始まった(33)」。このとき米軍に接収されたのは、竹島海岸沿いの蒲郡ホテル(現・蒲郡クラシックホテル)を中心に、隣接する旅館(常盤館・竹島館)や娯楽場(共楽館)を含む約五万坪の範囲に及んだ。接収地入口には「竹島レストセンター」と記したゲートが立てられ、一九五二年五月の返還まで地域住民はエリア内への自由な立ち入りを制限された。

米軍が接収した竹島海岸一帯は、名古屋の繊維問屋である瀧兵（現・タキヒヨー株式会社）の五代目社長・瀧信四郎が大正・昭和初期にかけて観光開発を進めた場所で、料理旅館「常盤館」（一九一二年開業）を筆頭に、一九三〇年代には大衆娯楽場「共楽館」、国際観光ホテル「蒲郡ホテル」、大衆旅館「竹島館」を次々と開業し、蒲郡の観光発展の礎を築いた。一九三〇年代は日本政府が外貨獲得を狙って国際観光政策（今日でいうインバウンド政策）を推進した時期でもあり、蒲郡ホテルは、国が大蔵省の資金を低利融通して外国人向けに建設した国際観光ホテルの登録第一号だった。米軍が蒲郡を保養地に選んだ理由の一つは、この地に日本を代表する外国人対応のホテルが存在したことが大きい。

蒲郡を保養地に選んだもう一つの理由は、この地を最初に訪れた「第一一補充部隊」という組織に関わる。その原名は「11th Replacement Depot」で、「第一一補充処」とも訳される。補充処とは、占領任務を解かれて帰国する兵士や、新たに来日した補充兵の待機場所となっていた機関である。従来よく知られてきたのは、旧陸軍士官学校跡（神奈川県座間市）に一九四五年九月に開設された「第四補充処」（後のキャンプ座間）で、東日本を占領した第八軍の兵士は入国または帰国の際、まずいったんは第四補充処に集結したといわれる[34]。一方、第一一補充処は旧岡崎海軍航空隊基地跡（愛知県岡崎市・安城市・豊田市）に一九四五年一〇月に開設され、西日本を占領した第六軍の兵士の待機場所として使われた。第六軍の補充処が関西方面ではなく――第六軍司令部は京都にあった――愛知県に置かれたのは、占領初期は神戸港や呉港の掃海作業が遅れ、兵員や物資の輸送拠点として名古屋港が中心的に利用されていたからだ。この名古屋港での復員輸送業務は一九四五年一〇月末から始まり、第一一補充処が活動を停止する翌年三月中旬まで続けられた。

以上のように蒲郡の宿泊・娯楽施設は、元来は第一一補充処で待機する兵士のために接収されたものだった。占領任務を終えて帰国する兵士が輸送船を待つまでの間楽しむ保養地として、米軍は第一一補充処や名古屋港に近く、宿泊・娯楽施設が集積していた蒲郡を選んだのだ。この第六軍の保養地としての役割は、第六軍が動員解除され日本から撤退する一九四六年一月まで続き、それ以降は第八軍スペシャルサービス局の管理下に移された[35]。

最後に注目したいのは、蒲郡の保養地を利用したのが日本に駐屯する米軍部隊だけではなかったことだ。蒲郡ホテルの歴史をまとめた地元三河の新聞記事によると、占領期に蒲郡を訪れた米兵の中にはサイパンやグアムから一〇日ほどの日程で休暇に訪れた者が含まれていたという。確かに一九四九年四月の星条旗新聞には、グアムのハーモン米空軍基地に駐屯する空軍兵に蒲郡での一〇—三〇日の長期休暇が与えられたとの記事が確認できる[36]。このような利用の仕方は他の休暇用ホテルでもみられた。例えば一九四六年九月の星条旗新聞には、第二四軍団(在韓国)の兵士が奈良ホテルに滞在し、三月堂(東大寺法華堂)の拝観などを楽しむ姿が特集されている。『第八軍日本占領報告』によると、第二四軍団では一九四六年半ばから隊員にホテルでの休暇を認めたが、韓国には適当な休暇用ホテルがなかったため、代わりに日本の宿泊施設——報告書では「キョート・レクリエーション・センター」の名前が挙がっている——の部屋が割り振られたという。このセンターは、米軍が京都駅前の関西電力ビルを接収して一九四五年一一月末に開設したもので、先行研究によると、ここには占領当初「キョーラク・ホテル」という宿泊施設があったが、一九四七年の民間貿易再開を機に国営の外国人バイヤー用ホテル「ホテル・ラクヨウ」となり、米軍の保養施設は京都伏見の米軍基地「キャンプ・フィッシャー」(旧日本陸軍歩兵第九連隊跡)に移された。星条旗新聞によると、このキャンプ・フィッシャーの保養施設は、元々は朝鮮からの帰休兵に使われていたが、後に日本本土、沖縄、グアムに駐留する米兵にも広く利用された[37]。

こう見ていくと、占領軍に接収された日本の宿泊・娯楽施設を「在日米軍」施設と捉えることが一面的な見方であることが分かるだろう。先述したように、日本政府はこれらの施設の運営費用を占領任務に必要な経費という名目で国家予算(終戦処理費)から支払っていたが、米軍側は当然のように日本以外の米軍部隊にも施設を開放し、日本側もそれを止めることはなかった。そもそも終戦以来、連合国軍の軍人・軍属やその家族は「占領軍要員」として日本の出入国審査を特権的に免除されており、日本政府は米軍関係者の出入りを正確に把握する術すらもっていなかった。かくして米軍はアジア太平洋各地の米軍基地を拠点にして、海外駐留兵がみずからの駐屯先を離れて休暇・娯楽を楽しめるような、越境的な遊興空間を構築していった[38]。そしてこの遊興空間は、平時の休暇・娯楽のために使われるのみならず、後続する朝鮮戦争やベトナム戦争では、兵士を戦場から一時的に離脱させ、休養させて英気を養い、ふたたび戦場に送り込むという米軍の戦争支援のために使われることになる。

## 四　平時から戦時の娯楽へ——朝鮮戦争と米軍保養地の再編

最後に、朝鮮戦争勃発と対日講和条約発効というアメリカの対日政策の大きな転換期の中で、日本の米軍保養地がどのように再編されたかを見ていこう。先述したように、占領期日本の米軍保養地は、占領軍が調達要求書を発して観光ホテルやその近辺の娯楽場を差し押さえ、運営費用の大部分を日本政府に肩代わりさせることで成り立っていた。しかし、アメリカの対日占領政策の重心が「非軍事化・民主化」から「経済復興」へと移行する中で、GHQ内部でも日本経済の足かせとなるような過度の調達要求を抑制する動きがでてくる[39]。また一九四七年の外国人バイヤーの入国許可を皮切りに、GHQが外国人観光団のパッケージツアーや在外日本人・日系人の母国訪問を認可すると、日本政府・産業界でも訪日外国人の旅行消費への期待が高まり、外国人向けの宿泊施設を増やすべく接収ホテルの早期返還が求められていく。この日本側の要請はGHQ経済科学局で前向きに検討が加えられており、外国人が多く集まる東京周辺・富士山域・箱根・近畿地方（京都・大阪・京都）の接収ホテルを返還して、外国人対応の宿泊施設を拡充する案まで練られていた[40]。

だが、この計画に歯止めをかけたのが朝鮮戦争だった。というのも、戦争が長引くなかで米軍当局は、疲弊した兵士の士気を高めるため、一九五〇年一二月末から「R&R」と呼ばれる戦時休暇プログラムを開始し、その休暇先として、朝鮮半島から距離が近く、しかも米軍用の宿泊・娯楽施設が充実していた日本を指定したからだ(41)。こうして帰休兵の受入先確保のため、米軍は接収ホテルの返還を先延ばしにする必要が出てきたのである。当時帰休兵用に作られたガイドブック(一九五一年版)をみると、日本の代表的な土産物や観光スポットと並んで、米軍の休暇用ホテル(計二一施設)の場所とその近辺で楽しめる娯楽(ゴルフ、テニス、スキー、乗馬、釣り、観光ツアー等)が紹介されており、本来は日本占領軍に必要な施設として接収された観光ホテルや娯楽場が、日本国外の米軍の戦争支援のために流用されたことが分かる(42)。

なお、これらの施設は一九五一年時点では占領軍から日本政府への調達要求書(PD)の形式で接収されていたが、占領終了後はPDによる継続使用が不可能となり、米軍は日本の所有者と新たに賃貸契約を結ばざるを得なくなる。だがこれが拒否されるケースもあり、軍の調査では、一九五一年七月に計二三施設(ベッド数二二九六)を数えた米軍の休暇用ホテルは、講和後の一九五二年八月にはいったん計八施設(ベッド数六九四)にまで減少してしまう(43)。

ただしこの施設数の減少は、占領終了とともに米軍保養地としての日本の役割が失われたことを意味しない。実は、対日講和を見据えて米軍内部では、占領終了後の兵士への娯楽提供のあり方に関して、従来のように日本の民間施設を接収する方式から、基地内に娯楽施設を集中させる方式へと転換する必要性が議論されていた。例えば一九五一年八月のGHQ経済科学局の文書では、日本人居住区から隔絶された米軍基地内の保養施設は存続が許されるが、兵舎とは呼べない軍の宿泊施設(休暇用ホテル)、米軍基地に隣接していない軍専用のゴルフ場、米軍基地の一部を構成していない軍専用のビーチを維持することは不適切であり、これらの施設はPDによる接収を解除し、日本人所有者とのボランタリーな契約関係に移行することが望ましいと指摘している(44)。また一九五一年五月の極東軍の内部文書でも、軍専用のゴルフ場やホテルの扱いに関して、占領軍が建設したゴルフ場や米軍基地内に立地しているゴルフ場以外は日本人に返還し、ホテルもまた日本人に返還すべきとしている㊺。

また日本側の費用負担についても、講和後「終戦処理費」は消滅したが、日米行政協定に基づき、日本政府が米軍駐留経費として、基地提供のための不動産賃借料のほか、毎年一億五五〇〇万ドル（約五五八億円）の「防衛分担金」を負担する状態が続いた。しかもこの分担金は米軍に一括交付され、その使途も米側に一任されたため、日本政府を介して調達を行っていた占領時代よりも、軍の調達内容を日本側がチェックすることは難しくなった㊻。

海外の米軍部隊が日本の米軍保養地を利用する仕組みも何ら変わらなかった。実際、R＆Rで来日する帰休兵は占領終了後もなくならず、むしろ朝鮮戦争の休戦協定が結ばれた一九五三年七月以降、輸送人員は増加に向かった。プログラム発足当初の輸送人員は一日平均二〇〇名（月六〇〇〇名）程だったが、一九五三年八月からは一日平均七五〇名、月二万人の規模になり、三倍以上も増えた㊼。その理由としては、休戦により軍用機の確保が容易になったことに加えて、軍当局も休暇期間を七日間に延長したり、日本のホテルとの契約数を増やす――一九五三年七月には休暇用ホテルは計一五施設（ベッド数一四八三）に増加し、うち六施設は帰休兵専用だった――などして、休戦後も韓国に留まる兵士を積極的に日本休暇に連れだそうとしたことが挙げられる㊽。

一九五三年一〇月の星条旗新聞は、「退屈な戦争と闘う」と題して、休戦後の在韓米軍の駐留生活には気の緩み、肉体面・精神面での頽廃、不平・不満、うつ状態が訪れていると語り、この新たな「戦争」に打ち勝つために軍が提供している多様なレクリエーション活動を紹介している。その中には、当時韓国に駐留していた二つの米軍組織、すなわち第八軍と在韓連絡地域司令部（KComZ）、そして韓国軍と国連軍との親睦を兼ねたスポーツ大会も含まれていた。第二次世界大戦後の日本でそうであったように、退屈な駐留生活との闘いは米軍にとって主要な関心事であり続けた。日本を休暇先とするR＆Rプログラムの拡大はこの闘いの一部であり、一九五八年五月には通算一〇〇万人目の帰休兵が来日した㊾。

それから半世紀以上経った今でも朝鮮戦争の休戦状態は続いており、日本はアメリカの同盟国のなかで最も高額な米軍駐留経費を負担しつづけている。

（1）United States Eighth Army, *Eighth Army Experience in Japan*, 付録 p. 5（『第二次世界大戦作戦記録（第八軍）』所収、国立国会図書館憲政資料室所蔵）。

（2）竹前栄治『ＧＨＱ』岩波新書、一九八三年、四五頁。

（3）太平洋オリンピックについては以下を参照。Eighth Army, *Occupational Monograph of the Eighth United States Army in Japan* (*Aug 45-Jan 46*), pp. 178-181; Eighth Army, *Occupational Monograph of the Eighth United States Army in Japan, vol. 2* (*Jan 1946-Aug 1946*), p. 108; United States Eighth Army, *Eighth Army Experience in Japan*, 付録 pp. 5-6; Headquarters Eighth Army, Office of the Special Service Officer, *History of Special Service Activities through February 1946*, p. 3（いずれも『第二次世界大戦作戦記録（第八軍）』所収、国立国会図書館憲政資料室所蔵）;「8th Army Outlines Vast Olympic Program」（S & S 日本・朝鮮版：1945. 11. 23）。

（4）米軍兵力の推移は、John C. Sparrow, *History of Personnel Demobilization in the United States Army*, Department of the Army, 1952, pp. 19-22, 265; 林博史『米軍基地の歴史——世界ネットワークの形成と展開』吉川弘文館、二〇一二年、八―九頁を参照。その後も兵力削減は緩やかに進行し、最後の徴集兵の復員が完了した一九四七年六月末の陸軍総兵力は一〇〇万人を切る。

（5）Sparrow, *op. cit.*, p. 312.

（6）"POA's First Veterans With 'Those Points' Reach Golden Gate-And Real Steaks"（S & S 中部太平洋版：1945. 6. 6）; "Hint Big Slash In Points"（S & S 中部太平洋版：1945. 8. 14 号外）。

（7）以上は Sparrow, *op. cit.*, pp. 351-352; "Rush Release For 80-Pointers"（S & S 中部太平洋版：1945. 9. 14）; "Christmas at Home Possible for 60s"（S & S 日本・朝鮮版：1945. 10. 3）; "Nearly Million More GIs Eligible For Point Discharges on Nov. 1"（S & S 日本・朝鮮版：1945. 10. 29）; "Point Score Will Drop to 55 On Dec. 1"（S & S 中部太平洋版 1945. 11. 16）。

（8）"MacArthur Hopes To Cut His Force To 200,000 Troops"（S & S 中部太平洋版：1945. 9. 17）; "MacArthur Views Complete Surprise To State Officials"（S & S 中部太平洋版：1945. 9. 18）。事後的にみれば、マッカーサーの計画はほぼ言葉通りに実現した。日本占領軍の復員・帰還手続きは一九四五年一〇月頃から本格化し、一二月時点で約四三万人いた占領軍兵力は翌四六年には約二〇万人と半減し、その後も四七年に一二万人、四八年に約一〇万人と漸次縮小した（青木深『めぐりあうものたちの群像』大月書店、二〇一三年、五九―六〇頁参照）。

(9)　"Release of 2-Year Men This Winter"(S & S 中部太平洋版：1945. 9. 20); Sparrow, *op. cit.*, pp. 234-236.

(10)　批判の1例は、"Army Moving To Speed Up Troop Return"(S & S 中部太平洋版：1945. 12. 27)参照。

(11)　復員計画の不公平性に対する批判は以下を参照。"Low-Point Gridders To Go Home"(S & S 中部太平洋版：1945. 11. 17); "Let's Stick To The Rules"(S & S 中部太平洋版：1945. 11. 19); "Senator's Navy Son, 18 Points, Going Home"(S & S 中部太平洋版：1945. 11. 29); "House Assails Discharge Of General's Son"(S & S 中部太平洋版：1945. 11. 29); "'Mockery, Unfair' Cries Raised In MacNider Case"(S & S 中部太平洋版：1945. 11. 30)。

(12)　"Troop Requirements Govern Rate of Overseas Demobilization"(War Department Press Release 4 January 1946) in Sparrow, *op. cit.*, pp. 320-321.

(13)　抗議デモについては以下を参照。"Soldier Demonstrations in Manila"(War Department Press Release 9 January 1946) in Sparrow, *op. cit.*, p. 322; "10,000 Angry GIs in Manila Stage Mass Protest on Demobilization"(S & S 中部太平洋版：1946. 1. 7); "U. S. Papers Headline GI Protests"(S & S 中部太平洋版：1946. 1. 8); Sparrow, *op. cit.*, pp. 164-167; Susan L. Carruthers, *The Good Occupation: American Soldiers and the Hazards of Peace*, Harvard University Press, 2016(小滝陽訳『良い占領？——第二次世界大戦後の日独で米兵は何をしたか』人文書院、二〇一九年), pp. 279-286.

(14)　Carruthers, *op. cit.*, 訳書三一一—三一二頁。

(15)　"Eyes of World On GI Actions, Hall Warns"(S & S 中部太平洋版：1946. 1. 10)。

(16)　Sparrow, *op. cit.*, pp. 167-168; Carruthers, *op. cit.*, 訳書三〇七—三一〇頁。

(17)　Carruthers, *op. cit.*, 訳書三一三頁。マニラでの抗議デモに関して、現地を管轄する米西太平洋陸軍総司令部は、参加した兵士は「いかなる暴力行為も秩序破壊もしていない」との理由で懲戒処分を見合わせた。それを聞いたマッカーサーは、現地の対応に賛意を示すとともに、兵士の不満は「戦争終結により悪化した激しいホームシックが主な原因」であり、「本質的には軍の規律や権威に逆らうものではない」と結論づけたという(Sparrow, *op. cit.*, p. 322)。

(18)　"Sen. Johnson Demands Ike tell Of Plans"(S & S 中部太平洋版：1946. 1. 10); "GI Unrest Called 'Sad'"(S & S 中部太平洋版：1946. 1. 10); "Ike Requested To Clarify GI Demobilization"(S & S 中部太平洋版：1946. 1. 11)。

(19)　David Vine, *Base Nation: How U. S. Military Bases Abroad Harm America and the World*, Metropolitan Books, 2015(西村金一監修、市中芳江・露久保由美子・手嶋由美子訳『米軍基地がやってきたこと』原書房、二〇一六年), pp. 63-67.

(20)　羽田博昭「米軍基地をめぐる地域と社会」『相模原市史　現代テーマ編　軍都・基地そして都市化』相模原市、二〇一四年、三五七—三五八頁。

(21)　"Army Olympics Scheduled For December 21st"(S & S 日本・朝鮮版：1945. 10. 10)。

(22) "Holidays Ordered"(S & S日本・朝鮮版：1945. 12. 23)。

(23) United States Eighth Army, *Eighth Army Experience in Japan*, pp. 39-40; Eighth Army, *Occupational Monograph of the Eighth United States Army in Japan* (*Aug 45-Jan 46*), p. 172.

(24) United States Eighth Army, *Eighth Army Experience in Japan*, pp. 37-38; 羽田博昭「米軍基地をめぐる地域と社会」前掲注(20)『相模原市史』二〇一四年、三四二―三四四、三四七―三四八頁。

(25) Eighth Army, *Occupational Monograph of the Eighth United States Army in Japan* (*Aug 45-Jan 46*), pp. 175-176.

(26) "Troops Will Get Time For Non-Army Activity"(S & S日本・朝鮮版：1945. 11. 24)。第八軍スペシャルサービス局の職員数をみても、一九四五年九月の開設当初はわずか一〇名(主任のウィルソン大佐のもと、将校三名、下士官兵六名が勤務)で運営していたが、一九四六年二月には一三五名(将校四九名、下士官兵八五名)、一九四七年には四六二名(将校九七名、下士官兵二八九名、その他は主に図書部門で働く民間職員と休暇用ホテルで食事・宿泊・娯楽などを世話したアメリカ赤十字社職員)へと拡大しており、余暇時間の充実が米軍組織の中で次第に重視されていった様子が窺える(Headquarters Eighth Army, Office of the Special Service Officer, *History of Special Service Activities through February 1946*; Headquarters Eighth Army, Office of the Special Service Officer, *Organization Chart 1947*(『第二次世界大戦作戦記録(第八軍)』所収、国立国会図書館憲政資料室所蔵)。また羽田は、第八軍の兵力を戦闘部隊とサービス部門に分けた場合、一九四六年二月には五八・二%を占めていた戦闘部隊が同年一一月には四一・三%に減少し、その分サービス部門の比重が増し過半数を占めるようになったと述べ、生活環境の整備が次第に重要になっていったと指摘する(前掲注(24)羽田二〇一四年、三四八頁)。

(27)『占領軍調達史』は占領下に要求されたサービスとして、休暇用ホテル、観光案内、芸能提供のほか、送迎バス、運動器具、乗馬・ソリ・筏などの乗り物を挙げている(占領軍調達史編さん委員会『占領軍調達史　部門編2　役務(サービス)』調達庁、一九五八年、一九―二〇頁)。これらの施設利用料・人件費・物品購入費などは終戦処理費の対象となった。

(28) "Japanese Spas To Be Troop Rest Camps"(S & S日本・朝鮮版：1945. 10. 4)。

(29) Eighth Army, *Occupational Monograph of the Eighth United States Army in Japan, vol. 2*(*Jan 1946-Aug 1946*)より筆者作成。

(30) E. M. Flanagan, Jr., *The Angels: A History of the 11th Airborne Division*, Presidio Press, 1989, p. 393; 高橋昭夫『証言・北海道戦後史――田中道政とその時代』北海道新聞社、一九八二年、四八―五九、七四―七九頁；西川博史『日本占領と軍政活動――占領軍は北海道で何をしたか』現代史料出版、二〇〇七年、六五―六八頁。

(31) Headquarters Eighth Army, Office of the Special Service Officer, *History of Special Service Activities through February 1946*, pp. 1-2; "8th Plans Huge Sports Program"(S & S日本・朝鮮版：1945. 11. 16); "Eichelberger Express Interest in 8th Army Sports"(S & S日本・朝鮮版：1945. 11. 22); "Top Grid Men to Aid Eighth Army Program"(S & S日本・朝鮮版：1945. 11. 26)。

(32) 詳細は、阿部純一郎「米軍保養地としての蒲郡――秘蔵写真でたどる軍隊と娯楽」『椙山女学園大学文化情報学部紀要』一九巻、二〇一九年を参照。

(33) 蒲郡市史編さん事業実行委員会編『蒲郡市史　本文編4　現代編』蒲郡市、二〇〇六年、二八―二九頁。

(34) 栗田尚弥「米国・米軍の対日・対アジア政策・戦略と相模原の米軍基地」前掲注(20)『相模原市史』二〇一四年、二二一―二二九頁。

(35) 第一一補充処については以下を参照。General Headquarters United States Army Forces, Pacific Public Relations Office, *Six Army Veterans Sail for Home*, 1945. 10. 29(『第二次世界大戦作戦記録(第六軍)』所収、国立国会図書館憲政資料室所蔵):"Sixth Army Schedules 4000 More Returnees"(S & S 日本・朝鮮版:1945. 11. 29); Hq/Eighth Army, Office of the Special Service Officer, *Historical Record of Special Service in Japan, Nov. 45-Oct. 46*, p. 5(『第二次世界大戦作戦記録(第八軍)』所収、国立国会図書館憲政資料室所蔵):United States Eighth Army, *Eighth Army Experience in Japan*, p. 37.

(36) 鈴木慶三郎「蒲郡ホテル再開三周年に寄せて(八)――戦後の竹島界隈」『東海日日新聞』一九九〇年九月二二日:"28 Get Leaves To Japan Area"(S & S マリアナ・ボニン版:1949. 4. 12)。

(37) 奈良ホテルの事例は、"Vacation at Nara"(S & S 日本・朝鮮版[日曜版]:1946. 9. 8)。京都の休暇用ホテルは以下を参照。Eighth Army, *Occupational Monograph of the Eighth United States Army in Japan, vol. 2* (Jan 1946-Aug 1946); Special Staff U. S. Army, Historical Division, *Sixth Army Occupation of Japan*, pp. 81-82(『対日戦争』Reel-26 所収、国立国会図書館憲政資料室所蔵):西川祐子『古都の占領――生活史からみる京都１９４５―１９５２』平凡社、二〇一七年、三六〇頁:大内照雄『米軍基地下の京都１９４５年―１９５８年』文理閣、二〇一七年、一三八―一三九頁:"Gentlemen of Leisure"(S & S[日曜版]:1948. 12. 19)。

(38) 占領軍用の保養施設は後に、GHQにより日本入国を許可された外国人バイヤーや観光客などの「非占領軍要員」にも利用が認められていく(一九五〇年六月一六日付、連合国最高司令官総司令部回章第一一号「入国要件及び日本に於ける事業活動」)。これは、占領軍用施設がますます占領とは無関係な目的に流用されていったことを示している(最高裁判所事務総局渉外課編『出入国関係法令集』一九五〇年一二月、一六八頁)。

(39) 例えば一九四九年二月にGHQから各軍司令官に送られた内部指令「日本経済安定に関する政策」には以下の緊縮方針が掲げられている。①運動施設・娯楽場の維持管理費は、軍全体で利用する場合は終戦処理費から支払われるが、個人・団体が私的に利用する場合はこれに該当しない。②施設で一時期だけ臨時的に雇われる人員(救護監視員、司会者、キャディーなど)の費用はその利用者が支払う、③運動・娯楽に必要な道具類(乗馬、自動車、ボート、釣具、運動器具)の費用はその利用者が支払う(前掲注(27)占領軍調達史編さん委員会 一九五八年、一〇八頁)。

(40) Economic Scientific Section, *Release of Hotels*, undated(『連合国最高司令官総司令部文書』所収、国立国会図書館憲政資料室所

蔵）。記載内容から、作成日は一九五〇年五月下旬頃と推察される。

（41）R＆Rとは、「Rest and Recuperation（休養と回復）」の略称で、朝鮮戦争の前線任務に約六―七カ月従事した兵士に五日間（後に七日間）の日本休暇を与える施策である。詳しくは、阿部純一郎「〈銃後〉のツーリズム――占領期日本の米軍保養地とR＆R計画」『年報社会学論集』三一号、二〇一八年を参照。

（42）TIE GHQ FEC, *Japan: Rest and Recuperation*, TIE GHQ FEC, 1951.『占領軍調達史』によれば、朝鮮戦争勃発以降に終戦処理費で負担した米軍の調達要求のうち朝鮮戦争関連のものは後に米国側が払い戻すことになったが、軍の要求内容を日本側が独自に調査して占領目的／戦争目的の線引きをすることは事実上不可能であり、米国側の支払額が妥当なものかどうかも確かめようがなかった（占領軍調達史編さん委員会『占領軍調達史――占領軍調達の基調』調達庁、一九五六年、五六一―五六八頁）。

（43）Far East, United States Army Forces, 8086 Army Unit, Military History Detachment, *Welfare and Morale Activities in Korea, July 1951–July 1953*, pp. 44-45（『朝鮮戦争』Reel-8所収、国立国会図書館憲政資料室所蔵）。

（44）Economic and Scientific Section, Finance Division, *Notes on Special Service Facilities*, 1951. 8. 3（『連合国最高司令官総司令部文書』所収、国立国会図書館憲政資料室所蔵）。

（45）*Post-Treaty Station List for Japan*, 1951. 5. 9（『極東軍総司令部参謀第三部文書』所収、国立国会図書館憲政資料室所蔵）。同書には基地内の娯楽施設の設置基準として、基地一つあたり最低一つの劇場とPX（売店）、将校用と下士官兵用の食堂を最低一つずつ設けること、運動施設は一師団（一万名以上）あたりテニスコート六、ゴルフ場一、野球場三、ソフトボール場一〇、バレーボールコート六〇、ジム三（二万一〇〇〇平方フィート）、ボウリング場（六レーン）三、屋外ボクシングリング一、屋外バスケットコート一〇、トラック付のフットボール場一、プール二（五〇ｍ）を設けること、と示されている。

（46）明田川融『日米地位協定――その歴史と現在』みすず書房、二〇一七年、一七八―一八八頁、前掲注(42)占領軍調達史編さん委員会 一九五六年、六八五―六九八頁。

（47）Far East, United States Army Forces. 8086 Army Unit, Military History Detachment, *Welfare and Morale Activities in Korea, July 1951–July 1953*, p. 30.

（48）Far East, United States Army Forces. 8086 Army Unit, Military History Detachment, *Welfare and Morale Activities in Korea, July 1951–July 1953*, p. 45.

（49）"Morale GHQ, Korea: Special Services fights boredom battle" (S & S: 1953. 10. 21); "Millionth R & R Tripper in Japan" (S & S: 1958. 5. 27).

# 第4章　戦後日本における軍事精神医学の「遺産」とトラウマの抑圧

中村江里

## はじめに

一九三七年中国での戦闘で頭部貫通銃創を受けた元陸軍上等兵は、復員後も癲癇《てんかん》発作に悩まされ、農家の仕事もままならず、妻は農作業をしながら介護をし、夫の暴力に耐える日々を送っていた。薬理療法を受けてから症状は改善したが、治療を中断すればまた発作が頻発するため、死の不安を感じていた。また、一九四三年にビルマ(現ミャンマー)での戦闘中に米軍戦闘機の攻撃で頭部戦傷を負った元陸軍曹長は、復員後も激しい頭痛や耳鳴りに悩まされ、突発的に失神を起こすことがあるため、常時監視が必要な状態だった。

ここで紹介した二人の元陸軍軍人は、一九五〇―六〇年代に作成された、福岡県杷木《はき》町(現・朝倉市)の軍人恩給・公務扶助料関係の綴りに恩給関係の記録が残されていた者のうち、精神神経疾患の病名が含まれていた数少ない事例である。(1) 一人目の元上等兵は、一九五五年に国立久留米病院で「頭部外傷性精神病兼癲癇」と診断され、翌年傷病賜金を受給し、一九五七年に第二款症(有期)の裁定を受けた。二人目の元曹長は、一九五八年国立久留米病院で「頭部挫傷投下爆弾破片創兼右側鼓膜裂傷兼外傷性神経症」と診断され、一九六三年、第一款症(有期)の裁定を受けた。

右記の二人の元軍人たちは、恩給の受給対象となり、公文書に記録が残され、本人や家族が書いた症状経過に関する中立書などを通じて、戦後どのような生活を送っていたのかをおぼろげながら把握することができる。しかし、戦時中に軍部の関心を集めたはずの戦争と精神疾患の問題は、戦争が終わるとともに急速に忘れ去られてしまい、心を病んだ元兵士たちの戦後について、組織的に残された記録を見つけることは困難である。そのような中で、なぜ彼らの記録は残ったのだろうか。

日中戦争の全面化以降、日本軍はとりわけ第一次世界大戦期に各国の軍隊で多発した「戦争神経症」[2]を中心とする精神神経疾患対策のために、千葉県市川市にあった国府台《こうのだい》陸軍病院を軍事精神医療の中核に位置づけた。その一方で、陸軍省医務局や国府台の軍医たちは、表向きには軍隊内の精神疾患の存在を否定した。[3]また、国府台陸軍病院の院長であった諏訪敬三郎は、「皇軍将士の純忠の魂」が「戦争性ヒステリー」の発現を許さなかったと誇らしげに書き、[4]精神障害者の長期療養施設であった傷痍軍人武蔵療養所所長の関根真一は、「我が国には建国以来伝はる世界無二の無限の精神力が国民性として存し」、「如何なる強敵と雖《いえど》も打ち破らねばをかぬ大和魂がある」と述べた上で、その「偉大なる精神力」を活用するために、「戦闘員の健全なる能力と堅固不抜の精神と身体」とが要求されると鼓舞した。[5]

同様の言説は、民間の精神科医の中にも数多く見られた。特に、第一次世界大戦時の欧米の軍隊では、「ヒステリー」や「戦争神経症」が大量に発生したのに対して、日本軍ではほとんど見られないということが度々強調された。陸軍病院退院後に民間病院に入院したという「戦争神経症」患者二名の事例を報告した、名古屋鉄道病院外科医長の内藤正壽は、「戦争神経症は、欧米諸国にはその報告多きも、我国に於ては幸に稀である」と指摘し、「世界に比類のない輝しい国体を有し、忠勇無比な我国民からは、決して今後はこの忌はしい戦争神経症の如き患者を唯一人と雖も出してはならない」と警鐘を鳴らしている。[6]「戦争神経症」は、「強靭な精神力を持った日本民族」からなる国体のイデオロギーを崩壊させてしまうおそれがあるために、その存在を否認されたと言えるだろう。

しかし、こうした「世界に冠たる日本民族の精神力」という言説は、日本の敗戦という事実によって説得力を失ってしまった。「皇軍に精神病者はいない」という軍隊のプロパガンダは、心を病んだ兵士たちが戦時中否認され、スティグマ化されていたことの根本的な要因ではあるが、なぜ彼らが戦後も長らく忘れ去られていたのかは、それだけでは説明できない。そのため本章では、戦中から戦後への連続面に目を向けるため、両方の時期にまたがって活躍した精神科医の言説を分析する。国府台陸軍病院をはじめ、戦時中軍事精神医療に関わった精神科医たちは、知的エリート集団であり、戦後の精神医学界を牽引した人々である。彼らは戦時中どのような医学的解釈を展開し、戦後の医学書において、戦争神経症を含む軍隊内精神疾患はどのように表象されたのだろうか。本章では、素因か環境かという精神疾患の病因論をめぐる医学的議論を確認した上で、「精神疾患＝組織の秩序を乱す攪乱者」、そして「戦争神経症＝願望の病理」という二つのイメージがどのように形成されたのかを明らかにする。

精神科医というアクターに注目することで、戦争、労働災害、鉄道事故など、これまでは個別に論じられることが多かったトラウマに関する〈知〉が、戦時―平時、軍―民にまたがってどのような影響力を持っていたかを明らかにできると考えられる(7)。また、本章では、トラウマに関する国境を越えた〈知〉のネットワークにも着目し、日本と他国の軍隊における戦争神経症への対応の類似点や相違点を明らかにしていきたい。

## 一　素因か環境か――戦争と精神疾患の因果関係をめぐる議論

戦時下で発生した精神疾患の原因に関して、戦争はあくまで誘因であり、問題なのは素因（ある種の病気にかかりやすい遺伝的素質、又は発育障害による病的体質等）であるという考えは、軍医も民間の精神科医たちも広く共有していた。諏訪敬三郎は、精神的疾患の最大原因は素因であり、戦場における精神的疾患とみなされているものの大半は、すでに戦場に赴く前に発病していたり、発病すべき条件を備えているると述べた。[8] また、精神科医の三浦岱栄《たいえい》は、ロバート・ガウプ、カール・ボンヘッファー、マックス・ノンネなど第一次世界大戦におけるドイツの精神科医たちの研究に言及しながら、戦争のような精神的衝撃が大きい出来事が起きた時は精神病が増加するという一般的な考えに対して、実際には人間の抵抗力は弱くないという。そして、精神病の発生は主として内因によるものであり、戦争という外因を誇張して考えるのは間違いであると、戦争と精神疾患の因果関係を否定した。[9] 精神科医の式場隆三郎《りゅうざぶろう》も、精神病の多くは「生まれつき精神病になり易い遺伝的な素質を持つてゐる人」がなるものであり、今回の戦争でも戦争そのものによって発生した精神病はほとんど認められず、もともと病気であったり、潜在的なものが発病したに過ぎないとしている。[10]

後述のように、米軍の精神科医たちも、精神疾患発症の主な要因は素因であると当初考えていた。しかし、一九四二年後半に、精神神経症状のために戦闘を続けられない兵士が急増する中で、戦場の過酷な環境が及ぼす精神的影響を重視するようになった。この頃北アフリカ戦線では、精神神経疾患によって退去する兵士が急増していたため、米軍は最前線で戦争神経症に苦しむ兵士に対する心理療法を検討するようになった。その中心となった二人の精神科医、ロイ・G・グリンカーと、ジョン・P・シュピーゲルは、戦争神経症に罹患した兵士は、臆病者でも弱虫でもないと強調した。彼らは、全ての人間には「破綻点(breaking point)」があると主張し、「異常な」前線の状況におかれた兵士たちの「正常な」反応として理解することを提唱したのである。また、一九四三年に出版された『闘う男の心理学(*Psychology for the Fighting Man*)』のように、心理学や精神医学の最新の知見を兵士に伝えるパンフレットが作られ、戦時中四〇万人以上の兵士たちに配布された。その中では、恐怖やパニックに陥ることは全く正常なことであり、努力によってそうした感情を理性的にコントロールすることができるというメッセージが兵士たちに向けて書かれていた。[11] このように、米軍では戦時中に素因から環境へと病因論がシフトし、前線での精神分析的な心理療法が行われるようになったのに対して、日本では、精神疾患者の恩給策定の際に、「過酷な戦場経験」に多少配慮されたものの、[12] 基本的に問題なのは素因であると考えられ、前線にはほとんど精神科医が派遣されなかった。戦時中に日本軍の戦争神経症患者の治療を行い、戦後、グリンカーとシュピーゲルの「破綻点」の概念を日本に紹介した井村恒郎《つねろう》は、「第二次大戦で、わが国の軍隊では、前線で精神医学的診療の行なわれる機会は、偶然に隊付軍医として応召した精神医が個人的に行なう以外は、皆無であったと言ってよい」と指摘している。[13] また日本軍でも、「戦場心理学」の論者の中に、特に初陣者の恐怖は自然なことであると説く人々もいたが、[14] 基本的には恐怖や不安を表出することは「恥」だという考えが強かった。[15]

精神疾患の主な病因は、入隊前からその人がもっていた素因であるため、戦争との因果関係は基本的に否定するという日本軍の方針は、戦後の恩給策定にも影響を与えたと考えられる。冒頭で紹介した福岡県杷木町の二名の元軍人に関しても、公務中の頭部外傷や頭部挫傷に伴う器質的な精神障害だったからこそ恩給の対象になったと考えられる。参考として、一九五二年時点での、外地在職中の死亡者の公務起因判定基準を見ると、「精神系統その他これに類する諸疾病」は、「複雑なる特殊軍隊勤務の誘因によること顕著なるものについては個々に詮議されるものもある」という但し書きがついた上で「病名的に公務と認められないもの」に分類され、「戦争恐怖等による神経衰弱又は精神異状に起因する自傷」「戦争忌避的行為による自傷」は「公務起因と認められない自殺」に分類されている。[16] 恐らく、傷病恩給の公務起因の判定に関しても、同様の基準が存在していたと考えられる。

## 二　組織の秩序を乱す「攪乱者」を選別せよ——スクリーニングという技法

第一節で確認したように、戦時中の精神科医たちの見解は、精神疾患発症の主な原因は素因であり、戦争はあくまで誘因にすぎないというものであった。さらに、こうした「精神疾患になりやすい」素因を持つ人々は、集合的に組織の秩序を乱す「攪乱者」として問題視された。こうしたまなざしは、敗戦直後に、諏訪敬三郎が「今次戦争に於ける精神疾患の概況」という論文の中で、戦時中の陸軍における精神疾患について総括した以下の文章によく表れている。

近代戦では兵力が非常に厖大であり、又戦争の長期化に伴う消耗もあり徴集率は次第に上昇する。他方国民体力も低下するので入隊者の素質は逐次不良とならざるを得ない。又選兵に就いても精神検査の困難性と精神医学に関する一般の認識不足等の為徹底を欠き当然排除さるべき程度の精神異常者の一部が部隊内に混入するのも避け難い。従って之等の者が入隊後軍隊生活に順応困難となって発見せられ一見精神病が新に発生したかの如く思われる。⑰

そして諏訪は、戦時精神疾患の増加の要因として、数・質の面で重要なのは、「精神薄弱〔現在の知的障害〕」や「精神病質」のような「帯患入隊者」であると強調した。

ここで諏訪も簡単には触れているが、軍の選兵政策や戦傷病者の扱いには明らかに問題があった。日中戦争の拡大と長期化に伴い、軍は兵員不足を補うために、本来であれば兵役に向かないような青年たちも徴集・召集せざるを得なくなった。一九四〇年の陸軍身体検査規則改正によって徴兵検査の基準が大幅に緩和され、従来は不合格とされていた「身体又は精神の異常のある者」でも、兵業に支障がなければ合格判定を出すことになった。⑱国府台陸軍病院に入院した知的障害者の割合は年度を追うごとに上昇し、陸軍軍医学校と国府台陸軍病院の協力で徴兵検査用「集団智能検査法」が開発され、実施に至ったのは、ようやく一九四四年になってからのことだった。⑲また、複数回戦地に送られた兵士たちの中には、最初の召集時にすでに精神に異状が見られたにもかかわらず再度召集されたり、在隊中に発病しても満足な治療を受けられず、病気を抱えながら軍務を続けざるを得なかった人々も少なくない。⑳冒頭で紹介した二人の元軍人もそうした事例である。一人目の元上等兵は、一九三九年に頭部戦傷を受けた後、内地の陸軍病院に送られたが、全治に至らないまま退院し、召集解除となった。帰宅後も時々意識喪失を伴う全身性の痙攣を起こしていたが、一九四一年再び応召し、頭部外傷性精神病のため即日帰郷を命ぜられた。一九四二年三度目の召集となり、一九四三年に中国での戦闘に参加中、肋膜炎を患い、野戦病院に入院した。この頃から、意識の喪失を伴う全身性の痙攣発作が著しく頻発するようになり、そのまま終戦に至った。二人目の元軍曹は、一九四三年、頭部戦傷のためビルマ・ラングーン(現ヤンゴン)の兵站病院で治療を受けていたが、部隊の作戦行動の都合で退院した。同年、フーコンでの戦闘中、敵の迫撃砲弾を浴び、右側鼓膜裂傷を受けたが、隊治を受けながら終戦まで戦闘に参加し続けた。[21]

第二次世界大戦参戦当初の米軍の精神科医たちも、日本軍の精神科医たちと同様に、精神疾患発症の主な原因は素因であると考えていた。しかし米軍は日本軍とは対照的に、早い段階から徹底的な選兵政策を行った。日本との戦争が始まる前の一九四〇年、精神科医のハリー・スタック・サリバンは、志願者と入隊者の精神医学的な選別を行うよう命じられた。サリバンは、明らかに重度な精神疾患の症例と、軍隊生活に不適応の兆候を示している人々を選別する必要があると主張した。米軍のスクリーニング・プログラムでは、一五〇〇万人の被検者のうち一二%にあたる二〇〇万人弱が大戦中に除外されたが、これは第一次世界大戦中に除外された人数の約六倍にあたる。医学的な理由で不合格になった人のうち、三七%は精神神経疾患が理由だった。それにもかかわらず、米軍は参戦後の数カ月間に、北アフリカと太平洋の両戦域でドイツ軍と日本軍の激しい抵抗に遭い、第一次世界大戦時を上回る戦争神経症の患者を出した。米軍における戦争神経症の発症率は連合国軍の中でもとりわけ高く、兵役拒否者も多数出たことから、次第に精神科医が主導するスクリーニング・プログラムへの批判が高まり、一九四四年にジョージ・C・マーシャル将軍の命令で廃止された。[22] 日本軍が智能検査によるスクリーニングを始めようとしたのとちょうど同じ時期に、米軍ではその限界が指摘されていたのである。

　興味深いのは、こうした戦時中の米軍のスクリーニング・プログラムは、前述のように最終的には失敗に終わったものの、組織への適応力を測る技法として、戦後の日本の産業精神衛生において注目されたことである。産業神経症について、戦後数々の著作を出版した小沼十寸穂《ますほ》は、戦時中の傷痍軍人下総《しもふさ》療養所における戦争神経症治療の経験を活かし、「軍人というものを一つの職業（産業ではないにしても）と考えれば、こうした神経症を顧みて、これらも産業神経症に準ずるものと評価できるし、産業神経症への参考所見となりうると思う」[23]と、軍事医学と産業医学の架橋を試みた人物である。一九六〇年代後半に産業精神衛生が注目を集めるようになった背景として、小沼は、結核による長期療養が減少してきたのに対して、社会環境の変化がもたらすストレス等によって精神神経疾患が急速に増え、多額の療養費によって産業を阻害し始めたためであると説明している[24]。そして、産業の進展に伴って精神疾患は増えるのかという問題に対しては、一見増加しているように見えるのは、「産業が発展して人を多く求めるに至つたため、採用時選択がゆるめられ、問題者を吸収する事が多くなつたためと見ていい」と説明した。そして小沼は、ここに戦時中の軍隊と同様の問題を見出している。小沼によれば、戦時中の精神障害者の激増も、戦地での勤務が誘因となった面はあるかもしれないが、本質的には精神病の発呈は「素質的のものと考えるべき」であり、精神障害の「素質者」を召集したことが主な原因だと考えていた[25]。

　小沼の産業精神衛生論では、産業における精神疾患は、「積極的休務を要する」だけでなく、たとえ少数であっても「事故、災害を孕み、他人を不安、恐怖に導」く「職場の攪乱者」になるとして問題視されていた[26]。このように、精神疾患を「伝染病」とのアナロジーで危険視する見方は戦前から存在し、軍隊内精神疾患に向けられたまなざしとも共通している[27]。

　組織の秩序を維持し、効率性を高め、療養費を節減するために、小沼が重視したのは、「不良」な素質者を事前に除外するための「採用時選択」であった。ここで小沼が注目したのが、一九四九年に発表されたＣＭＩ（Cornell

Medical Index）と呼ばれる健康調査票である。これは、第二次世界大戦中のアメリカで、軍人の精神・身体の異常、性格異常発見などのために作られた調査票が原型で、ノイローゼ発見に極めて有効だったという。CMIには一九五の質問項目（身体的一四四、精神的五一）があり、イエスかノーで答える形式である。小沼が当時勤務していた広島大学では、教養部特別企画研究委員会によって一一〇項目に整理され、学生生活適応の検査に使用していたという(28)。このようにして、軍事医学におけるスクリーニング・プログラムは、適応力が低い「不良」な素質者を早期発見し、産業や大学といった組織の秩序を維持するための技法として戦後も生き延びることになった。

## 三　「願望の病理」としての「戦争神経症」論の系譜

日中戦争以降、国府台陸軍病院の軍医たちが特に関心を注いだ「戦争神経症」は、一九世紀末―二〇世紀初頭のヨーロッパや日本で医学的議論の対象となった「外傷性神経症」の系譜に位置づけることができる。「外傷性神経症」は、事故や災害による受傷後に生じるとされた神経症の総称である。その嚆矢となったのが、イギリスの医師ジョン・エリクセンが一八六七年に提唱した「鉄道脊椎（railway spine）」である。エリクセンは、鉄道事故に遭った人々に見られる神経症状は、脊髄や脊髄膜の炎症に起因するものと考えた。ドイツの神経科医ヘルマン・オッペンハイムは、エリクセンの器質的な病因論を継承し、受傷後の様々な神経症状は、脳皮質に極めて微細な損傷を受けたことが原因だとして、「外傷性神経症（traumatic neurosis）」という診断名を提唱した。

一方、ドイツの神経学者アドルフ・ストリュンペルは、「外傷性神経症」が起きるのは、なんらかの不純な欲求観念があるためだと主張した。つまり、鉄道事故や労働災害後の補償金に対する欲求が神経症を惹起するという考え方である。このため、「外傷性神経症」には、「賠償神経症」「補償神経症」「年金神経症」などの数々の異名がつけられることになった。ヨーロッパでは、第一次世界大戦期を転換点として、「外傷性神経症」に関する医学的議論は、オッペンハイムの器質説が劣勢となり、ストリュンペルのような心因説が優勢となっていった。一九一六年のミュンヘン会議で、オッペンハイムの説はドイツ神経学会の多数の医師たちから斥けられ、ドイツでは第一次世界大戦で多発した「戦争神経症」も、年金欲しさの神経症と捉えられ、一九二六年に外傷性神経症は労災保険の適用対象から除外された。[29]ドイツ軍における戦争神経症対策も、やはり一九一六年以降変化が見られた。「戦争ノイローゼ」と診断された兵士を、軍務不能として祖国に送り返すのではなく、電気ショック療法などの懲罰的な治療法を使って、積極的に前線に戻すことが目指された。そして、軍務が困難な場合は、労働という「治療」を通じて、人手不足にあえぐ軍需産業の労働力として活用されるようになった。[30]日中戦争以降の国府台陸軍病院でも、電気ショック療法は懲罰的に用いられ、侵襲的な治療だったため嫌がる患者も多かったが、ドイツの場合とは異なり、銃後の人々にその実態が知られ、批判を受けることはなかった。[31]また、労働者として「リサイクル」するという構想は、日本の軍医たちの中にもあったが、軍上層部の理解は得られず、ドイツのように体系だった動きは見られなかった。[32]

日本では早くも一九世紀末から「外傷性神経症」の研究が進められていたが、この時期はまだ補償金に対する「欲求観念」が原因だという説には立っていなかった。しかしその後、一九二〇―三〇年代に本格化する「外傷性神経症」をめぐる議論では、ストリュンペルや、同じく外傷性神経症が「欲求観念」に起因すると唱えたスイスの医師ネーゲリらの心因説が大きな影響力を持つようになったのである。[33]日中戦争以降の「戦争神経症」に対する医学的解釈においても、やはり恩給や帰郷に対する患者の「願望」に起因すると考えられたが、[34]こうした解釈は、戦前の「外傷性神経症」をめぐる医学的議論と連続したものだったと言えるだろう。

産業衛生・医学の有力団体であった産業衛生協議会は、一九二九―三二年にかけて『産業衛生協議会報』を刊行しているが、そのうち一巻は「外傷性神経症に関する小委員会」の報告であった。陸軍軍医で大阪陸軍工廠診療所長の植村秀一は、「陸海軍に於ける願望神経症」について報告し、日清・日露戦争時の病床日誌を見ても、「実戦に参加されたる先輩の談」を聞いても、日本軍には、「欧米軍人の様に官能的神経症を訴へ戦線に再び出ることを嫌ひ帰郷して年金を欲求すると云ふ症例」、つまり欧米の軍隊で見られたような、恩給や帰郷を望む「願望神経症」は見られなかったと強調している(35)。

植村は、こうした違いを生み出す最大の原因として、「奉公的の観念が非常に強い」という「国民性の相違」を挙げた。また植村は、造兵廠・被服廠・兵器廠等の陸軍共済組合の職工約三万一〇〇〇人のうち、公務起因の外傷は約三〇〇〇人(一九三〇年)であり、「労働組合員の権利ということをやかましく主張する者」はいるが、外傷性神経症によって給付金を与えた者は一名もいないと誇らしげに紹介している。そして、こうした事例が少ない理由として、「職工にても戦線に立ちて国防の任に当る者と其の精神は同一であるから国家的犠牲的精神に於ては軍人と異る所はない」ことを挙げた。欧米の軍隊に対して日本軍が、そして民間工場に対して軍工廠は、国家のために犠牲をはらう「高潔」な精神を求められるため、「無意識的欲求と云ふ様な観念」も起こらないというわけである(36)。

鉄道医の馬渡一得《まわたりかずえ》が、アジア・太平洋戦争末期に刊行した『産業傷害とその続発症補償の要件と判定例』は、「外傷性神経症」の心因説が、ドイツ—日本、戦前—戦時下、産業医学—軍事医学の垣根を越えて循環していたことをうかがわせる著作である。やはり馬渡も、外傷性神経症は「災害の直接の結果ではなく、災害保険に関連した願望観念による心因性産物」というストリュンペルの説を支持し、戦間期に「年金神経症」を批判したドイツの神経科医エーヴァルト・シュティーアーが、一九二六年に保険院及び恩給裁判所で行った講演の要旨を長々と紹介している(37)。この講演要旨によれば、「所謂《いわゆる》災害神経症に於ては災害の結果と云ふべき真の疾病症状は存在しないで、単に心理的反応があるのみであるとの知見」は、「世界戦争〔第一次世界大戦〕の大量実験により更に基礎づけられ確実にされた」。そして、災害保険の産物とされる「災害神経症」が、「願望により起る反応」であるという結論は、「その原因をなして居る願望が達成せらるゝこと（例へば戦争の終結、年金や一時金の獲得）により確かに影響せられて除去せらるゝと同じく、又その願望が最終判決により徹底的に拒否せらるゝことによつても除去せらるゝと云ふ事実」から導き出せるという。馬渡はこれを受けて、「以上スチーヤの意見及びドイツ保険院の見解は我国に於ても略々《ほぼ》そのまゝ採用することが出来ると思ふ」と総括した上で、「尚ほ最近名誉ある戦傷者の中に所謂外傷性神経症に類した疾病のあるやに聞き及ぶは甚だ遺憾である。治療に当る医師は疾病の本体を見誤らず、適切な処置を取つてこれが予防に努力すべきである」と警鐘を鳴らしている[38]。ドイツの産業医学で発展した、「願望の病理」としての「外傷性神経症」という医学的解釈が、第一次世界大戦における「戦争神経症」の経験を経て確立し、そうしたドイツの議論に影響を受けた日本の産業科医たちは、目下進行中の戦争において、よからぬ願望をもつ「戦争神経症」兵士の増加はなんとしても防がなければならないと考えたのである。

戦前の日本における「外傷性神経症」概念の盛衰について論じた佐藤雅浩によれば、「外傷性神経症」に関する医学研究は、一九二〇―三〇年代に隆盛した後、一九三〇年代後半には低調となり、患者数も減少していった。そして佐藤は、この疾患が大衆レベルで認知されるに至らなかった要因の一つとして、「「戦争神経症」に対する第一次世界大戦、「ＰＴＳＤ」に対するベトナム帰還兵のような、疾患の名称を広く大衆に広める契機となるような社会的出来事」が存在しなかったと指摘している[39]。しかし実際には、冒頭で述べた通り、一九三八年以降、日本の陸軍も国府台陸軍病院を拠点に戦争神経症の治療に取り組み、軍医の疾病解釈や治療には、戦前の「外傷性神経症」をめぐる議論が大きく影響していた。例えば、国府台陸軍病院の軍医で最も体系的な戦争神経症の研究を行った桜井図南男《となお》は、平時の工場・鉱山・鉄道で頻発する「外傷性神経症」について論文の中で度々言及している[40]。また、前述の馬渡によれば、国有鉄道では、災害神経症の退職者に対して、年金給付ではなく最下級の扶助を行っていたそうだが[41]、国府台陸軍病院でも、戦争神経症による除役者に対しては、基本的に年金ではなく一時金によって処理していた[42]。

以上をまとめると、一九三〇年代後半以降は、「外傷性神経症」研究の主な舞台が、産業医学から軍事医学における「戦争神経症」研究へとシフトしていった。しかし、「はじめに」で述べた通り、「戦争神経症」の存在は公的には否認され、軍における研究は、成果の公表にも制限があった。[43] 大量の戦争神経症が発生する「出来事」は存在したにもかかわらず、広く社会に認知されなかったのは、戦前から連続する「外傷性神経症」に対するスティグマに加えて、戦時下における戦争神経症の否認という二つの力学によって、不可視化されたためだということができるだろう。

それでは、「外傷性神経症」概念は戦後どうなったのだろうか。ここまで見てきたように、一九二〇年代から敗戦までは、工場・鉄道・軍隊で生じた事故や衝撃体験との直接的な因果関係は認められず、補償に対する欲求観念によって作られた心因性疾患という考えが主流だった。しかし、一九五〇年代頃から、このような見方に対して疑義が呈されるようになる。[44] 中心となったのは、戦後日本でも広がった精神力動学的・社会精神医学的な立場からの批判である。一九五五年には、桜井図南男の出身教室でもある九州大学精神科の寺島正吾が、精神神経学会で行った報告の中で、「災害神経症と補償との関連性は、本質的な一元的結びつきに乏しいと考えねばならない」と指摘し、災害神経症者の社会的背景たる労働環境と社会的基盤の分析を行った上で、災害神経症は「社会的神経症」の様相を帯びていると結論づけた。[45]

同時期には、戦時中に戦争神経症の治療に携わった元軍医の中からも、修正的・批判的な見解が出てきた。国府台陸軍病院に勤務していた高臣武史は、東京医科大学神経科の井上晴雄と東京鉄道病院の山本野実とともに日本精神神経学会で行った報告の中で、彼らが観察した外傷性神経症の患者の中には、年金神経症に加えて、生活史から作られた「未熟な人格構造」や現在の生活環境に多くの問題がある事例が多いと分析している。[46] また高臣は、整形外科医や外科医との外傷性神経症に関する座談会の中で、「年金欲しさの外傷性神経症」という主張に対して、「私は彼等を金がほしいんだ、詐病に近いんだというような見方には必ずしも賛成できないのじゃないか、もっと社会精神医学的にみなければいけないのではないかという気持でおります」と反論している。[47] また、精神科医ではなく内科医だが、戦時中小倉陸軍病院で勤務していた中村強も、戦争神経症の増加は、戦傷に対する補償制度の進歩に原因があるとする桜井図南男の見解に対して、「近代戦争の持つ戦斗威力の増大、火器使用の増加、並びに戦斗に対する危険がその恐怖度と猛烈さを加え来つたことも重大な要素」ではないかと疑問を呈した。[48]

しかし一方で、戦時中に戦争神経症の治療に携わった精神科医たちの一部には、恩給に対する欲求に原因があるという説を支持し続けた人々もいた。戦時中、戦争神経症に関する研究に最も力を注いだ桜井は、戦後はあまり関連する論文や回想を残していないが、一九五一年に出された外傷性神経症に関する論文では、戦時中と同様に、「工場や会社が自分の受傷に対して充分に責任をとらぬことの不満」や「賠償に対する欲求」といった特殊な心因が原因となるという主張を展開している。[49] なお、徳島大学医学部神経精神医学教室教授の今泉恭二郎は、桜井の還暦記念論集に、「第二次大戦中発呈し現在に至るまで戦争神経症状態をつづけている二症例」という興味深い共著論文を寄稿している。ここで紹介されているのは、一人は一九三九年に中国での作戦行動中、馬に前頭部を蹴られて前頭部挫傷と診断され、以降頭痛・めまい・心気亢進・胸内苦悶が続き、医療を受けても症状が改善されなかった元陸軍一等兵の事例である。もう一人は、一九四四年グアム島での米軍との戦闘中、爆風に吹き飛ばされ、意識不明となり、部隊は壊滅し、その後約一年半の間、少人数の兵隊とともにジャングルの中で死と隣り合わせの生活を送った元陸軍伍長の例である。どちらも戦時中の頭部戦傷を契機として発症し、二〇年以上も遷延し続けているという事例であるが、今泉は、戦傷に対しては国家に責任があり、それに対して補償するのは当然だという「欲求観念」が原因であると総括している。[50]

注目すべきは、戦時中に傷痍軍人下総療養所に勤務していた精神科医たちの中に、恩給制度と結びつけた戦争神経症解釈に言及する人々が多かったことである。傷痍軍人下総療養所は、もともと頭部戦傷者の療養施設として一九四一年に設立され、一九四四年以降は精神障害者も受け入れるようになった。ここでは三人を紹介しよう。一人目は、一九四七年に国立国府台病院神経科医長になった加藤正明である。加藤は、『ノイローゼ——神経症とは何か』という一般読者向けの新書の中で、戦争神経症は、「兵隊になる」ために抑圧されていた欲求が、入院生活が長引き、軍隊という集団から離れるとともに次第に力を得るようになり、賠償や傷痍恩給への欲求という形をとって表現されたものだと紹介している。[51]この書籍は、一九五五年に初版が出されて以降二〇刷を重ね、一九八一年には増補改訂新版が出ており、ロング・ベストセラーといってよいだろう。

二人目は、一九四七年に国立国府台病院副院長兼神経科医長になった井村恒郎である。井村は、第一節で紹介したように、第二次世界大戦中に米軍の中で出て来た「破綻点」という概念を紹介し、戦場における恐怖反応は、正常な生理的反応であるという見解を日本社会に広めた点で画期的だったが、一般読者向けの本では、「疾患への逃避」を行う日本軍の戦争神経症患者の「人間的ないやらしさ」を苦々しげに述べながら、彼らは「恩給の欲望がつよい」、「傷痍の軽い者ほど恩給に執着する」と強調した。[52]こうした「恩給に執着する戦争神経症」のイメージは、以下のように傷痍軍人下総療養所時代の回想（一九七三年当時）の中でも反復された。

実際に患者を扱って非常に苦労したのはノイローゼの処理ですね。さっきお話したように、われわれのふだん見てるノイローゼと違いますからね。二次利得ですか、つまり恩給ですね、恩給に対する欲求が強いですから、それによって左右されるので、医者の説得なんてのはあまり影響力がないんです。あの当時一緒に仕事をした人たち、桜井〔図南男〕君はじめたくさんの人がいましたが、みんな苦労したようですね。あとで聞いてみると。そしていままでいう偽薬をつくりましてね、その頃はそんな名前はなかったですが。恩給に関係したことや、あるいはそのほかのことで病気を重く見てもらいたい、あるいは日常生活の不満、それから郷里へ帰ったときの不安というのは強い。[53]

最後に三人目は、第二節でも登場した小沼十寸穂である。小沼は、戦時中傷痍軍人下総療養所の医務課長を務め、敗戦直前に所長となり、一九四九年に広島県立医大教授となるまで八年間下総療養所に在職した。小沼の下総療養所時代の回想によれば、「神経症、もしくは半詐病か詐病かを疑わせ」る患者は、秘扱いの「要注意」患者として「イ八〇号」と呼ばれたという[54]。

本章の冒頭で紹介した、福岡県杷木町の二人の元軍人も、頭部外傷後の精神神経疾患であったが、二人目の元曹長の恩給診断書には、「愁訴多く、心気的誇張的」「自己身体に対し自己観察癖、心気的傾向強く、頭部外傷に対し誇張的に因果関係をつけようとする傾向がありて、愁訴する処は解剖学的、生理学的所見と全く合致せず」などと書かれている。ここまで見てきたような心因性の戦争神経症論を展開する下総療養所の元医官たちと同様に、恩給を少しでも高額にしようと症状を「誇張」する患者への警戒心が読み取れるだろう。

## おわりに

終戦から二〇年後に戦争神経症の元兵士の予後調査を行った目黒克己は、以前筆者のインタビューへの回答の中で、戦後の精神医学界では、「戦争」とつく研究というだけで忌避され、国府台陸軍病院の院長であった諏訪敬三郎からは、「この種の研究は公表すると必ず差し障りがあるので、五〇年は口を閉じていた方が良い」と言われたと述べた[55]。諏訪自身、終戦直後に公職追放にもあっており、戦争神経症や戦争と精神疾患の問題については、元軍医たちの間でもタブー視されていた側面があったことは確かだろう。しかし彼らは、完全に「沈黙」していたわけではない。彼らの数少ない戦後の言説の中にも、戦時中と連続した、戦争で心を病んだ兵士たちを不可視化させる構造が見られる。

本章で確認してきたように、精神科医たちは、戦時中から戦場という過酷な環境がもたらす精神的衝撃やストレスを一貫して軽視し、戦後の恩給裁定においても、戦争と精神疾患には因果関係がないとみなされて対象外になることが多かった[56]。また、精神疾患全体に対しては「組織の秩序を乱す攪乱者」、そして戦争神経症に対しては「補償目当ての願望の病理」というラベリングが戦後も長らく行われてきた。日本では、一九九五年の阪神・淡路大震災をきっかけとしてトラウマやＰＴＳＤといった概念が広く認知されるようになる少し前まで、こうした歪んだイメージが再生産され続けたのである。

二〇世紀における軍事精神医療史に関する浩瀚な書籍をまとめた歴史家のベン・シェファードは、このテーマに関わる歴史は、常に患者よりも医者からの情報が多く、患者の声を平等に伝えることができないという限界を孕んでいると指摘している[57]。なぜなら、ほとんどの患者は自分の経験を語ることを選ばなかったからであると。本章もまた、患者が「沈黙」を強いられる構造を医学側の資料から明らかにしたという点では同様の限界を持っている。しかし、医学側からの資料であっても、戦争が一人一人の元兵士に刻みつけた心の傷が断片的に浮かび上がってくることはある。例えば、本章第三節で紹介した、『日本医師会雑誌』における「外傷性神経症」に関する座談会の中の一幕である。精神科医ではなく整形外科医の高橋正義が、人格検査の一種であるロールシャッハテストをしようとした際に、「赤い色を見ていると全然口をきかない患者」がいたため、色々と調べてみたところ、「戦争中に殺人のようなことをしてあ《ママ》るらしい」と気づいたことを紹介している[58]。

当事者の多くが、トラウマ化された戦争の記憶について語らないまま世を去ってしまった中で、元兵士の家族は、彼らの戦前と戦後の変化を近くで目の当たりにしたという意味で、最も重要なアクターだろう。編集者の桑原茂夫は、復員兵の息子の視点から、出征直前まで、快活で商売上手だった「颯爽オトーサン」が、戦地から戻ってきて、言葉や感情を失い、「呆然オトーサン」になってしまったこと、そしてそんな「呆然オトーサン」に似た人たちが町にあふれていた様子を描いた[59]。また、飛行機の整備兵で、戦後アルコールに依存するようになった父について、家族・親類からの聞き取りを通じてまとめた森倉三男の記録では、戦後父が、周囲の人々から「戦争ボケ」と呼ばれて、戦時中から「手のひら返し」にあったように冷遇されていたことが描かれている[60]。これらの事例が示すように、彼らの訴えや苦しみ、アイデンティティを形成する言葉は、必ずしも精神医学の用語とは限らない。むしろそうではなかったケースの方が多かったかもしれない。以上はほんの一例であるが、今後は、精神医学がとらえそこねた、戦争が人々の心にもたらす「長い影」を丹念に探し出し、可視化していくことが課題になるだろう。

（1）「旧軍人恩給綴公務扶助料関係綴　杷木町」（請求番号：一―二―〇〇二五〇四一、福岡共同公文書館所蔵）。
（2）戦時中に発生した心因性の神経症の総称。身体に目立った外傷がないにもかかわらず、手足の麻痺やふるえ、失声などがみられ、現代の心的外傷後ストレス障害（PTSD）に該当する事例も一部含まれていたと考えられている。
（3）詳細は、中村江里『戦争とトラウマ――不可視化された日本兵の戦争神経症』吉川弘文館、二〇一八年、六一―六三頁参照。
（4）諏訪敬三郎「戦争と精神病」『文藝春秋』時局増刊一七巻一四号、一九三九年七月、一四八頁。
（5）関根真一「戦争と精神病」『医事公論』一五三六号、一九四二年、七頁。
（6）内藤正壽「戦争神経症の二例」『日本鉄道医学会雑誌』二八巻三号、一九四二年三月、八五、九二頁。なお、症例報告では入院した病院名が伏せられている。
（7）こうした分析は数少ないが、先駆的な例として以下参照。Mark S. Micale and Paul Lerner, *Traumatic Pasts: History, Psychiatry and Trauma in the Modern Age, 1870–1930*, Cambridge University Press. 石井香江『電話交換手はなぜ「女の仕事」になったのか――技術とジェンダーの日独比較史』ミネルヴァ書房、二〇一八年。
（8）前掲注（4）諏訪一九三九年、一四八頁。
（9）三浦岱栄「戦争と精神病」『臨床文化』九巻一一号、一九四二年、二一―二二頁。
（10）式場隆三郎『こころの声』昭和刊行会、一九四三年、一八―一九頁。
（11）Hans Pols, "War Neurosis, Adjustment Problems in Veterans, and an Ill Nation: The Disciplinary Project of American Psychiatry during and after World War II," *Osiris*, Vol. 22, (2007), pp. 77–80.
（12）前掲注（3）中村二〇一八年、第二部第三章のほか、以下の拙稿参照。中村江里「国府台陸軍病院における「公病」患者たち」吉田裕編『戦争と軍隊の政治社会史』大月書店、二〇二一年。

(13) 井村恒郎「戦争下の異常心理」井村恒郎ほか編『異常心理学講座五　社会病理学』みすず書房、一九六五年、三八〇頁。
(14) 戦場心理研究については、前掲注(3)中村 二〇一八年、三四―四五頁。
(15) この点に関しては、河野仁『〈玉砕〉の軍隊、〈生還〉の軍隊――日米兵士が見た太平洋戦争』講談社選書メチエ、二〇〇一年が、米軍においては戦闘で恐怖を感じるのは人間として当然とされ、むしろ恐怖をいかにコントロールするかが重要かを兵士に教育するのに対し、日本軍では心理的防衛機制により恐怖心そのものを否定してしまう「否認」あるいは無意識な「抑圧」が恐怖に対する典型的な対処法だったと指摘している。
(16) 「昭和二七年戦傷病関係(二分冊の二)」(請求番号：一―二―〇〇一八〇二二、福岡共同公文書館所蔵)。
(17) 諏訪敬三郎「今次戦争に於ける精神疾患の概況」『医療』一巻四号、一九四八年四月、一九頁。
(18) 吉田裕「アジア・太平洋戦争の戦場と兵士」『岩波講座アジア・太平洋戦争5　戦場の諸相』岩波書店、二〇〇五年、六二―六四頁。
(19) 清水寛「軍隊と知的障害者――付・精神障害元兵士の戦後史の一断面」『季刊戦争責任研究』三九号、二〇〇三年、一二―一七頁。
(20) この点に関しては、前掲注(3)中村 二〇一八年、二七六―二七七頁のほか、前掲注(12)中村 二〇二一年、三五―三六頁参照。
(21) 前掲注(1)「旧軍人恩給綴公務扶助料関係綴　杷木町」。
(22) Hans Pols, "Waking up to Shell Shock: Psychiatry in the US military during World War II," *Endeavour*, Vol. 30, Issue 4 (2006), pp. 144-145. サリバンが主導したスクリーニング・プログラムについては、以下の論文も参照。Naoko Wake, "The Military, Psychiatry, and 'Unfit' Soldiers, 1939-1942," *Journal of the History of Medicine and Allied Sciences*, Vol. 62, No. 4 (2007), pp. 461-494.
(23) 小沼十寸穂『産業神経症物語』労働科学研究所、一九八四年、一一―一三頁。
(24) 小沼十寸穂『産業精神衛生の実際』金原出版株式会社、一九六六年、三頁。
(25) 前掲注(24)小沼 一九六六年、一〇三―一〇四頁。
(26) 前掲注(24)小沼 一九六六年、四頁。
(27) 前掲注(3)中村 二〇一八年、五二―五三頁。
(28) 前掲注(24)小沼 一九六六年、九二―九三頁。
(29) Paul Lerner, *Hysterical Men: War, Psychiatry, and the Politics of Trauma in Germany, 1890-1930*, Cornell University Press, 2003. 佐藤雅浩『精神疾患言説の歴史社会学――「心の病」はなぜ流行するのか』新曜社、二〇一三年、二七五―二七七頁。
(30) 北村陽子『戦争障害者の社会史――二〇世紀ドイツの経験と福祉国家』名古屋大学出版会、二〇二一年、六三―六八頁。
(31) 前掲注(29)Lerner, 2003.
(32) 前掲注(3)中村 二〇一八年、九一―九二頁。
(33) 前掲注(29)佐藤 二〇一三年、二七六―二七九頁。

(34)　前掲注(3)中村二〇一八年、五九―六一、二一五―二二一頁。
(35)　植村秀一「陸海軍に於ける願望神経症」産業衛生協議会編『産業衛生協議会報第一四　外傷性神経症に関する小委員会報告』産業衛生協議会、一九三二年、九九―一〇〇頁。
(36)　前掲注(35)植村一九三二年、一〇〇―一〇一頁。
(37)　シュティーアーについては、前掲注(7)石井二〇一八年、二七七―二八一頁参照。石井によれば、シュティーアーは、前述の「外傷性神経症」の労災保険の適用除外(一九二六年)にも影響を及ぼした。
(38)　馬渡一得『産業医学叢書第六冊　産業傷害とその続発症補償の要件と判定例』金原商店、一九四四年、二〇八―二一五頁。
(39)　前掲注(29)佐藤二〇一三年、三〇〇―三〇二頁。
(40)　桜井図南男「戦時神経症ノ精神病学的考察第二篇　戦時神経症ノ発生機転ト分類」『軍医団雑誌』三四四号、一九四二年、四四―四六頁。
(41)　前掲注(38)馬渡一九四四年、二一五頁。
(42)　前掲注(3)中村二〇一八年、二三四―二三五頁。
(43)　桜井図南男の回想録『人生遍路』(葦書房、一九八二年)によれば、「陸軍病院の病床日誌は秘扱い」だったため、密かに写し取り、上記の『軍医団雑誌』の戦争神経症に関する論文を書いたとのことである。また、傷痍軍人武蔵療養所の医官であった小林八郎の回想によれば、同療養所の患者について学会報告をする際に、軍事保護院・厚生省の許可が事前に必要だったという(武蔵療養所医務局編『萩山茶話』一九六六年)。
(44)　国府台陸軍病院の軍医だった笠松章が、戦争末期にまとめた論文「戦時神経症の発呈と病像推移」でも、「願望観念」を前提とした戦争神経症論に対する疑問は出されていたが、この論文は『軍医団雑誌』特第二・三号に掲載され、防諜上の配慮から現役衛生部将校にしか配布されなかった。
(45)　寺島正吾「災害神経症者の病後歴と社会的背景」『精神神経学雑誌』五六巻一〇号、一九五五年一月、五一―五二頁。
(46)　高臣武史・井上晴雄・山本野実「外傷性神経症の臨床心理学的研究(第一報)臨床像の特徴」『精神神経学雑誌』五六巻一〇号、一九五五年一月、五〇頁。
(47)　高橋正義・水町四郎・高臣武史・宮司克己「外傷性神経症」『日本医師会雑誌』三五巻一〇号、一九五六年一〇月、五四〇頁。
(48)　中村強「戦争神経症の統計的観察」『医学研究』二五巻一〇号、一九五五年、一八〇五頁。
(49)　桜井図南男「外傷神経症の診断について」『医学・臨床雑誌』一一巻二号、一九五一年、四九頁。
(50)　今泉恭二郎・清水英利・氏原敏光・佐々木敏弼・元木啓二・森井章二「第二次大戦中発呈し現在に至るまで戦争神経症状態をつづけている二症例」『桜井図南男教授還暦記念論文集』桜井図南男教授還暦記念事業会、一九六七年、三二四―三二五頁。

(51) 加藤正明『増補改訂新版 ノイローゼ――神経症とは何か』創元社、一九八一年、二八―二九頁。
(52) 井村恒郎『現代病――おのれを失える人びと』光文社、一九五三年、六二―六六、七二―七三頁。
(53) 懸田克躬編『井村恒郎・人と学問』みすず書房、一九八三年、一七三頁。
(54) 前掲注(23)小沼 一九八四年、一八三―一八四頁。
(55) 前掲注(３)中村 二〇一八年、二七〇頁。なお、目黒の追跡調査については、二〇二一年八月一九日にＮＨＫ「クローズアップ現代」で放送された「シリーズ終わらない戦争② 封印された心の傷「戦争神経症」兵士の追跡調査」でも取り上げられた。
(56) ただし、「破綻点」という概念によって、素因から環境への病因論の転換を行った米軍においても、戦争神経症は比較的早期に回復可能と考えられており、長期的・慢性的な精神症状には注意が向けられなかった。また、前掲(11)Pols, 2007 によると、アメリカでも戦後になると再び素因の重要性が強調されるようになり、精神医学的に兵役に不適格な男性たちを育てた母親が非難されるようになった。
(57) Ben Shephard, *A War of Nerves*, Harvard University Press, 2000.
(58) 前掲注(47)高橋ほか 一九五六年、五四二頁。
(59) 桑原茂夫『西瓜とゲートル――オノレを失った男とオノレをつらぬいた女』春陽堂書店、二〇二〇年。
(60) 森倉三男『戦争を刻んだ人と家族』私家版、二〇二一年。

コラム❶

# 重層的記録としての戦争体験記
## ——東京空襲を記録する会・東京空襲体験記原稿コレクションを事例に

山本唯人

### 1　原稿への注目——資料から戦争体験記を読み直す

戦後日本において作成・収集・刊行された個人の戦争体験の記録として、「戦争体験記」と呼ばれる一連の資料群の集積がある。本コラムでは、その代表的な資料群の一つである「東京空襲を記録する会・東京空襲体験記原稿コレクション」を事例として、戦争体験記の資料としての特徴の一端を紹介する。

本原稿コレクションは、一九七〇年八月から一年程度をかけて、東京空襲を記録する会の呼びかけにより、『東京大空襲・戦災誌』(以下『戦災誌』)を刊行する目的で収集された空襲体験記の原稿およびそれに関連する資料群である。(1) 現在、それらは東京都江東区の東京大空襲・戦災資料センターに保管されている。『戦災誌』第一巻「3月10日篇」には一九四五年三月一〇日のいわゆる「東京大空襲」の体験記が収録され、第二巻にはそれ以外の空襲と、三月一〇日の記録のうち直接体験ではない見聞・目撃記などが収録された。

本原稿の特徴は、原則として著者本人が書いた元原稿に、編集部が赤字等で直接編集情報を記入し、それを入稿原稿として使用したと推定されることである。編集情報が記入された原稿には、著者が直接書かずに、編集部により聞き書きされたもの、また元原稿が便箋に書かれていたため編集部により原稿用紙に筆写されたものなども含まれる。

こうした特徴に注目すると、本原稿のコレクションからは、著者が書いた(または語った情報を文字化した)「原稿版」の体験記（原文）に、編集者がどのような「編集」を加え、書籍に収録された「印刷版」の体験記が形成されたかを把握することができる。[2]

## 2　記録の文脈を補う記録の収集――関連文書・編集情報の参照

体験記の歴史叙述への応用を難しくする要因として、一般に個人が作成した記録は、明示されたルールに基づく組織の記録（その典型が行政文書）と異なり、作成の基準が主観的で、資料批判に欠かせない、記録の文脈に関する情報を把握しづらい点がある。[3]

作成基準が主観的であることから、個人の記録は、その内容が「状況依存的」になりやすい性質を持つ。「状況依存的」とは、筆者が記録を呼びかけられた同時代の状況や、当該の出来事を体験した状況に依存して情報が取捨されるため、その状況を共有しない第三者には、個々の文脈が読み取りづらく、解釈が難しくなりがちな傾向を指す。[4]

体験記を原稿コレクションのレベルで、関連文書と照合したり、編集以前の原文や編集過程の情報に接することは、刊行された体験記単体では読み取りづらかった文脈を補い、個別の記録を歴史のなかに位置付けやすくする意義を持つ。

具体的に見よう。『戦災誌』第一巻の原稿コレクションの場合、内容の特徴からコレクションを構成する資料を一二類型に分類し整理したところ、刊行版では四〇一人分の体験記が、全体では一二二〇文書からなる資料群であることが判明した。そのうち、コラムや見出しページなど「体験記」ではない記事の原稿を除外すると、純粋に「体験記」関係に属するのは一〇六五文書となる。

その一〇六五文書の内訳を資料類型別に見ると、掲載原稿三七八、未掲載原稿一〇九、手紙二五、応募時のメモ八二、整理札九七、扉三六九、その他付属文書五となる。このうち、著者自身が書いた「未掲載原稿」や「手紙」の文書は、刊行された体験記では分からなかった文脈を、直接的に補う資料になる。

例えば、『戦災誌』第一巻の章「深川区の人びとの記録」に収録された、Aさんの体験記の原稿を見よう。Aさんの掲載原稿には「手紙」が付属しており、そこに「九月中旬に高崎市におります私の友人のBさんより会のおしらせを受け体験記録を提出するように申しつかりました」と記載がある。「Bさん」とは、同じ章に体験記が収録されたBさんのことである。記録する会の会報第三号の寄稿者リストに二人の名前があることから、AさんとBさんの寄稿時期は一九七一年九月中旬から会報発行時の一九七二年一月の間であり、友人Bさんの呼びかけが、Aさんによる寄稿のきっかけだったことが分かる。

さらに、同じ章には、一九四五年六月三日消印でAさんが女学校同級生のBさん宛に書き送った手紙が収録されている。二人は深川の同じ町内で育った女学校の同級生であり、戦災直後の手紙から約四半世紀後、記録する会の呼びかけをきっかけに連絡を取り合い、二人そろって体験記を寄稿したのである。

次に編集情報を読んでみよう。Aさんの原稿は、四〇〇字詰原稿用紙三一枚（一枚欠と推定）の長文の体験記である。筆記具は鉛筆を使い、自筆による修正や挿入の跡が多数ある。また、ところどころに行間を空けるなど、文章構成を練っていることが分かる。編集上赤字で削除された冒頭部分に、寄稿当時、Aさんが富山県高岡市の小学校教諭を務め、校長に原稿の監修を依頼したと記載がある。体験記の書かれ方が主観的であること、筆者自身が何らかの意味で一貫した基準を持って記録を書いたかどうかは別問題であることに注意しよう。体験記には、Aさんのように、入念に何度も吟味して内容を構成し、時には第三者のチェックを経て書かれた場合があった。その文脈を把握できれば、体験記は個人の体験を把握する最も直接的な資料となる。

Aさんの原稿には末尾に以下のような「追記」があり、その箇所も編集で削除されている。「それにしても悲しく哀れな、私の人生の一頁である。／いま命あって二十六年、私は再びこのような思いを、誰にもさせることなく、平和な世界がいつまでも、続いてくれることを、ひたすら願わずにはいられないのである」。

短い一節だが、書いた個人の戦後の人生(時系列の文脈)やこの原稿の執筆当時、本人がその体験をどう意味付けていたのか(意味の文脈)を補う貴重な文章である。こうした文脈を細かく参照・収集・照合することで、刊行版の体験記からは読むのが難しかった記述の文脈を、部分的ではあるが補うことができる。

## 3　集計と比較――デジタル化の効用と構造的文脈との接点

大量に集積された原稿をデジタルデータとして入力し、適切な項目を立てて目録・データベース化すれば、体験記に含まれる特定の情報を集計したり、その結果を比較分析にかける可能性が開けてくる。

体験記は日記のように、同一個人の情報をタテ方向(時系列)にたどるのは難しいが、体験の空間的・社会的広がりをヨコ方向に集計・比較するには有利な面を持つ。[5] 同じ出来事を体験した人びとの空間的・社会的行動パターンを集合的に観察することは、個別に体験記を読んでいたのでは把握しづらい、個々の行動を規定する社会構造的文脈との接点を推測する手がかりになる。

例えば、Aさんが当時住んでいた深川区α町と隣接するβ町では、避難経路を特定できる六人全員(Aさんを含む)が、初期火災の発生した西側隣接地区を背に、風下の南東方向を目指し、β町を南北に貫く大通りの建物疎開地に避難した。そのうち二人は疎開地にとどまり、一人は東方の城東区方面に避難し、Aさんを含む三人が南方向の国民学校に避難した。この国民学校では、避難民で充満した鉄筋コンクリート校舎に火災が入り、大量の犠牲者が出た。Aさんもこの学校付近で祖母と母・妹を亡くした。こうした避難や犠牲のパターンは、米軍の作戦や気象条件、関東大震災後の復興事業や防空政策のあり方など、複数の社会構造的要因が作用して作り出されたと仮説を立てることができる。

このように戦争体験記とは、重層的な記録の集積と情報の取捨を経て作成された個人の戦争体験の記録である。関連する資料群をていねいに参照・照合し、その状況依存的な性格を補うことで、一定の資料批判の余地が生まれ、組織文書では得られない、個人の戦争体験の実態やその集団的傾向、構造的文脈との接点を探る貴重な資料になる。

歴史的な資料としての戦争体験記の可能性はまだくみ尽くされているとは言えない。多様な資料群の整理・活用とその分析が進むことを期待したい。

＊本コラムは山本唯人・石橋星志・小薗崇明をメンバーとする科研費の共同研究「東京大空襲の体験記と空襲記録運動に関する研究」（研究課題番号 19K00947）の成果である。資料整理は主に石橋星志が担当した。

（1）　東京空襲を記録する会による空襲体験記の収集は、一九七〇年代以降における庶民の戦争体験の記録化の代表的事例の一つとされる。吉田裕『日本人の戦争観――戦後史のなかの変容』岩波書店、一九九五年、大門正克『語る歴史、聞く歴史――オーラル・ヒストリーの現場から』岩波新書、二〇一七年などを参照。

（2）　体験記形成のプロセス（執筆体験）に注目した研究として、野上元「「戦争の記憶」の現在」矢野敬一ほか『浮遊する「記憶」』青弓社、二〇〇五年がある。

（3）　個人資料の主観性という論点については、長谷川貴彦編『エゴ・ドキュメントの歴史学』岩波書店、二〇二〇年などを参照。ただし、記録の主観性を社会構築性に引き付けて解釈するエゴ・ドキュメント論のアプローチと、資料批判の可能性を引き出す反省的叙述としての側面に関心を寄せる本コラムでは一線を画す。

（4）　「状況依存的」の概念については、W-J・オング／桜井直文訳『声の文化と文字の文化』藤原書店、一九九一年参照。

（5）　日記形成のプロセス（書く行為）に注目した近年の日記研究は、体験記の資料としての性格と歴史叙述に活用する方法を探る上で参考になる。田中祐介編『日記文化から近代日本を問う――人々はいかに書き、書かされ、書き遺してきたか』笠間書院、二〇一七年参照。

# コラム❷ 「癈兵」の戦争体験回顧

松田英里

戦前、日本の統治下であった旅順・大連は、満洲支配の拠点であると同時に、一大観光地でもあった。日露戦争の激戦地である旅順・大連には、日露戦争直後から納骨祠や「表忠塔」などが建立され、日露戦争の「勝利」を記憶する場所として整備が進められた。満鉄やＪＴＢ（ジャパン・ツーリスト・ビューロー）は、これら戦跡をめぐる観光旅行を組み、日本人観光客を積極的に誘致した[1]。そのなかには、日清・日露戦争で負傷し、あるいは病に罹患した「癈兵《はいへい》」も含まれていた（以下、煩雑になるので「　」は省略する）。

満洲事変以前、戦争で負傷し、あるいは疾病に罹患した元軍人は一般的に癈兵と呼ばれていた。満洲事変以降、国民と軍の「士気」を低下させるという理由から、癈兵は公的にもマスメディアにおいても「傷痍軍人」という用語に置き換えられた[2]。

癈兵という用語に象徴されるように、彼らに向けられた当時の日本社会の眼差しは、多分に差別的な要素を含んでいた。日露戦争中は癈兵を「名誉の負傷者」と称えた人びとも、戦争支持熱が冷めるとともに、冷淡な態度をとるようになった。国家から支給される恩給も癈兵の生活を支えうる額には到底足りず、癈兵の生活は困窮した。第一次世界大戦後、インフレの影響を受けて困窮の瀬戸際まで追い詰められた癈兵は、自ら団体を組織し国家と社会に窮状を訴えた。

「畢竟《ひっきょう》政府は我々を戦塵の中に送つて不具者として早く死ねと仕向けるやうなものである[3]」

「社会は帰還一、二年の間は名誉の軍人だとか何とか謂つて呉れたが其後は癈物同様な待遇より与へないではないか[4]」

これらの癈兵の訴えからは、国家と社会への憤りと屈折した思いが伝わってくる。こうした思いを抱えながら戦跡旅行に赴いた癈兵は、かつての戦場跡地で自身の払った犠牲の意味を問い返すことになった。

癈兵団体の主催する戦跡旅行の行程は、釜山に入港後、京城（ソウル）、平壌を見学した後に中国に入り奉天、旅順・大連をめぐるというコースをたどった。朝鮮に到着した癈兵を待ち構えていたのは、在朝日本人の盛大な出迎えであった。

出迎えを受けた時の様子について、日清戦争で負傷した退役陸軍歩兵中佐の田邊元二郎は、「自分達が祖国のために流した血のむだでなかつた」「国民の脳裡に癈兵といふ者が忘れて居ないといふ事実を今度の諸所で行はれた盛大なる歓迎によつて深く烙印された」との感想を記している[5]。同じく癈兵である遠藤綱治郎も「内地で人に蔑まれがちの我等がこの厚遇にあつては全く感激あるのみ」との思いを綴っている[6]。在朝日本人による歓迎は、国内で蔑視されていた癈兵の不満を晴らし、自らの払った犠牲の意味と重みを感じさせる効果があった。

中国に入った癈兵は、激戦地の一つである奉天を訪れ、戦死者の遺骨が納められている「忠霊塔」を参拝したのち、市街地を見学している。市街地で目にした中国の軍人について、癈兵は「恰《あたか》も狗《いぬ》のやうで黄金のお預けすればどんな隠し芸も出来る、宮殿などを拝見する際にも金さへ握らせればどんなことでもきくといふ」と侮蔑の視線を向けている。さらに、見学に訪れた歴代清朝の陵墓が「荒廃」している様子に「支那の現状を思はせるに恰好なるものがある」として、「暗い気もち」になった[7]。中国への同情心とその裏に潜む優越感が見受けられる。

日本の統治下にある旅順・大連に入ると、癈兵の感想は街の「発展」を讃えるものへと変化している。旅順へ赴いた癈兵は、戦友が戦死した場所や自らが負傷した場所を見つけては「懐旧の涙」を流した[8]。その彼らを驚かせたのが、かつての戦場の変化であった。

東京浅草民政新聞社社長で癈兵である木村彦三郎は、「満洲に於ける満鉄の事業の盛大さ」を目のあたりにし、「我植民地事業の発達を眼前に見る喜悦は申す迄もない」との感想を抱いている[9]。旅順で貫通銃創を負った石田富三郎は、「荒寥としたあの原野」が「美田と美畑と美市街」へと変化したことを「第二の文化日本を現出しやうとしてゐる」と表現し、旅順の「日本化」を歓迎している[10]。

癈兵は、旅順・大連の「発展」を目にすることで「文明国」日本による中国支配の「正当性」を改めて実感し、「帝国意識」を強固なものにしている。さらに、日本国内で冷遇されていた癈兵にとって、戦場跡は自らの存在価値を再認識させてくれた場所でもあり、同地の「発展」は、自分たちの払った「犠牲」の価値を証明するものでもあった。

この癈兵の所感をより強固なものにしていたのが、戦死者への思いであった。奉天会戦で負傷し、癈兵となった中村法隆は、「尚南満州の地が若し我が戦友の将卒諸士が殉難せし犠牲の代償である以上は濫りに此の既得権を放棄し得らるべきものにあらず、満州は我が帝国の宝庫の一とも云ふ可き地なり」という思いを抱いている[11]。癈兵にとって満洲「権益」は、戦死した戦友や自分たちが払った犠牲の対価そのものであった。戦跡旅行を通じて、癈兵は自らの戦争体験を朝鮮・満洲の「権益」を獲得するためのものであったと意味づけていることが読み取れる。

こうした戦争体験の位置づけは、のちに中国への強硬姿勢にもつながっている。北伐に干渉するため日本が軍を中国に派遣した際も、癈兵は「支那出兵問題について誰れかまた異議を称へるものがあろうか」と当然視している。[12] 日中戦争以降は、より明確に軍の行動を支持している。

二〇三高地で左足切断の重傷を負った蒲穆《かばあつし》陸軍中将は、一九三六年に創設された官製団体である大日本傷痍軍人会で副会長を務めていた。蒲は、日中戦争が泥沼化していた一九四〇年、大日本傷痍軍人会の機関紙で「万一事変の遂行が思ふ様に運ばなければ果してどうなるか」「丁度日本が日清戦争の前の昔にかへる事である。〔中略〕斯の如き事態となつて我々は日清以来の諸戦役近くは満州事変又今次事変に殉じたる幾万の英霊に対し何と申訳をするのであらうか」と訴え、癈兵に戦争協力を促している。[13]

国家と社会に冷遇され、存在を忘却された癈兵は、身をもって「一将功成りて万骨枯る」を知っていた。このように「戦争の悲哀」を背負った彼らの心の傷を癒したのが、在朝日本人の歓迎とかつての戦場跡地の「発展」であり、朝鮮・満洲の戦跡旅行は、日本国内で傷つけられた癈兵の自負心を癒し、払った犠牲の意味づけを与える場所として機能していたのである。

そのため、満洲の「権益」が危機に瀕した際、戦死した戦友と自己の犠牲の「代償」として得られた土地である満洲を手放せないという思いから、癈兵は対中国強硬路線を支持するに至ったのである。

以上のような癈兵の戦争体験の位置づけからは、癈兵の抱える「戦争の悲哀」と「帝国意識」が対立することなく、相互補完的に両立していることがみてとれる。癈兵が「帝国意識」を強固にもち、戦争支持基盤に組み込まれていくという構図も「戦争の悲哀」の一つなのではないだろうか。

アジア太平洋戦争の敗戦から七七年を迎えるいま、「悲惨な」戦争体験の継承とともに、今もなお残る「帝国意識」という壁を克服できるのかどうか、我々は試されているのではないだろうか。

（1）　戦跡旅行については、有山輝雄『海外観光旅行の誕生』吉川弘文館、二〇〇二年、川村湊「「戦跡」というテーマ・パーク」

小森陽一・成田龍一編『日露戦争スタディーズ』紀伊國屋書店、二〇〇四年、原田敬一「慰霊の政治学」同前を参照。
(2) 郡司淳『軍事援護の世界――軍隊と地域社会』同成社、二〇〇四年。
(3) 『報知新聞』一九二一年三月一六日付。
(4) 『北海タイムス』一九二五年八月一七日付。
(5) 「戦友を偲び倒れし野を眺め感慨無量の涙を呑む」(『満洲日日新聞』日付不明)残桜会『戦跡旅行記』同会、一九二六年、六一頁。
(6) 遠藤綱治郎「満鮮を訪ねて」『戦之友』五五号、一九二七年、一二―一三頁。
(7) 中谷春翠「戦跡をめぐる見聞のかず〳〵(その二)」『戦之友』五五号、一九二七年、四―七頁。
(8) 中谷春翠「戦跡をめぐる見聞のかず〳〵(その三)」『戦之友』五六号、一九二七年、五―七頁。
(9) 木村彦三郎「民政新聞」(『民政新聞』日付不明)前掲注(5)残桜会 一九二六年、一〇五頁。
(10) 石田富三郎「追悼旅行参加所感」前掲注(5)残桜会 一九二六年、九三頁。
(11) 中村法隆「追悼旅行の感想」前掲注(5)残桜会 一九二六年、一三七―一三八頁。
(12) 編集部「済南事件は国辱」『戦之友』六六号、一九二八年、五頁。
(13) 蒲穆「傷痍軍人諸士! 奮起すべき時は来れり!」『みくにの華』三八号、一九四〇年、四頁。

第Ⅱ部

# 自衛隊と社会

# 第5章 自衛隊と市民社会
## ――戦後社会史のなかの自衛隊

佐々木知行

## はじめに

戦後日本の再軍備は、朝鮮戦争勃発直後の一九五〇年七月、連合国軍最高司令官マッカーサーの指示により始まった。同年の八月には警察予備隊令が公布施行され、すぐに七万五〇〇〇名の隊員募集が始まった。警察予備隊は、一九五二年に保安隊へ発展、一九五四年には、防衛庁と陸・海・空の三軍を備えた自衛隊が創設された。現在、自衛隊では二二万人以上の自衛官が任務に当たっており、これは世界的に見ても規模の大きな軍事組織である。

自衛隊の歴史及び戦後の民軍関係については、研究が蓄積されている。自衛隊が「普通の軍隊」になるために行ってきた努力（経済支援、広報活動、社会奉仕など）に焦点を当て、社会への統合の過程を分析したアーロン・スキャブランドの研究は、特に多くの示唆を与えてくれる。(1) 本章では、これらの研究を踏まえた上で、再軍備の歴史を戦後日本の社会史という枠組みの中に位置づけ、自衛隊（その前身である警察予備隊・保安隊を含む）と市民社会との間に生起した様々な形の交流、交渉、対立、妥協を検証する。この作業を通じて、自衛隊が戦後社会でいかに発展してきたのか、という問いにひとつの説明を提供しようと試みる。

本章の議論においては、「国民」という理念（あるいは、イデオロギー）が重要になる。明治憲法下での帝国陸海軍が「天皇」の軍隊であり、その存在意義を「国体」に求めたなら、自衛隊は「国民」の軍隊として生まれ成長してきたと言える。新憲法で国民主権を謳い、大衆民主主義が国家統治の基本原理となった戦後社会においては、いかなる公的な組織も主権者としての「国民」を無視することはできなかった。憲法九条との関連で政治的論争の的となり、常に革新派や平和主義者から批判を受けていた自衛隊にとっては、国民のために活動し、国民生活の向上に寄与することは、すなわち、新憲法の下での自らの正当性を証明することでもあった。

以下、自衛隊がいかに「国民」の軍隊となり、その過程でいかなる危機に直面し、その危機をいかに乗り越えてきたかを分析する。具体的には、地方の自治体での民生支援や災害派遣といった活動、自衛隊の違憲性を訴えた反基地運動、そして、このような運動の囲い込み及び市民社会との調和を目的に発足した防衛施設庁による対応を見ていく。ここから明らかになるのは、国・自衛隊、反基地運動に携わった人々、騒音などの「基地問題」の軽減を国に要求した市町村など、自衛隊に関わったすべての人が「国民」という理念に依拠しながら、あるべき軍隊と市民社会との関係について主張を展開し行動した、ということである。

本章では、自衛隊や防衛施設庁の市民社会に対する協力と支援に焦点が当てられるが、この目的は、これらの組織の恩恵的な側面を単に強調することではない。本章で論じたいのは、戦後日本を含む自由民主主義国家においては、軍事化――人々がその生存と生活を軍隊に依存し、軍隊が日常生活のごく自然な一部となる過程――が必ずしも強制や暴力をともなうわけではなく、人々が持つよりよき生活への欲求に働きかけながら進展してきた、という事実である(2)。私たちの一般的な歴史認識においては、戦後日本は東西冷戦の最前線である東アジアにありながら、戦争や軍事的紛争に巻き込まれることなく平和を謳歌したと考えがちだが、本章で見ていく通り、軍隊と市民社会との間には、戦後の早い段階から日常生活のレベルで親密な関係が存在しており、これは、戦後日本の「平和」をより複雑な視点で再考察する手がかりを与えてくれるだろう。

以下、自衛隊と市民社会との関係を検証する際様々な事例に言及するが、紙幅の都合上、個別の事例を掘り下げて分析することは困難である。本章の意図するのは、あくまで戦後社会史の流れの中に自衛隊を位置づけ、その全体像を社会経済的な面から記述・分析することである。[3] なお、本章で「自衛隊」という場合、便宜上、その前身である警察予備隊・保安隊も含めている場合があることを了承していただきたい。

## 一　「国民のための自衛隊」になる

### 1　「国民」という理念

軍事組織の存在を「国民」という理念のもとに正当化しようとする言説は、再軍備の当初から一貫して存在している。一九五〇年、警察予備隊が創設されまだ間もなかった頃、初代総監に就任し、後に統合幕僚会議議長となる林敬三は、予備隊員に対する訓話において、「国民の予備隊」であること、国民の「全面的な協力支援の下にこの仕事を推進していく」ことの必要性を説いた。[4] また、一九五四年制定の自衛隊法は、「国民の負託にこたえること」(第五二条)が隊員の服務であると明記しているし、一九六一年制定の「自衛官の心がまえ」も、日本を「民主主義を基調とする国家」と定義し、自衛官と国民の一体性を重視している。さらには、保安大学校・防衛大学校においても、校長であった槇智雄は、ヨーロッパの憲法史に精通した自由主義者として、自由民主体制下での軍隊の役割を幹部候補生たちに教授した。槇にとって、国民とは近代的軍隊の存在の大前提であり、自衛隊も国民の信頼があってこそ成長できるのだった。[5] 再軍備の初期、自衛隊を帝国陸海軍の再来、軍国主義復活の象徴と見る人々が多い中、この新たな組織を国民主権を基礎とした戦後政治体制の中に位置づけ、それによって、帝国陸海軍との断絶を強調することは、自衛隊関係者にとって非常に重要であった。

では、自衛隊はこの「国民」という理念をいかに実践し、市民社会との関係を構築したのか。ここでは、北海道が非常に興味深い事例を提供してくれる。よく知られているように、冷戦期の北海道には多くの自衛隊基地が建設され、多くの自衛官がこの土地で任務に当たった。これに関してよくなされる説明は、日本列島の最北端に位置するこの土地がいかに軍事的・戦略的に重要であったかを指摘するものである。この説明では、ソ連との物理的な近さ及びソ連による脅威（例えば、北方領土の実効支配）を強調し、これが北海道における基地と自衛官の集中につながり、北海道の安全保障に貢献した、となる。

このような説明はもちろん間違いではないが、自衛隊の存在意義を戦後日本、特に北海道の社会経済との関連で考えると、異なる説明が可能となる。北海道の近代化及び国家経済への統合は、初めは開拓使（一八六九―八二年）、その後は北海道庁（一八八六―一九四七年）により、中央政府の主導のもと内地からの資本と労働力の導入を通して行われた。敗戦後は民主化の流れの中で、北海道も地方公共団体として地方自治を認められたが、同時に、この広大な北の大地は、帝国崩壊後の過剰人口の受け皿及び原材料の供給地として注目され、一九五〇年に設置された北海道開発庁及びその翌年設置の北海道開発局が、道内の産業開発や社会資本整備に大きな役割を果たすことになった。しかし、一九五〇年代中頃から始まる高度成長期には、高度に工業化され人口増加を続ける大都市圏と労働力の流出に直面する農漁村との不均等発展という、資本主義経済において不可避の問題が深刻化していく。もちろん、北海道には札幌をはじめ、函館や旭川といった大都市も存在するが、広大な土地に基盤産業を欠く小規模な自治体が分散しているのも事実であり、高度成長期を通じて過疎化が進み、一九七四年までに全道二一二の市町村のうち一三九が過疎地域市町村の指定を受けることになる。(6)

自衛隊の活動をこのような社会経済的コンテクストに置いてみると、地方での自衛隊の活動には、中央政府と自治体の支援が届かない分野において、住民への公的なサービスを補完するという意義があったこと、そして、自衛隊が「国民のための自衛隊」として発展したのは、まさにこのようなサービスの提供を通じてであったことが明らかになる。以下で具体的な例を見てみよう。

## 2　民生支援

まず、「民生支援」あるいは「民生協力」と呼ばれる活動がある。これは文字通り、国民の生活を支援するための活動であり、再軍備間もない頃に始まった。交戦権の否定、戦力の不保持を定めた新憲法のもとで法的に曖昧な立場に立たされた自衛隊は、その存在意義を社会に証明するひとつの手段として民生支援を使った。また、住民の側は、「民生支援」を通して日常生活のレベルで自衛官と接することで、自衛隊が「国民の自衛隊」として活動していることを認識した。

再軍備開始時の一九五〇―六〇年代、民生支援の中心的活動は、インフラ整備に関する事業であり、道路建設などの土木工事を中心に整地、除雪、通信線の敷設などが行われた。自衛隊の提供するこれらの事業は、先の戦争によって壊滅的な被害を受けた自治体、そして、財政的な問題を抱えた地方の自治体にとって非常に魅力的であった。

これらインフラ整備に関する事業の法的根拠は、一九五四年制定の自衛隊法第一〇〇条である。ここでは、事業の実施が「訓練の目的に適合する場合」、「国、地方公共団体」からの委託を受けることができるとされている。「訓練の目的に適合する場合」とは、すなわち、当該の活動が大型車やクレーン車の運転など特殊な技術を必要とし、その事業を行うことによって自衛官の技術向上が期待される場合である。自衛隊による事業は、「訓練の目的」で行われたため（つまり利潤追求が第一の目的ではなかったため）、料金は民間業者のそれと比較すると良心的であり、そのため、一九五〇―六〇年代を通じて多くの自治体が自衛隊に事業の委託を行った。

実際の受託件数であるが、保安隊時代の一九五三年度には全国で六一件の事業を実施している。この数は、一九五五年度に一二四件、一九五七年度に一七三件、一九五九年度に三〇〇件へと増加していった。[7] 北海道の自治体は、この制度を最大限に活用しており、例えば、一九五五年度の全事業一二四件の内、約三分の一は北海道の北部方面隊によって実施された。[8] 別の資料によると、一九六〇年一〇月一日から一九六一年九月三〇日までの一年間で、北部方面隊では一〇七件の事業を引き受けている。[9]

北海道における民生支援事業を検証するとき、印象的なのはその件数だけではなく、多様な住民のニーズに対応した活動の幅である。例えば、旭川市であるが、ここは、戦前は帝国陸軍第七師団が置かれ、戦後は現在に至るまで陸上自衛隊第二師団の司令部を擁する「軍都」だ。自衛隊は、この街で活発なインフラ整備のための活動を行った。『旭川市史』によると、これらには、道路の新設・改良、側溝の改修、校庭の整地、幹線道路の除雪、橋の応急復旧工事、農業用発電所の建設、国民体育大会関連の土木工事など実に多彩な活動が含まれていたこと、また旭川市だけではなく、滝川町や上富良野町、江丹別村など近隣の自治体からも依頼があったことが分かる。[10]

同様の活動は、基地の規模にかかわらず、自衛隊の駐屯する他の市町村でも行われた。道東の鹿追村（現在は鹿追町）では、一九五七年、積極的な誘致運動の末、鹿追駐屯地が開設されるとただちに、道路・橋梁補修やグラウンド整地を自衛隊に委託している。一九五八年度には、これらの事業のために延べ六三七人の自衛官、ダンプカーやブルドーザーを含む、延べ一三九三台の機動力が動員されている。[11] 鹿追の当時の人口が一万人あまり（一九五五年の国勢調査による）であったことを考慮すると、自衛官による労働力提供の重要さが理解できるであろう。

## 3　災害派遣と基地誘致運動

自衛隊が市民社会のために行ったもう一つの活動が、災害派遣だ。これについては、二〇一一年の東日本大震災に見るように、現在でも継続されており、自衛隊の主要な活動の一つだ。大規模な自然災害から国民の生命を守るという点において、「国民」理念の最も直接的な実践であると言える。災害派遣は再軍備の初期、保安隊の時代から行われており、自衛隊法第八三条において、都道府県知事は、災害の際、「人命又は財産保護のため」自衛隊派遣を防衛大臣に要請することができる、と法的根拠が与えられている。

北海道の自治体は、民生支援と同様この制度も大いに活用した。一九五一年度からの一〇年間、自衛隊は全都道府県に対して計一〇五八回の災害派遣を行ったが、その内二〇七回は北海道からの要請であった⑫。この間、北海道は十勝沖地震(一九五二年)、洞爺丸台風による岩内大火(一九五四年)、チリ地震(一九六〇年)などの歴史的な大災害を体験し、自衛隊はその度に災害派遣を行った。

もちろん、北海道の自治体は、小規模災害の際にも自衛隊による支援を積極的に要請している。自治体編さんによる地方史、北部方面隊の広報紙『あかしや』などには、全国的なニュースにはならないが、地元市民の日常生活においては大きな意義を持ったであろう数多くの活動が記されている。例えば、道北の名寄では、一九五五年の豪雨の際、避難に遅れた住民の救助のため九〇〇名の自衛官が派遣され、また、一九六〇年、小児麻痺が集団発生した際には、症状の重い子供たちが自衛隊のヘリコプターで旭川の赤十字病院へ搬送された⑬。この他にも、自衛隊への救援・救助要請は、地震、火災、山林火災、水害、火山噴火、病人・怪我人発生時など、様々な種類の災害及び緊急事態の際になされている。病人・怪我人の搬送など、一刻を争う事態には、地元の住民や警察が駐屯地へ直接連絡し助けを求める場合も少なくなかった。

このような災害や緊急事態においては、本来なら自治体の管理する消防機関が救助・救援の役割を果たすはずなのだが、財政基盤の弱い地方の町村では消防制度の整備は遅れ、北海道で全市町村の消防常備化がようやく達成されたのは一九七四年であった⑭。一方、自衛隊による災害派遣は一九五〇年代の初頭から制度化されており、北海道の多くの住民にとって災害や緊急事態の際に頼れるのは、自治体ではなくむしろ自衛隊だったのだ。

再軍備が始まった一九五〇年代以降、旭川、帯広をはじめ、名寄、上富良野、倶知安、鹿追、滝川、幌別、美幌などの自治体が基地誘致運動を行ったが、これは、以上見てきたような、自衛隊が自治体にもたらす利益を考慮すると理解できる。これらの自治体は、安全保障よりはむしろ社会経済の領域において、自衛隊を「国民のための自衛隊」として見ていたと言える。中央政府が都市の工業化に重点を置き、都市への地方の従属が修復不能なレベルにまで進みつつあった高度成長期、北海道のこれらの自治体、そして、自衛隊基地を誘致した日本各地の自治体にとって、自衛隊とは、ごく身近に存在し、住民の社会生活に必要なサービスを提供してくれる重要な公的組織であったわけだ。

さらに言えば、基地誘致で自治体が手に入れることができたのは、民生支援と災害派遣だけではない。基地の規模にもよるが、まとまった数の自衛官とその家族の転入は、人口増加につながり、また、彼らを対象としたビジネスの発展も期待できる。例えば、滝川町が、一九五二年の滝川化学工場の操業停止のあと、工場跡地への日本油脂の誘致失敗を経て、保安隊駐屯地の誘致へと動いたのは、自治体が自衛隊を経済活性化のための選択肢として見ていたことを示す典型的な例である。ちなみに、滝川町では、一九五五年、二〇〇〇人以上の自衛官と家族が移住してきたことにより、人口が三万人を超え市政を実現させている。⑮

## 二　反基地運動という危機

### 1　恵庭事件

ここまで見てきたのは、「国民」という理念にもとづいた自衛隊の活動が、地域住民の生活向上に寄与した例である。しかし、すべての住民が自衛隊を支持したと結論づけるのは早急だ。一九五〇年代から一九六〇年代にかけて平和・反戦運動が興隆したとき、自衛隊とその軍事演習も激しい批判の対象となった。自衛隊側からすれば、軍事演習の目的は有事（特に仮想敵国であるソ連による侵略）の際、国民を速やかに効果的に保護できるよう自衛官を育成することであり、したがって、軍事演習と「国民」理念との間に何ら矛盾はなかった。これとは対照的に、基地の町で実際に軍事演習に接する住民たちにとっては、絶え間ない爆音や生活環境の破壊を伴うこの活動は、軍事組織に内在する暴力と残忍性の体現であり、到底受け入れることはできなかった。北海道は反自衛隊運動の拠点の一つであり、日本の戦後史において最も有名な二つの反自衛隊の運動はこの地で起こった。自衛隊が国民に対して様々な支援活動を行っていた同じ場所が、反自衛隊運動の舞台となったというのは奇異に聞こえるかもしれないが、自衛隊と市民社会との物理的な距離の近さは、軍事組織の持つ二面性を強く認識させることになったのだ。

一つ目は、恵庭《えにわ》事件である。恵庭町（現恵庭市）は札幌近郊に位置し、ここの北恵庭駐屯地は、警察予備隊の時代、町による誘致の末に北海道初の駐屯地として開設された。事件は、この町で酪農を営んでいた野崎家の二人の兄弟が、一九六二年一二月、隣接する陸上自衛隊の島松演習場（北海道大演習場の一部）において通信線を切断したことに端を発する。同月二四日、北部方面隊は告訴状を提出、翌年三月七日、札幌地方検察庁は野崎兄弟を自衛隊法一二一条（「自衛隊の所有し、又は使用する武器、弾薬、航空機その他の防衛の用に供する物を損壊し、又は破壊した者は、五年以下の懲役又は五万円以下の罰金に処する」）違反で起訴した。この事件は、当初は単純な刑事事件として処理されると見られていたが、札幌地裁で公判が始まると、検察側が意図していなかった方向へと進んでいく。野崎兄弟と弁護人は、自衛隊が憲法九条でその保持を禁じられた「戦力」に当たるため違憲であり、したがって、自衛隊法も無効であると主張し、これにより、本件が「憲法裁判」として注目されることになった。

検察側は、自衛隊は「戦力」ではなく「防衛力」であり合憲と反論した。これに対して弁護人は、国民の平和を守るべき「防衛力」が、いかに野崎兄弟の日々の生活を破壊してきたか、つまり、「国民」理念とその実践との間にいかに大きな乖離があるかを強く訴えた。陳述から明らかになったのは、彼らが爆撃演習によって引き起こされる激しい騒音に一九五〇年代から悩まされ続け、これにより、家族は健康を害し（母は公判中の一九六四年に死亡する）、家業である酪農は大きな経済的打撃を受けたということであった。兄弟は、自衛隊に対し繰り返し抗議を行い演習の中止を求めたが、自衛隊側から満足のいく回答を得られることはなく、演習は継続した。自衛隊は、事件の当日も双方の合意に反し野崎兄弟に事前通達することなく演習を行っていた。兄弟は北恵庭部隊の責任者に面会し、演習の中止を要請したが、聞き入れてはもらえなかった。自らの生活を守る最後の手段として、彼らは自衛官の目の前で通信線を切断、次の日にも演習所内の別の通信線を切断したのだった。[16]

この裁判において弁護側は、憲法の前文、第九条及び第一三条（幸福追求権）などの総合的解釈を通じ「平和的生存権」という権利を概念化し、憲法で保証されたこの国民の権利を自衛隊が蹂躙していると主張した。自衛隊の違憲性を主張する議論は、再軍備の初期から存在したが、国民の生活及び生命の破壊という視点からこの点を主張する動きが加速するのは、この恵庭裁判を通じてであった。これに関しては、星野安三郎や深瀬忠一（恵庭裁判弁護団の一人でもあった）といった法学者の努力によるところが大きく、彼らは、主に外交及び国際関係の枠組みの中で捉えられがちであった「平和」という概念を、国民一人ひとりの日常生活と密接に結びついた基本的人権のひとつとして再定義し、高まりつつあった日本社会の軍事化に警鐘を鳴らした。[17] 平和的生存権と自衛隊との両立不可能性という弁護側の主張は、「国民」福祉への貢献を強調することによって自らの正当性を主張してきた自衛隊に対する、基地の町の住民からの挑戦にほかならなかった。

一九六七年、札幌地裁において裁判官は、野崎兄弟の切断した通信線が、自衛隊法に定める「その他防衛の用に供する物」には当たらないと判断、被告の無罪を言い渡した。弁護側がその証明に尽力した、自衛隊の違憲性、軍事組織の存在と国民の平和的生存権との矛盾という問題には一切触れなかった。これは、本件を単なる刑事事件として扱うことを望んでいた検察側の意図と一致するものであった。その一方で、野崎兄弟と弁護団にとっては、被告の無罪判決が出たとはいえ、大いに失望させられる結末であり、判決後の記者会見において兄弟は裁判所への不満を表明した。

## 2　長沼ナイキ事件

しかし、基地周辺の住民による自衛隊の批判は、さらに勢いを増していく。恵庭裁判の判決からまだ間もない一九六八年、長沼ナイキ事件が起こった。ことの始まりは、国が「ナイキ」というアメリカで開発された地対空ミサイルの基地を、恵庭からそれほど遠くない長沼町に建設しようと計画したことであった。基地建設に町長は同意、町議会も条件付きで同意したが、必要な土地の確保のため馬追山《まおいやま》の国有保安林指定の解除予定が告示されると、地元の農民たちから激しい抵抗が起こった。折しも一九七〇年の安保更新を控えて日本全国で左右の対立が激化しており、長沼にも基地賛成派、反対派が町外から続々と流れ込んだ。二度の聴聞会は大混乱に陥ったが、一九六九年七月、農林大臣は森林法に基づき国有保安林指定の解除を告示した。これを受けて、反対派住民一七三名が札幌地裁に「保安林指定解除処分取り消し」の訴訟を起こし、同処分の「執行停止」の申し立ても行った。⑱

この事件に関しては、札幌地裁の所長であった平賀健太が福島裁判官に対し、国の決定を尊重するよう指導した「平賀書簡問題」や、福島裁判官が「執行停止」の申し立てを認めたことに対する国側からの即時抗告など、複雑な要素が絡みあっており、その詳細をここで論じるのは困難である。しかし、本章において最も重要なのは、「保安林指定解除処分取り消し」の訴訟において、長沼住民がいかに国民の平和的生存権を主張したかに注意を払うことである。

恵庭事件の野崎兄弟が被告として自らの無実を証明することを迫られたのとは対照的に、今回は住民が原告であり、彼らは当初から憲法の平和主義と自衛隊の違憲性を前面に打ち出した。国は、ナイキ基地は国の防衛を担う施設であり、本施設建設のための国有保安林指定解除には「公益上の理由」があると反論した。一方、原告は、専門家の証言などを根拠に、軍事基地建設は「公益」には当たらず、これがいかに住民の平和的生存権の侵害につながりかねないかを具体的に説明した。住民が特に危惧したのは、ミサイルの誤発射による事故の可能性、ナイキが核ミサイルとして使用される可能性、戦争勃発時、ナイキのような高度な戦闘力を備えた基地が敵からの標的となってしまう可能性、そして、この基地によって、北海道が日米両軍による軍事戦略にさらに強固に組み込まれる可能性であった。当時は、東西冷戦真っ只中、しかも、北海道は冷戦の最前線であり、長沼住民にとって、軍事基地と核戦争にまつわる恐怖は、我々が今想像できる以上に切実かつ現実的であった[19]。恵庭事件の場合、自衛隊の活動による被害がすでに存在していたのに対し、長沼住民が指摘したのは、基地建設によってもたらされうる未来の被害であり、よって、これを証明するのは容易ではなかったが、彼らは、多様な潜在的被害を「平和的生存権」の侵害として統一的に提示した。

一九七三年九月、福島裁判長は、保安林指定解除と基地建設が住民の平和的生存権を脅かしかねないこと、自衛隊が憲法の禁じる戦力であることを認めた上で、自衛隊基地建設が日本国憲法のもとでは「公益性」を持たないと判断し、保安林指定解除の取り消しを命じた。原告側の主張が概ね受け入れられたのだ。これは、現在にいたるまで、自衛隊を違憲とした唯一の司法判断であり、この意味において歴史的である。しかし、原告と彼らの支援者が喜んだのも束の間、国は控訴、一九七六年、札幌高裁は一審の判決を覆した。ここでは、裁判規範としての平和的生存権は否定され、また、自衛隊の違憲性に関しては、高度な政治的問題には司法が介入すべきでないという「統治行為論」をもとに、その審査は回避された。長沼住民は上告したものの、一九八二年、最高裁はこれを棄却した。すでに保安林が伐採され代替施設が建設されていることから、長沼住民はもはや「訴えの利益」を有しないと最高裁は判断したのだ。ここに一九六九年から続いてきた長い裁判が終結し、軍事基地は既成事実と化し運営を続けていくことになった。

恵庭・長沼両裁判の結果だけを見れば、野崎兄弟と長沼住民が敗北し、自衛隊の正当性が再確認されたと結論づけることが可能かもしれないが、ことはそう単純ではない。というのも、これら二つの裁判以外にも、米軍立川基地の滑走路拡張に反対する砂川闘争、航空自衛隊の基地建設反対運動の過程で起こった百里闘争に代表される反基地運動が、一九五〇年代の終わりからすでに注目を集めており、恵庭・長沼両事件が生起するに至って、軍事組織と市民社会との軋轢、いわゆる「基地問題」は、深刻な社会問題として認識されるようになったからだ。これらの反基地運動は、自衛隊がいかに「国民のための自衛隊」としてその恩恵的な側面を強調しようとも、基地の町の住民の一部にとっては、それは実態を伴わない空虚なイデオロギーでしかないことを日本社会に知らしめ、それゆえ、自衛隊（あるいは、米軍も含む軍事組織全般）と国民との関係を根本から揺るがしかねない危険性をはらんでいた。

同時に、反基地運動が高まった一九六〇年代は、アジアにおいて冷戦が激化する中、国が日米同盟と自衛隊のさらなる強化を推し進めていた時期でもあった。この動きは岸政権による安保条約改定で本格化し、佐藤政権で頂点に達する。憲法の制約によりベトナムへの直接派兵は行わなかったものの、佐藤政権は米軍による北爆を支持し、日本国内の米軍基地は戦場への中継基地としての重要性を高めた。一九六六年には、第三次防衛力整備計画が閣議決定され、兵力の増強と近代化が目標とされた。このような状況下で国は、何としてでも反基地運動の拡大を食い止め、「国民」という理念を再強化する必要に迫られていたのだ。

## 三　「国民」理念の再強化へ向けて

### 1　周辺整備法と「基地公害」

国による基地と市民社会との関係改善への努力に関しては、防衛施設庁の存在を忘れてはならない。防衛施設庁は、一九六二年一一月、既存の二つの組織、調達庁と防衛庁建設本部を統合する形で設立された。前者が、駐留米軍と日本国民との間の紛争（米軍によって接収された土地や、米軍人・軍属による事故・犯罪などをめぐる紛争）を仲介する役割を担っていたのに対し、後者は、自衛隊基地のための土地の確保や施設の建設を目的としていた。一九六〇年の安保条約改定により日米両軍の協力関係が進化するのにともない、基地問題の包括的な対処を望む声が政府内から起こり、これが両組織の統合につながった。これ以降、防衛施設庁は、基地問題の軽減、国民からの信頼回復のために積極的な介入を行い、様々な事業に着手していくことになる。

防衛施設庁による介入政策の基本は、基地周辺市町村へ向けた救済・支援の強化であった。それまでは、米軍によってもたらされた被害に関しては「特別損失補償法」（一九五三年）のもと補償が行われ、また、自衛隊によってもたらされた被害に関しては個別に対処されていたが、これらの主眼はあくまで被害者個人の救済であり、基地周辺の自治体全体を対象に措置を講じるという意識は希薄であった。しかし、基地問題が全国で逼迫し、被害者が膨大な数にのぼることが明らかになるにつれ、基地周辺市町村は連帯意識を強め、さらなる基地対策を求めて政府に働きかけた。これを受けて、一九六六年、「防衛施設周辺の整備等に関する法律」が制定された。この法律は、その目的を「関係住民の生活の安定及び福祉の向上」と明記していることからも分かるように、被害者の集団性、つまり、被害者がもはや単なる個人の寄せ集めではなく、基地周辺自治体の「関係住民」として保護を必要とする固有の集団であることが認識されている。

この点において重要なのは、この法律が障害の防止対策（例えば、公共施設の防音工事）と損失補償に加えて、「民生安定施設」整備のための助成について規定した点である。第四条によると、「民生安定施設」とは、基地の運営によって住民の生活または事業活動が阻害されている場合、その緩和のために必要とされる「生活環境施設又は事業経営の安定に寄与する施設」であり、当該市町村に対しその整備に関わる費用の一部を補助する、とされた。「民生安定施設」とは、あまり耳慣れない言葉かもしれないが、実際の整備事業においてはかなり広義に解釈され、この名の下に、市民生活において必要不可欠な、上下水道、ゴミ焼却場、消防署、公園といった多様な施設を当該自治体のニーズに合わせて建設することができた[20]。周辺整備法が制定された一九六〇年代半ばには、被害者個人を対象とした施策では基地問題軽減が不可能であることはすでに自明であり、国は、救済・支援の事業を市町村というより大きな単位へ拡大することで、反基地運動の連鎖的拡大を阻止し、軍事組織に対する国民の信頼を再構築しようとした。

しかし、周辺整備法でもってしても基地周辺住民の不満を完全に解消することはできず、関係団体からは批判が続出した。基地周辺市町村を会員とする防衛施設周辺整備全国協議会は、さらなる民生安定のための対策、特に防音対策補助の民間施設及び一般住宅への拡大、騒音の激しい地域からの集団移転の補償の充実を強く要求した。全国基地協議会は、国の支給する基地交付金の増額も求めた。非課税である基地からは固定資産税による税収を見込めないため、基地交付金はその代替とされていたが、これがあまりに少額すぎて現実を反映していないと主張したのだ[21]。一九六八年、防衛施設周辺整備全国協議会の副会長であった神奈川県大和市長石井正雄は、朝日新聞の取材に対し、基地という制度が「住民に忍従をしい」「犠牲の上に立って運営されている」と痛烈に批判、単に「直接の損失を補償するという基本理念から改めるべき」で、「ヒモ付き財源」ではなく、「地方自治体が民生安定のため自由に使える金を出せ」と主張した[22]。石井がこのようにかなり激しい言葉で政府を糾弾した背景には、同じ国民でありながら基地周辺の住民のみがあまりに重い負担と責任を負わされていた、という事実があったことを忘れてはならない。

ここで興味深いのは、基地対策の改善を求める当時の言説において、基地問題はしばしば公害問題の一つと捉えられていた点である。基地問題が議論されていた一九六〇年代後半、産業公害によって引き起こされた水俣病やイタイイタイ病が国民的な関心を集め、経済成長へとひたすら突き進む国と企業のあり方が強く批判にさらされていた。このような状況下で「基地公害」という言葉がメディアに現れ、基地対策の拡充を求める人々は、基地問題と産業公害問題との共通点、つまり、両者ともに国民の健康を顧みない過剰な経済的・軍事的活動を原因とする人災である点を強調した。政府・自民党と経済界にとって、基地と企業が戦後日本に平和と繁栄をもたらしたことは疑う余地がなかったが、その一方で、国民は両者に対する懐疑的態度を深め、これは、戦後日本の政治経済制度、さらに言えば、日本の近代化そのものに対する異議申し立てであった。

実際、一九六〇年代末、公害紛争処理法(一九七〇年制定)の内容が調整されていた際、「基地公害」もこの法律で取り扱うべきだという案が活発に議論されたが、国民の安全を守り、国を防衛するための基地を公害と見なすことには防衛庁と自民党からの強い反対があり、結局実現はしなかった[23]。しかし、「基地公害」という言説の浸透は、周辺整備法が軍事基地と周辺住民との調和実現という当初の目的を果たしておらず、新たな法整備が早急に必要とされていることを改めて国に認識させたのだった。

## 2　環境整備法

これを受けて周辺整備法を改正する形で制定されたのが、「防衛施設周辺の生活環境の整備等に関する法律」、いわゆる「環境整備法」(一九七四年)である。この法律では、損失補償と被害防止に関わる従来からの対策に加えて、基地周辺市町村からの要求に応え、防音工事助成の一般住宅への拡大や移転先の地における公共施設整備の助成についても規定するなど、その内容は周辺整備法と比べかなり踏み込んだものとなった。中でも特筆すべきは、「特定防衛施設周辺整備調整交付金」(第九条)の導入である。ジェット機の発着する飛行場、砲撃・射爆撃の行われる演習場などの軍事施設が周辺の生活環境に影響を及ぼしていると国が判断した場合、周辺市町村は、「特定防衛施設関連市町村」としてこの交付金を受け取り、公共施設の整備に充てることができるようになった。この交付金は、周辺整備法ですでに制度化されていた「民生安定施設」のための助成金とは別に交付されるもので、その使途に関しては後者と比しても制限が緩やかで、公共用の施設の整備が目的であればかなり自由に使うことができた。基地周辺市町村が強く望んできた「ヒモ付き財源」ではない交付金の登場だ[24]。

この法律において、再軍備の初期から自衛隊が掲げてきた「民生」(＝国民の生活)という理念に加えて、「環境」という新たな理念が登場したことは記憶しておくべきだ。もちろん、これは、産業公害の悪化、過密や交通渋滞、地価の高騰といった都市問題の噴出に直面し、戦後日本が目標としてきた経済成長の負の帰結が誰の目にも明らかになる中、国民の生活維持には周囲の環境の適切な保全が必要不可欠である、という基本的な認識が日本社会で共有されるようになったことを受けている。民間企業だけではなく、国の安全保障を担う防衛庁・自衛隊でさえもこの認識を前提として活動することを期待され、また、自らが環境の改善に積極的に取り組んでいること、社会意識の変化に素早く対応していることを示すことで、国民の理解と支持を得ようとした。つまり、「環境」とは、高度成長が終盤に差しかかり、国民の関心が単なる物質的豊かさから持続可能な発展へと移りつつあったとき、軍事基地(自衛隊基地、米軍基地ともに)維持のために国が採用した(あるいは、採用せざるをえなかった)きわめて現代的な理念であったわけだ。

環境整備法の制定にともない、防衛施設庁は基地周辺自治体の調査を開始、一九七四年度(一九七五年三月)には九四の自治体が「特定防衛施設関連市町村」と指定された。これらには、かつて恵庭事件の舞台となった恵庭市の他にも千歳市(千歳飛行場)、三沢市(三沢飛行場・対地射撃場)、富士吉田市(北富士演習場)、立川市、福生市(ともに横田飛行場)、大和市(厚木飛行場)、岩国市(岩国飛行場)、佐世保市(佐世保港)、名護市(キャンプ・ハンセン)、宜野湾市(普天間飛行場)など、北海道から沖縄までの様々な基地周辺自治体が含まれていた。指定自治体の数は、一九七五年度には一〇五に増加、一九八九年度には一一二に達する。五億円で始まった特定防衛施設周辺整備調整交付金の予算は、一九七五年度には三〇億円、一九八〇年には一〇一億円と急速に増加していく[25]。

環境整備法が基地と周辺住民との関係改善に貢献したことは確かである。しかし、この法律と防衛施設庁による関連事業を通じて国が行ったのは、あくまで経済的支援の強化であり、被害の原因となっている問題の完全な除去ではない、ということは指摘しておきたい。周辺整備法、環境整備法という一連の法整備を通じ、国は基地に批判的な自治体懐柔のため多額の予算をつぎ込んだが、これは、基地問題を主に経済的問題へと転換し、交付金と引き換えに自治体に基地の承認を求めることを意味した。つまり、基地周辺の住民を基地のもたらす経済的利益の直接的・間接的受給者にすることで、軍事基地と軍事活動に対する組織的な批判・抵抗を困難にし、基地を日常生活の一部として受け入れざるをえない社会構造を作り上げようとしたわけだ。恵庭や長沼など、一九六〇年代の反基地運動は国民の平和に生きる権利に訴え基地批判を展開したが、国側が提示した問題解決（あるいは、問題軽減）のための施策は、これとは大きく異なるものであった。

## 四　「国民のための自衛隊」の現在

以上、一九五〇年代から一九七〇年代までの自衛隊と市民社会との関係を戦後の社会史の枠組みの中で見てきたが、現在の両者を取り巻く環境は当時とは大きく変わっている。経済成長も冷戦も今や過去のものである。しかし、本章での議論は、現在の自衛隊と市民社会との関係を理解する上でも重要である。

まず、現在においても、少なくない自治体が自衛隊基地の存続を経済的な観点から強く希望している。この傾向は、一九九〇年代以降日本経済が長い不況に陥り、地方の過疎化が加速しはじめてからむしろ強まっていると言えるかもしれない。冷戦が終結し、自衛隊が長く仮想敵国としてきたソ連が消滅した後の一九九五年、政府は、約二〇年ぶりに行われた「防衛計画の大綱」見直しにおいて、地方の自衛隊駐屯地と部隊の縮小・統廃合を決定、この流れの中で、冷戦時は戦略的に重視されていた第五師団（帯広）及び第一一師団（札幌）の旅団化と定数削減の方針が伝えられた。この決定は自衛隊基地を擁する地方の自治体に衝撃を与え、美幌町をはじめとする第五師団管内の市町村は、陸上幕僚監部に対し旅団化反対の陳情書を提出した。また、全国各地、五〇以上の自治体の首長も基地削減に反対を表明した[26]。削減の対象とはならなかった基地周辺の市町村においても危機感は共有され、例えば、第七師団の拠点である千歳市は、自衛隊の体制維持を求める運動を市ぐるみで展開した[27]。これらの自治体にとって、自衛隊の削減は、数百人から数千人規模の人口を一気に失うこと、自衛官による消費活動が期待できなくなること、基地関連の交付金が削減されることを意味し、自治体の存続に関わる根本的問題であったのだ。

同時に、自衛隊基地誘致の運動も引き続き存在している。人口の自然増も社会増も見込めなくなった自治体にとっては、たとえそれが数百人程度の小規模の移駐であったとしても、基地誘致は確実な人口確保のために自治体が行える数少ない対策の一つだ。例えば、高知県香我美町（現香南市の一部）は、安芸市との誘致合戦に勝利し、二〇一〇年、陸上自衛隊普通科連隊の移駐を実現させた。徳島県那賀川町（現阿南市の一部）では、二〇〇〇年代の初めから基地誘致運動を正式に開始し、二〇一二年には徳島駐屯地が創設された。最近では、沖縄県の与那国島での基地誘致運動が記憶に新しい。この誘致運動は、基地の経済効果を主張する賛成派と米軍のアジア戦略に巻き込まれることを恐れた反対派で町が二分されたこと、また、賛成派であった外間町長が国に対し高額な「迷惑料」の支払いを要求したことで注目を集めた。最終的には、町と防衛省の間で妥協が図られ、二〇一六年、与那国駐屯地の開設に至った。これは、基地による経済活性化を期待する自治体と、戦略的な観点から基地の設置に同意した国側との思惑が一致した例である。

一方、環境整備法などを通じた国側の努力にもかかわらず、基地問題（あるいは「基地公害」）の根本的解決には未だ至っていないのも事実である。横田基地、厚木基地、岩国基地、嘉手納基地周辺における航空機による騒音問題に関しては、基地周辺の多数の住民を原告とした集団訴訟を通じて粘り強い抵抗が続いている。第九次横田基地訴訟においては、この原稿を準備していた二〇二一年一月、最高裁が原告一四四人の上告を退け、過去の被害に対する賠償一億二〇〇〇万円のみを認めた高裁の判決が確定した。

現在においても収束することのない基地に対する異議申し立ては、戦後日本が安保体制のもとで目指してきた、軍事基地・軍事組織と市民社会との共存がいかに困難であるかを示している。特に高度に都市化され人口の集積する場所において大規模な軍事活動が行われている場合、住民の平和的生存権が脅かされるのは必然のようであり、原因となる活動の大幅な縮小、あるいは完全な停止なくして周辺住民との調和はほとんど不可能のように思われる。本章で見てきたように、自衛隊は、基地の町に住む多くの住民にとっては、「民生」を支援しその安定に寄与してくれる大切な組織であり、この意味において「国民」の自衛隊である。しかし、一九六〇年代の終わり、当時の大和市長石井正雄が喝破した基地問題の本質——基地という制度が特定の住民に忍従をしい、彼らの犠牲の上に成り立っている——は、五〇年以上経った今でも変わっているようには見えない。「国民」とは抽象的な理念であると同時に、生活に関する多様な、ときに互いに対立しあう要求と欲望を持った具体的な個人の集まりでもある。自衛隊がすべての国民にとって「国民」の自衛隊となること、そして、国民が軍事基地と共存することは果たして可能なのか、私たちは未だ明確な答えを見出せてはいないようである。

（1）　スキャブランド「「愛される自衛隊」になるために——戦後日本社会への受容に向けて」（第六章）田中雅一編著『軍隊の文化人類学』風響社、二〇一五年。自衛隊の社会統合に関しては、同書所収のサビーネ・フリューシュトゥック（第一章）、福浦厚子（第二章）、河野仁（第三章）、エヤル・ベン＝アリ（第九章）による論考も有用である。

（2）　「軍事化」という概念と実践に関しては、シンシア・エンローが詳細に論じている。シンシア・エンロー／佐藤文香訳『策略——女性を軍事化する国際政治』岩波書店、二〇〇六年。

（3）　自衛隊と市民社会に関するより詳細な議論は、以下の拙著を参照していただきたい。Tomoyuki Sasaki, *Japan's Postwar Military* and Civil Society: Contesting a Better Life, Bloomsbury, 2015.

（4）陸上幕僚監部総務課文書班隊史編さん係『警察予備隊総隊史』防衛庁陸上幕僚監部、一九五八年、一三頁。
（5）槇智雄『防衛の務め』甲陽書房、一九六八年。
（6）北海道編『新北海道史』第六巻通説五、北海道、一九七七年、一四一一頁。
（7）防衛庁自衛隊十年史編集委員会編『自衛隊十年史』大蔵省印刷局、一九六一年、三六一頁。
（8）『朝雲』一九五六年一二月六日、二頁。
（9）『北部方面隊』北部方面総監部、一九六一年、六頁。
（10）旭川市史編集委員会『旭川市史』第二巻、旭川市役所、一九五九年、八六八—八六九頁。
（11）鹿追町史編纂委員会『鹿追町七十年史』鹿追町役場、一九九四年、八四一—八四二頁。
（12）前掲注（7）防衛庁自衛隊十年史編集委員会編 一九六一年、三五六—三五七頁。
（13）名寄市史編さん委員会『新名寄市史』名寄市、二〇〇〇年、六八四頁。
（14）前掲注（6）北海道編 一九七七年、一八一頁。
（15）滝川市史編さん委員会編『滝川市史』続巻、滝川市、一九九一年、六二七—六三〇頁。
（16）公判の詳細は以下を参照。恵庭事件対策委員会『恵庭事件自衛隊法違反公判記録』その一・二—一一、北海道平和委員会、一九六四—六七年。
（17）深瀬は、一九六七年一月一三日、第三五回公判の最終弁論で憲法の平和主義について詳しく述べている。この弁論は、『公判記録』その一〇及び以下に所収。深瀬忠一『恵庭裁判における平和憲法の弁証』日本評論社、一九六七年。星野による議論は以下を参照。星野安三郎「平和的生存権序論」小林孝輔・星野安三郎編著『日本国憲法史考』法律文化社、一九六二年。
（18）林武『長沼裁判——自衛隊違憲論争の記録』学陽書房、一九七四年、一二—二七頁。
（19）長沼事件の公判記録は以下を参照。長沼事件弁護団『長沼ミサイル基地事件訴訟記録』第一—七集、北海道平和委員会、一九七〇—一九七六年。
（20）防衛施設庁の歴史、及び周辺整備法に関しては以下を参照。防衛施設庁史編さん委員会編『防衛施設庁史——基地とともに歩んだ四五年の軌跡』第一章、防衛施設庁、二〇〇七年。
（21）『朝日新聞』一九六八年四月五日、一四頁。
（22）『朝日新聞』一九六八年一二月一九日、五頁。
（23）『朝日新聞』一九六九年二月二八日、二頁。
（24）環境整備法に関しては以下を参照。前掲注（20）防衛施設庁史編さん委員会編 二〇〇七年、第三章、及び「基地周辺対策の基本法について――防衛施設周辺の生活環境の整備等に関する法律」『月刊自由民主』二三三、一七八―一八三頁。
(25)　前掲注(20)防衛施設庁史編さん委員会編 二〇〇七年、一三二―一三五頁。
(26)『朝日新聞』一九九五年一一月二二日、二頁。第五師団は二〇〇四年に、第一一師団は二〇〇八年にそれぞれ旅団化され、自衛官の削減が行われた。
(27)「自衛隊が去る日」『広報ちとせ』九四七、二〇〇九年二月、二―五頁。

# 第6章

# 自衛隊基地と地域社会
## ――誘致における旧軍の記憶から

清水　亮

## 一　軍事基地と地域社会の歴史的関係性を問う

平和主義を掲げた戦後日本社会は、全体的には、軍事組織への強い忌避感があった。その一方で、自衛隊（前身の警察予備隊・保安隊）の駐屯地・基地を一九五〇年代に誘致し七〇年以上の長きにわたり、様々な問題を抱えつつもまがりなりにも受容してきた地域が各地にある[1]。一度は駐留軍以外の軍事力から解放された地域社会が、平和主義のもとで再び軍事基地を選んだのはなぜか。そのような地域社会にとって軍事基地とはどのような存在だったのだろうか。

自衛隊研究は、主に政治学が戦後政治・外交の研究から[2]、また社会学は組織内部の調査から[3]研究を重ねてきたが、基地を対象化した研究は相対的に少ない。基地（base）研究をみても、そもそも地域社会との関係性という問題設定は自明ではない。米軍基地の海外展開に関して「基地の政治学」は、基地の設置・撤収を決める国際的・国家的政策決定過程をシンプルな説明対象とし、比較も交え因果・メカニズムを解明する社会科学として成立している[4]。

海外の米軍基地の国際政治学的枠組みとは対照的に、米国内の自国軍基地研究は、軍事基地の地域社会に対する多面的影響を問う枠組みをもつ。歴史学・都市人類学が、基地による地域社会への政治・経済・社会・文化にわたる広範な影響を説明対象とする年代記・モノグラフを積み重ね、一世紀にわたるロングスパンでの俯瞰や、編著による複数都市のゆるやかな比較を試みている。[5] 日本国内の自国軍基地の研究としては、歴史学の「軍隊と地域」研究が「軍隊と地域社会との「相互関係」として把握することにより、両者の間の対立と妥協、相互利用など、地域の「主体性や関係の多様さを明らかにする」[6] 視座から二〇〇〇年代以降実証研究を蓄積してきた。ただ、あくまで旧日本軍を中心とする研究で、戦後の自衛隊の受容を正面から主要な説明対象とすることはほとんどない。[7]

戦後については、駐留外国軍の米軍基地の研究が、自国軍にあたる自衛隊基地研究よりも豊富だ。例えば環境社会学者の熊本博之は、辺野古地域が米軍基地移設を受け入れた合意形成過程を、沖縄戦や占領、基地による一時的活性化や治安悪化、条件闘争など「地域が歴史的に経験してきたさまざまな事象によって形成される」「地域の文脈」から説明している。[8] このように「地域の文脈」が基地の受け入れに作用する一方で、基地の影響によって「地域の文脈」自体も作られる。後者に比重を置けば、シンシア・エンローの「軍事化」[9] 概念を援用し、基地を単なる「迷惑施設」ではなく、「規範や思考、社会的関係性自体を組み替えていく権力装置」[10] と捉える見方もできる。

この「軍事化」の枠組みも念頭におきつつ、冷戦の最前線に位置する北海道の一九五〇―六〇年代頃を中心とした自衛隊基地と地域社会の関係性を問う研究が内外で現れてきた。[11] 一度受容されてしまった基地は容易に撤去できないことを考えれば、再軍備初期への着目は重要だ。ただ、いずれも北海道という事例の影響か、敗戦からまもない時期にもかかわらず、旧軍の経験・記憶や戦前・戦後の連続性にはほとんど記述が割かれていない。

戦前の記憶や社会構造の連続性も強い戦後再軍備初期の地域社会において、自衛隊基地はどのように認識・表象されたのか、その認識は軍事と社会の構造変動のなかでいかに変容していくのか。このように問う時、戦後の自衛隊基地誘致・駐屯を説明の焦点としつつ、戦前と戦後を往還する記述が有効だ。この意味で、本章は、自衛隊基地研究を、「軍隊と地域」研究の蓄積・視座と接続しつつ展開し、最終的には戦前と戦後というカテゴリー自体の問い直しと拡張を試みる。二―三節は、筆者の調査と先行研究に基づく茨城県南部の（つまり北海道や沖縄のような周辺地域ではなく首都東京の郊外に位置する）自衛隊基地のモノグラフである。

## 二　戦後なお「かつての軍都を夢みる」地域

### 1　旧軍用地・施設という空洞と、誘致における過剰な期待

まずは、旧日本軍基地の、戦前の軍用地化と、占領期の転用という、自衛隊（警察予備隊・保安隊）基地駐屯の歴史的文脈を確認しよう。旧軍の軍用地は、一九二〇年代以降に飛行機をはじめとした装備の近代化による飛行場建設や演習場の拡大および戦時中の増強・疎開から、おおよそ都市中心部から郊外化し面積も拡大していく[12]。そこで対立が生じたのは、主に開拓農民との間であった。明治以降に開拓されていった土地を開拓農民から買収した土地が少なく、すでに戦前から強い反対運動があった[13]。茨城県には広大な平地林があり、開拓が行われてきたが、「開拓の舞台は軍隊の側から見れば飛行場のための用地」でもあり、終戦までに陸海軍一五カ所もの飛行場が作られていく。日中戦争以後の旧軍用地の急拡大は、軍事的には、戦後の米軍基地・自衛隊にもつながる軍事化の「遺産」となり、社会的には、三〇〇〇平方キロメートル以上にのぼる旧軍用地転用過程が戦後社会の形成に大きく影響していく[14]。

敗戦後の旧軍用地は米軍基地化、あるいは学校や病院など公共施設への転用のほか、深刻な食糧難と引揚人口増加に対応して開拓地になった時期を挟むものも多い[15]。ここからは警察予備隊の誘致という選択肢をとるまでの茨城県阿見町の旧軍用地転用をみよう。一九二二年の霞ヶ浦海軍航空隊開設以来四半世紀にわたって海軍と強い経済的・社会的結びつきにあったこの地域は、「終戦により軍事関係の施設は空気の抜けたゴムまりのように文字どおり死の町と化した[16]」、あるいは「一時は新憲法に基く軍備放棄で根底からたたきつけられた軍事都市阿見には禄を離れた旧軍人

がお定まりのスクラップ漁りやヤミ稼業にうろうろしていた」「一時町財政の破たんを噂された」[17]という衰退に直面した。

その復興において重要な膨大な旧軍用地の転用先は、第一に、有償払下げによる、引揚者、元軍人、農家の次三男の開拓地だった。霞ヶ浦海軍航空隊飛行場跡地には開拓農業協同組合が組織され一二〇戸(うち引揚者五二戸)の農家が一九四六年に入植する。[18]第二の主要な転用先は教育施設であり、「平和国家に相応しい文教の街の建設」[19]が目指された。一九四五—四七年の期間に、旧軍用施設を転用して、私立霞ヶ浦農科大学、霞ヶ浦農業学校、常陽中学・高等学校が新設され、戦災で都市部から焼け出された茨城県立師範学校、日本体育専門学校(日本体育大学)が移転し、阿見町の新制中学校も第一海軍航空廠の寄宿舎を利用した。一九四〇年代後半に阿見町は、軍都色を払拭し、農業地域ないし文教都市として復興する過程を歩んでいた。敗戦直後には軍関係者の離散で人口が急減したにもかかわらず、警察予備隊移駐前の一九五〇年には町の人口は九一七〇人にまで回復し、一九四四年の人口一万五〇二人に迫っている。[21]

それにもかかわらず阿見町は、一九五〇年八月の警察予備隊創設から誘致運動をしている。当時の阿見町長丸山銈太郎(任期一九五〇年五月—一九五四年五月)は、警察予備隊創設のニュースを聞くや土浦市長とともに誘致運動を展開したが、水戸市と県が支援した勝田市に決まり、誘致競争に敗れた。[22]

おりしも旧軍転用地では都心部の復興に伴って再移転する教育施設が現れていた。土浦海軍航空隊跡地に入った日本体育専門学校は一九五一年に東京へ移転し、その付属校的な位置づけの常陽中学高等学校も廃校となり、茨城師範学校も転出した。この文脈のなかで誘致が続けられ、日体大跡地に土浦駐屯地が開設、一九五二年に保安隊武器学校が立川から移駐する。一九五〇年代をとおして進行し町村合併の前史となった地方財政の危機[23]の最中でも阿見町と土浦市は、わざわざ武器学校教職員住宅の建設を起債により請け負って誘致している。[24]のちの高度経済成長を予期していなかった時代において、警察予備隊・保安隊は工場や学校と同じく人口を増やし地域の「復興」に資する施設として認識されており、㉕しぶしぶ受け入れるような状況ではなかった。

政策的な背景をみても、隊員の数が急増した時期にあたっていた。四月二八日の独立と一〇月の保安隊への改編を見据えて、警察予備隊は、創設当時の七万五〇〇〇人から一九五二年五月に一一万人へと兵員数増員を決定した。㉖隊員補充でみても、創設時からの二年間の任用期間満了分も含め、一九五二年度には三万二〇〇〇名、一九五三年度には四万八〇〇〇名が入隊している。㉗

駐屯地開設が決まると土浦市に拠点を置く地方紙『常陽新聞』は、経済効果に関する報道を過熱していく（図1）。特に駐屯地に何人の人員がくるのかというトピックにはかなり注意を払っている。㉘さらに、武器学校の学生について「慰楽方面の費消が多い」「外食する者が多い」「給料取りであるので相当豊かな生活」「外出も自由で通常は十二時まで許可」「土、日曜は外泊も出来る」などと、その消費力へのやや過剰な期待が報道される。㉙他の地域でも、大学の学生の経済力が相対的に弱いことも理由に挙げて、学校を立ち退かせてまで警察予備隊基地を誘致した自治体もあったほど、㉚隊員の消費力は高く見積もられていたようだ。

昭和27年6月23日（月）
常陽新聞
阿見に予備隊景氣
早くも特飲街出現
土地は十倍家屋が二倍
塚新金物店

図1　「予備隊景気」を報じる『常陽新聞』(1952年6月23日)

このような期待のなかで、一九五二年八月三日に先遣隊が移駐し駐屯地が開設される。『常陽新聞』は、終戦記念日の一面トップ記事で、予備隊に関して、「終戦時の面影を一変」したと次のような認識を示している。㉛

まず阿見の予備隊移駐こそは終戦後の大きな変化の一つであらう。終戦による、日本軍隊の解散によつて軍隊寄生的だつた阿見、土浦は戦時中の経済的な痛手とともに火の消えた様になつてしまい、一部の人による軍物資の盗難が目立つた、その後豊富な旧軍建物を私マ

**図2**　荒廃した旧軍建造物
霞ヶ浦駐屯地開設の頃に撮影された．改修後は武器整備工場として利用された．
（陸上自衛隊霞ヶ浦駐屯地編『霞ヶ浦駐屯地三十年の歩み』霞ヶ浦駐屯地創設30周年記念写真集編纂委員会，1984年，27頁より）

用《マ》し学都としての再建を図ったが本年に至り俄然予備隊移駐決定によつてかつての軍都を夢みる人々は終戦後の空白をとりもどそうと本格的な受入れ態勢を整え始め、店舗の改装、土地の暴騰がみられとくに特飲街がいろめきたち五十数軒の二業地街は借金をしての新築または改装に懸命である爆撃され荒れるにまかせられていた阿見予科練あとには去る一日終戦後初めて日の丸がへんぽんと掲げられラッパが鳴り響き武器学校開設され……

戦前に軍隊により開発の進んだ地域の経験からみれば、基地が失われ経済的には戦前水準以下となった現在を、軍事化からの解放ではなく、剥奪感を伴った「火の消えた」「空白」として捉える解釈枠組みが、一定の説得力をもって流通するのも無理はない。まして「軍物資の盗難」のような犯罪は、敗戦直後はもちろん、一九五〇年代に入っても旧航空廠施設からの大規模なケーブル不正搬出事件など後を絶たない[32]。「空白」といっても旧軍用地は更地ではなく、荒廃した軍用施設が佇む「空気の抜けたゴムまりのよう」な、いわば空洞だった（図2）。

戦前は「軍隊寄生的」だったと自覚しつつも、高度成長期を知るべくもない人々にとって、空洞は「かつての軍都を夢みる」想像力で満たすほかない。復興の未来は、現在よりも豊かだった軍都としての繁栄の記憶から想像されるがゆえに、「補給処の設置となると戦時中以上の隊員が来るといわれ」「土浦―阿見間の電車線の復活など鉄道電車の新設が噂されこれも情勢によっては夢ではないだろう[33]」など現状を無視した過剰な期待が膨らんでいく。

## 2　軍隊による開発経験とその光と影の記憶

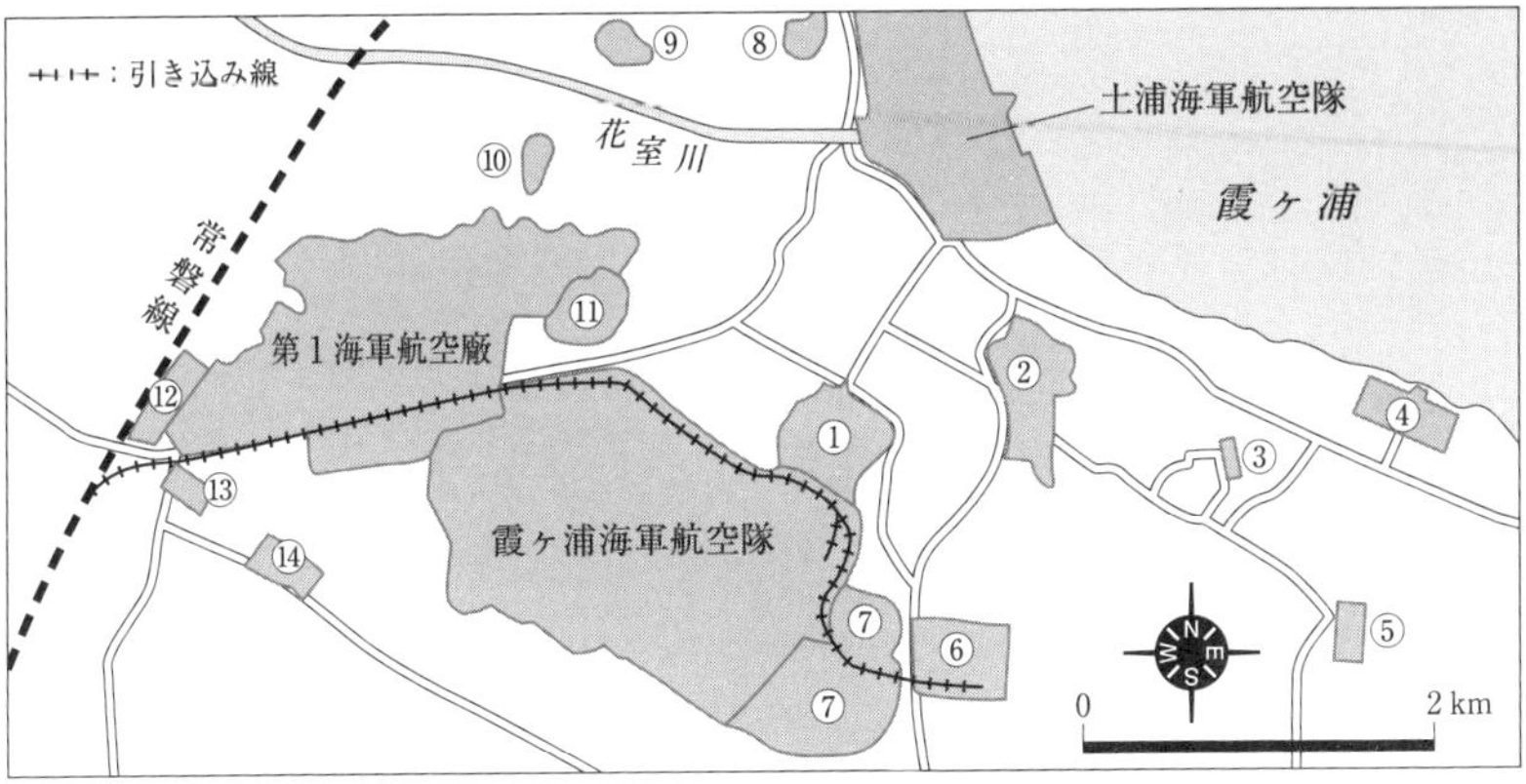


① 霞ヶ浦航空隊本部
② 海軍気象学校
③ 海軍酸素工場
④ 第一海軍航空廠舟島倉庫
⑤ 海軍射場
⑥ 第一軍需工廠
⑦ 掩体壕地区
⑧ 海軍航空要員研究所
⑨ 第10海軍航空隊司令部地下壕
⑩ 北砲台
⑪ 第一海軍航空廠工員養成所
⑫ 横須賀海軍施設部
⑬ 海軍軍需部霞ヶ浦支部本部地区
⑭ 海軍軍需部霞ヶ浦支部燃料庫地区

**図3** 1945(昭和20)年8月頃の阿見における主な海軍施設
阿見町『阿見と予科練――そして人々のものがたり』2002年, 228-229頁「阿見町の海軍施設の位置および名称 昭和20年8月1日頃」をもとに作られたものと推定される.(予科練平和記念館ホームページ内の「予科練とは」(https://www.yokaren-heiwa.jp/02yokarentoha/index.html)に掲載「昭和20年8月ころの霞ヶ浦周辺地図(主な海軍施設)」を,同館の許可を得て一部修正)

ここで戦前にさかのぼり、このような過剰な期待の培養源としてあった、戦前の軍隊による開発経験を素描する。旧阿見村は、「従来は農を以て唯一の業となせしが海軍航空隊の設置以来村状の急変に依り商工業其の他諸業共著しく増加せり[34]」と書かれたように、一九二二年の霞ヶ浦海軍航空隊の立地は農村地帯の都市化を促した。商工業者が集中して形成された繁華街の新町は、「新町に行くときは着替えて行く、というほど商業地としての発展を遂げた[35]」。地付の農民にとっても、飛行場の建設で生活上の小道の多くが寸断されるなどの損害もあった一方で、航空隊に隣接した地区では野菜や牛乳の納入をしたり、肥料用の草や糞尿などを航空隊から受け取る、あるいは兵員向けの下宿を営む農民たちの姿もあった[36]。北西に隣接する地方都市土浦の市街地発展にも航空隊の消費は大きな影響を与えていく[37]。

さらに総力戦体制下における軍用地の拡大によって、終戦時には阿見町の四二%が軍用地となる[38](図3)。一九三九年には霞ヶ浦海軍航空隊水上班を転出させ、追加土地買収を経て土浦海軍航空隊が開設される(ここに戦後は土浦駐屯地武器学校が立地)[39]。一九四一年には軍用機の修理と補給、一部機種の製作を行う第一海軍航空廠という巨大な軍の工場の集合体が作られると、地域住民からも多数の職員・工員が勤め、徴用や戦争末期の近隣学校からの勤労動員も含めて航空廠の人員は最大二万三—四〇〇〇人に達した[40]。後述するように、この航空廠の跡地に、旧軍時代の建造物も改修利用したうえで、修理と補給という類似の機能をもった保安隊の霞ヶ浦駐屯地武器補給廠が立地する。

飛行場開設前年の一九二〇年には三八九二人であった旧阿見村の人口は、一九四〇年には六九一六人になり、一九四四年には一万五〇二人と約三倍に達した。昭和一八年の国民学校児童調査によれば、阿見村の小学校の児童数の五六%が軍関係の子弟であった[41]。一九四四年二月に阿見村長は「村ヲ町ト為ス許可申請書」を県知事に提出するが、そこには「本村海軍々部ノ施設地トナリテ以来、村勢俄ニ一変シ、戸口ノ激増トナリ、官衛工廠等境地ヲ蔽ヘテ築造セラレ、交通運輸モ亦熱閙ヲ極ムルノミナラズ、常ニ内外貴顕紳士ノ往来頻繁トナル[42]」と地域の都市化が描かれる。申請は許可され、五月二七日の海軍記念日に町制が施行された。

軍都としての膨張がピークを迎える一方で、一九四五年に入ると二月、四月、五月(町制施行の翌日!)に相次ぎ第一海軍航空廠が艦載機による空襲にさらされ死傷者が出る。ついに六月には土浦海軍航空隊がB29による空襲を受けるが、犠牲者の多くは予科練習生等軍人で、当時の戦時災害救助調書(火葬埋葬)によれば、阿見町民の死者は二三名だった[43]。

戦後に警察予備隊・保安隊を迎えた地域の人々は、これらの記憶を保持していた。軍都の記憶は先述した経済的な期待につながる一方で、地域住民は単純に軍都の過去を美化したノスタルジアに浸っていたわけではなかった。

基地に関する住民の問題認識を『常陽新聞』「読者の声」から拾ってみれば、駐屯は地域発展のために賛成としつつも、「パチンコ屋や料理店が沢山出来るということかならずしも賛成出来ることではない……不健全な発展であってはならない[44]」「心配なのは飲食店や二業地あたりで夜ふけてまでテンヤワンヤのさわぎをくりかえすこと[45]」など地域の風紀の乱れへの懸念が目につく。基地の「経済効果といっても駐屯地近くの売春業など一部の不健全な業種の繁栄にとどまる」という類の反対意見は、同時期の誘致をめぐる議論でも、また戦前においても広く見られたものだった[46]。実際、駐屯地開設後も「新町大通りに、客引く女が現れるなど、子をもつ親達のひんしゆくをかっており、これから風俗問題をめぐる婦人団体の動きは注目されよう[47]」と報じられる。

戦前の軍都の記憶から期待を煽られた経済効果についても、戦後の再軍備は戦前ほどの規模ではない。予備隊移駐から二年も経たないうちに新聞紙上[48]には「軍都華かなりしころは軍人、工員合せて約三万を数えて栄えた土浦市、阿見町」だが、保安隊は「未だ三千数百名しかいない、その夢をむさぼることは早いといえる」と醒めた見方も現れる。「〔土浦市内の〕高級料理店では、「保安隊景気はでなくてねえ」とボヤく海軍さん時代がなつかしいのだ、面会に来たときなどは大変な散財なのである」、阿見も地価はあがったが「その実取引はあまりないようである」などと報じられる。軍都復興の夢は、基地の人員の相対的少なさという現実の前に冷却される。もちろん一九四五年六月の空襲被害について「〝喉もと過れば熱さを忘れる〟とこの惨事を受けマユをひそめる町民もある」と空襲の記憶も健在であった。その後駐屯地の人員はさらに増加するが、結局は「旧海軍施設跡が自衛隊の駐とん地となり、これに伴う隊員の移住と旧海軍施設を改造して操業を開始した各工場の要員の転住によりやや活気を呈したが、戦前の域に達するにはほど遠かった[49]」。

重要なのは、軍事基地の暗黒面や経済効果の限界を、誘致を担った町長たちも移駐時点からすでに認識していたことである。常陽新聞社主催の座談会で、予備隊に対する地域の人々の期待について尋ねられた町長は、「結局旧軍時代を思い出して参考にしているのでしょう〔。〕利点は〔中略〕まだ弊害の方は思いだしている方はないと思います、過度的現象として利点だけを思い起しているきらいがあるので、その点私共としては弊害に対する心構えですが、これを時々よびおこしておかないと」と、「弊害」を自らわざわざ示唆する。(50) 婦人会長は、「家の裏に飛行機が墜つこちて、ほんとうに惨胆《ママ》たるあの光景には目を蔽い可愛そうだと思いますわ」と戦前の事故に言及する。(51) 誘致した側も、ジャーナリズムの過熱に比して、意外にも醒めた認識で軍事基地をみていた。

もちろん反対派も暗黒面を強調し、一九五二年のメーデーで土浦に参集した百数十名が「警察予備隊設置で平和のまち土浦と阿見を銃爆撃のまとにするな」などのプラカードを掲げている。(52) しかし基地反対運動は大衆的な広がりをもたず、阿見については地方紙の報道からはその痕跡さえ見えない。(53) 自治体も、おそらく多くの地域住民も、基地の暗黒面や限界を承知のうえで、軍都による膨張後の空洞化した風景を再び軍事基地で充填することを選び、容認したようだ。

## 三　「迷惑施設」化していく自衛隊基地

### 1　重装備化による飛行場等の出現と反対運動の隆盛

予科練という軍学校が所在した土浦海軍航空隊跡地には、戦後に武器学校という同じく学校が入り、第一海軍航空廠という工廠には同じく補給廠が入った。これらは、航空技術の未発達ゆえ墜落も頻繁に起きた一九二〇年代の霞ヶ浦飛行場や、一九五〇年代後半以降に各地に作られていく演習場や飛行場と比べてみると、「迷惑施設」としての意味合いは弱い形態の軍事基地であった。

戦後においても、当初は阿見町が受け入れを拒否したのが、広大な土地を必要とする飛行場建設である。土浦駐屯地（武器学校）は日本大等の学校跡地であり、霞ヶ浦駐屯地（補給廠）も民間会社の用地として使われていた。(54) これに対して、一九五二年度から持ち上がった飛行場建設計画は広い開拓地の買収を必要としていた。反対する開拓者とは三年間も交渉が続き、ようやく一九五五年一一月に着工し翌年五月から使用開始にいたるものの、買収規模は計画当初よりも大幅に減り、霞ヶ浦海軍航空隊飛行場跡地の開拓地二五一町歩のうち三四・二六町歩(約一四%)にとどまった[55]。『常陽新聞』記事にも開拓農民の根強い反対が窺える。「この程保安庁の発表により航空部隊の設置は本決りとなった[56]」と初めて報じられてから、一年半近く経った一九五四年一月に「このほど買収が確実視」と報じられるものの、「現在のところ農地を手放す耕作者は全体の約六割とみられあとの四割が農地取上げに反対している模様である[57]」。実際、買収予定の「総面積十一万坪のうち八万坪を有する阿見町では早速耕作農民(約百名)の意向を打診した結果、耕作者のうち開拓農民が約十名程おり、この開拓農民が真向から土地買収に対して反対しているので丸山阿見町長[58]は開拓農民の意向を取入れ、買収に関して地元では反対する旨回答を行った[59]」。最終的に、航空自衛隊ではなく陸上自衛隊の飛行場になり、長大な滑走路を要するジェット機ではなくヘリコプターやプロペラ機が発着する程度の規模となった。

自衛隊側の視点でみると、同年七月一日に航空自衛隊発足へ向け二月一日に発足した航空準備室は「旧軍が使用していた飛行場のほとんどは駐留米軍が使用していたし、一部は農地などに転用されており、新たに創設される航空部隊が使用できる飛行場はほとんど見つからない状況だった[60]」という問題に直面した。三月八日のMSA(日米相互防衛援助)協定調印によって米軍からの重装備の援助は決まったが、それを運用する基地の選定は立ち遅れていた。

そのような状況下で、ジェット機を使用する航空自衛隊の飛行場設置は、茨城県内では、旧海軍の神ノ池飛行場や友部飛行場跡地等の各候補地で反対運動が盛り上がり、旧海軍百里原飛行場(一九三八年開場)跡地へ向かう。地元小川町では誘致派の幡谷町長が一九五五年五月から開拓組合入植者との買収交渉を開始し、強い反対にあうも次第に賛成派は増えていく。一九五六年五月に、長さ二四〇〇メートル滑走路やF86ジェット戦闘機五〇機などの文言が並ぶ防衛庁の百里基地構想が公表された時には、開拓組合の六四戸中一六戸以外は生活苦・負債を背景に土地買収に応じていた。自衛隊誘致の担い手は、戦前以来の地主・商業者の地域支配層および地付き農民であった。[61]

しかし、一九五六年八月、五〇名の農民が反対同盟を結成し、反対運動の第一の担い手となる。旧軍用地の開拓入植者は地縁のない引揚者や復員者などが中心で、基地誘致に傾く農村の地付き住民からはよそ者として差別されることも少なくなかった。戦前からの開拓者は旧軍に土地を奪われた経験もあり、戦後は表土を削られ固められた旧軍飛行場の農地化は多難だった。多くの離脱者を出しながらも開拓の成功者たちが激しい反対運動を行った。[62]

さらに注目すべきは、反対運動の第二の担い手としての母親グループの登場である。子供たちの教育に及ぼす悪影響への懸念を持った母親たちの代表者が、米軍基地のあった立川の中学校を訪問してジェット機の騒音を聞くと、基地公害に対する知識を口づてに広げ、一九五六年一二月にPTA婦人部を基盤とした小川町愛町同志会が結成される。一九五七年になると反対署名を集め誘致派の幡谷町長をリコールし、七月には小川町PTA連合会副会長の山西きよ(子ども五人をもつ大商店の主婦)が町長に当選し、激しい反対運動が展開されていく。[63] 同時期の自衛隊ミサイル試射場反対の新島闘争も含め、基地反対運動には女性たちの活躍が見られたことは特筆すべきである。[64] このように戦後地域社会における基地反対闘争は、地域社会において周縁化されていたものの、農地改革や婦人参政権等の戦後改革によって力を増してきた開拓農民や女性の台頭という構造的な文脈に支えられていた。

しかし結局は一九五九年の町長選では誘致派が勝ち、滑走路は一九六五年に完成し、騒音も大きい超音速ジェット戦闘機F104Jなどが配備されていく。では、その中身はというと、一九五六年時点の防衛庁の基地計画では、買収面積は約二〇〇町歩にものぼるが、兵員・要員は一〇〇〇名しかいない。一九八四年には面積は四二七万八〇〇〇平方メートル(約四三一町歩)へ拡大しているが、隊員数は二〇五〇名である。[65] これに対して、敷地面積一八万五五〇〇坪(約六二町歩)の第一海軍航空廠跡地の一部を転用した、一九五四年開庁当時の霞ヶ浦駐屯地武器補給廠には、すでに二〇四一名の人員がいる[66]。

つまり、飛行場や演習場[67]は面積当たりの人員は減るにもかかわらず、地域に対する騒音等の公害性や兵器使用に伴う危険性は強まっていく。ＭＳＡ協定を背景とした保安隊から自衛隊への重装備化によって、より近代的な軍事組織の体裁が整うにつれて、基地そのものが受け入れ地域にもたらすメリットは減っていき、交付金や補助金等による補償が重要性を帯びていく。

もちろん当時の自衛隊側もこの事態は認識していた。一九六一年刊行の『自衛隊十年史』(九五頁)によれば「現在も演習場、射撃場、航空基地等の取得拡張には航空機の騒音問題、誘導弾の問題などがからみ合って益々困難性をくわえており、茨城県百里ヶ原の航空基地、新島のミサイル試射場、東富士演習場等が未解決のまま残されている」。その理由として挙げられるのは、①演習場や飛行場は「地元に益する点が少く、騒音等有害の点の多いこと」、②買収および補償金額のつり上げ、③「候補地が開拓地になっていたものが多く、その調整が容易でなかったこと」、④政治的な基地設置反対闘争、である。本項でみてきた飛行場は①③に当てはまり、学校や補給廠などの形態の軍事基地と比べて明らかに「迷惑施設」性が高いとみなされている。

## 2　高度成長期における基地の経済効果の埋没

結果的にみれば、のちの百里に比べれば警察予備隊・保安隊の時代に誘致に成功した阿見等は、相対的に有利な形態の基地を手に入れたことになる。しかし、基地の経済的効果も、補給廠開庁からほどなく一九五四年一二月から始まり五七年六月まで続く神武景気を出発点とした高度経済成長期における民間経済の発展のなかで相対的に低下していく。経済活動が戦前の水準を超え、一九五六年版『経済白書』が「もはや「戦後」ではない。われわれはいまや異なつた事態に当面しようとしている。回復を通じての成長は終つた[68]」と述べるに至れば、戦前同様の復興を目指して

「軍都を夢みる」以外の地域開発が構想されていく。実際、阿見町は一九六二年に低開発地域工業開発地区に指定された旧軍用地に、誘致により三十数社もの企業を進出させる。さらに一九六三年には首都圏市街地開発地区の指定を受け公営住宅、民間企業による宅地の造成も本格化する。(69) やがて「自衛隊武器学校(土浦駐とん地)が駐とんすることになり一時阿見町も活況を呈したが、交通事情の悪化とともに盛況であった街なみも、その姿を消し(70)」などと基地経済の衰退が語られるようになる。

一九二〇年代から続いた軍都としての発展を抱きしめてきた人々にとって、敗戦は剝奪感・喪失感をもたらし、一九五〇年代には基地の誘致による「新軍都」としての発展へ向かわせた。むしろ軍都への経済的・心理的な依存から半世紀ぶりに脱却させたのは、再び自衛隊基地を抱きしめた腕のなかに、工場や住宅などありったけの地域発展の代替物を押し込んで、基地を埋もれさせることだった。

工場や住宅で満たされた地域は、もはや基地を手放しでは歓迎しない。自衛隊草創期に要職を歴任したある防衛官僚は、「昭和二十五年警察予備隊設置当時は、わが国はまだ戦後の不況と経済の荒廃の中にあった。警察予備隊設置がきまるや全国各地から熱心な部隊誘致の運動があり、私共当事者はこれを断るのに大変に苦労したものであった。その後わが国経済の発展によって事情は一変した」と述べ、官房長・事務次官を務めた一九六〇—六四年が「基地問題が一番難しくなった時代」だったと回顧する。(71) 彼は、場当たり的だった基地対策の法整備に努力するが、法案をまとめた一九六二年頃には「経済発展に基く地域開発の進展は、基地周辺住民に対し、その地域のみが開発、発展にとり残されるとの焦燥感を与えたし、他面周辺地域に人口、家屋が密集して新たな基地問題が発生した」という。(72) かつて戦前を参照して地域発展の動力として期待された基地を、高度経済成長がもたらした未経験の豊かな社会は、時代遅れの足枷とさえ認識されうるものに変えた。

## 四　「戦前」と「第一の戦後」そして「第二の戦後」へ

以上のモノグラフをより広い戦後社会の文脈から捉えなおそう。小熊英二は一九五五年を境界として、貧しく流動的な「第一の戦後」と豊かで秩序が安定した「第二の戦後」という区分を提起し、また色川大吉も、政治史ではなく「生活史・世相史の観点からみると」一九六〇年代が「生活革命」と呼べるほどの転換のあった画期だと述べる[73]。これに従えば、警察予備隊・保安隊・自衛隊が駐屯した主なタイミングが、貧しく混乱した一九五〇年代であったという歴史的経路は重要であろう。

「戦前」と同様に貧しい「第一の戦後」ゆえに基地は、旧軍の記憶に照らして地域の主に経済的な「復興」に結びつくと期待された[74]。しかし、戦前を超える豊かさを享受する「第二の戦後」になると、警察予備隊・保安隊から自衛隊への重装備化と相俟って、様々な補償によって損害を埋め合わせることを要する「迷惑施設」としての意味合いが強まっていく。つまり本章が注目を促したいのは、「戦前」と「第一の戦後」の連続性と、「第一の戦後」と「第二の戦後」の断絶性である。もちろん「第二の戦後」への転換について本章は未だ仮説的である。しかし、この戦後の転換点は、先行研究に照らせば、「迷惑施設」認識の誕生や、経済効果を補完する文化的な「軍事化」の台頭(例えば広報活動の本格化)といったテーマに関わるだろう。

最後に本章の視座を、本事例に限らず様々な自衛隊基地と地域社会との歴史的関係性を考察する際にも有用な三つの着眼点に整理しておこう。

第一の着眼点は、駐屯のタイミングである。先述した「第一の戦後」「第二の戦後」という区分は一つの基本線となるだろう。ただし、その境界がちょうど一九五五年前後にあてはまり、ナショナルレベルの戦後史の記述と符合するのは、東京への通勤圏であるほどに中央の経済に組み込まれている茨城県南部の事例ゆえであろう。地域内でも商工業者と開拓農民とでは「第二の戦後」の始まりとその意味は異なるだろう。社会の貧しさ／豊かさは分析以前の前提にすべきではなく、例えば地域発展への代替的手段をいつ、どのように手にするか等をめぐる地域間・地域内の格差・差異の探究こそ各地のモノグラフを積み重ねる意義となろう。

第二の着眼点は、当該地域の戦前・戦中・占領期・戦後の経験という文脈である。これは単に記憶だけではなく、旧軍用地・施設といった資源の蓄積も含まれる。阿見町の事例では、旧軍の残した資源と、軍都の開発と衰退の記憶が、警察予備隊・保安隊誘致につながる一方で、軍都の記憶の暗黒面も忘却されたわけではなかった。この点については、百里のように旧軍施設が戦時下に急増され、軍都としての歴史が浅いケースや、米軍基地への転用をはさむ、あるいは戦前は軍用地がなかったパターンなど、他の様々な地域との比較も求められる。重要なのは、基地を誘致／反対した人々が、基地および地域の現状と問題をどのように認識していたのかという主観的リアリティに、戦前戦後の地域の客観的現実を踏まえつつ接近することだ。特に駐屯後については、地域における基地の認識のされ方を統制・操作しようとする自衛隊の「広報」も重要だろう。一九五〇年代後半から一九六〇年代前半の霞ヶ浦駐屯地からみえるトピックとしては、米国製の兵器・軍用車両を連ねた市中行進・武器展示の盛況、海軍航空隊の隊内開放と同様に演芸会や仮装行列が催された駐屯地開放の祝祭性・娯楽性、広報施設・資料館における旧軍展示が挙げられる(75)。

第三に、飛行場か軍学校かのような、軍事基地の形態の違いがあり、これは「迷惑施設」性の強さと結びつく。細かく見れば、同じ飛行場でもプロペラ機・ジェット機・超音速ジェット機といった軍事テクノロジーの発達と、その導入（その背景にあるMSA協定などの防衛政策や経済発展が許容した防衛費増額）に伴って、「迷惑施設」性の強さは変わっていく。また、北海道のように冷戦の最前線に位置するか、土浦のように兵站・教育を主とするかによって基地形態の分布は異なる。このように、基地の軍事的存在形態も重要な変数であり、政府・自衛隊側の資料・先行研究との突き合わせも有効になる。

この粗削りの試論が、批判も含め、学際的な「自衛隊と地域」研究の呼び水となることを願う。

〔謝辞〕『常陽新聞』閲覧に関して土浦市立図書館、地図に関して予科練平和記念館学芸員豊崎尚也氏にご協力を賜りました。聞き取りにご協力くださった予科練平和記念館歴史調査委員故・赤堀好夫氏に御礼申し上げます。本研究は、ＪＳＰＳ特別研究員奨励費20J00313, 16J07783の助成を受けた。

（1）海上自衛隊と航空自衛隊は基地、陸上自衛隊は駐屯地など呼称は様々である。ただ、本章では固有名詞や資料上の表現ではなく、理論的な概念としては「基地」と総称する。

（2）佐道明広『自衛隊史論――政・官・軍・民の60年』吉川弘文館、二〇一五年、増田弘『自衛隊の誕生――日本の再軍備とアメリカ』中央公論新社、二〇〇四年など。

（3）S. Frühstück, *Uneasy Warriors: Gender, Memory, and Popular Culture in the Japanese Army*, Berkeley: University of California Press, 2007（花田知恵訳『不安な兵士たち――ニッポン自衛隊研究』原書房、二〇〇八年）、佐藤文香『軍事組織とジェンダー――自衛隊の女性たち』慶應義塾大学出版会、二〇〇四年など。

（4）K. E. Calder, *Embattled Garrisons: Comparative Base Politics and American Globalism*, Princeton University Press, 2007（武井楊一訳『米軍再編の政治学――駐留米軍と海外基地のゆくえ』日本経済新聞出版社、二〇〇八年）、川名晋史『基地の政治学――戦後米国の海外基地拡大政策の起源』白桃書房、二〇一二年。

（5）C. Lutz, *Homefront : a Military City and the American Twentieth Century*, Beacon Press, 2001. この都市人類学者のリサーチクエスチョンは"How America's military has affected daily life in this country"(p. 7)であり、後述する「軍隊と地域」研究の視座に近い。比較を志向した歴史学の研究事例としては、R. W. Lotchin, *Fortress California, 1910-1961: from Warfare to Welfare*, Oxford University Press, 1992. R. W. Lotchin ed., *The Martial Metropolis: U. S. Cities in War and Peace*, Praeger Publishers, 1984.

（6）中野良「「軍隊と地域」研究の成果と展望――軍事演習を題材に」『戦争責任研究』四五号、二〇〇四年、四一頁。研究史の紹介は割愛するが、中野良『日本陸軍の軍事演習と地域社会』吉川弘文館、二〇一九年、序章などを参照。

（7）とはいえ二〇一〇年代以降の『軍港都市史研究』や『地域のなかの軍隊』シリーズには戦後の論考も含まれるほか、吉田律人「昭和期の「災害出動」制度――関東大震災から自衛隊創設まで」『史学雑誌』一二七巻六号、二〇一八年など展開を注視すべきである。

（8）熊本博之「迷惑施設建設問題における地域住民の合意形成過程――普天間基地移設問題を事例に」『地域社会学会年報』一八号、二〇〇六年。

(9) C. H. Enloe, *Maneuvers: the International Politics of Militarizing Women's Lives*, University of California Press, 2000(佐藤文香訳『策略——女性を軍事化する国際政治』岩波書店、二〇〇六年)。「軍事化」は、単に基地の設置を指すのではなく、非軍事的な領域が「徐々に、制度としての軍隊や軍事主義的基準に統制されたり、依拠したり、そこからその価値をひきだしたりするようになっていくプロセス」(二一八頁)として抽象的に定義された概念であり、「軍事化はわかりきった場所においてのみ起こるのではなく、爆弾や迷彩服から遠く離れた人々、モノ、概念の、意味や用法を変えることもできる」(二一四頁)と文化政治を積極的に視野に入れている。

(10) 大野光明「基地・軍隊をめぐる概念・認識枠組みと軍事化の力学——基地問題と環境社会学をつなぐために」『環境社会学研究』二五号、二〇一九年、四二頁。

(11) スキャブランド・アーロン「「愛される自衛隊」になるために——戦後日本社会への受容に向けて」田中雅一編『軍隊の文化人類学』二〇一五年。T. Sasaki, *Japan's Postwar Military and Civil Society: Contesting a Better Life*, Bloomsbury Academic, 2015. 番匠健一「酪農のユートピアと地域社会の軍事化——根釧パイロットファームの再編と北海道・矢臼別軍事演習場の誘致」『立命館大学国際平和ミュージアム紀要』二〇号、二〇一九年。

(12) 荒川章二『軍用地と都市・民衆』山川出版社、二〇〇七年、四九、五八頁。

(13) 東敏雄編『百里原農民の昭和史』三省堂、一九八四年、四三頁。

(14) 荒川章二「皇居防衛から帝都の護りへ」同編『地域のなかの軍隊2　軍都としての帝都　関東』吉川弘文館、二〇一五年、一二頁、荻野昌弘『開発空間の暴力』新曜社、二〇一二年、三一—三四頁、荻野昌弘編『戦後社会の変動と記憶』新曜社、二〇一三年。

(15) 前掲注(12)荒川 二〇〇七年、前掲注(14)荻野編 二〇一三年。

(16) 阿見町役場総務課『阿見町勢要覧』一九七〇年、二頁。

(17) 『常陽新聞』一九五二年一二月一一日「変貌する新軍都阿見　東洋精機来春操業」。

(18) 茨城県史料農地改革編収録「稲敷郡農地改革小史」(昭和二六年一〇月)をもとに、阿見町『阿見と予科練——そして人々のものがたり』二〇〇二年、二四三—二四四頁に記載。

(19) 阿見町史編さん委員会『阿見町史』一九八三年、六五一頁。

(20) 最少は一九四七年の七八〇〇人だという(『常陽新聞』一九五四年二月二三日「考えぬ土浦市との合併　阿見町は独自の構想で冷静に廿五日に合併調査会」)。

(21) 前掲注(19)阿見町史編さん委員会 一九八三年、六九六頁および五三三頁。

(22) 『常陽新聞』一九五二年九月七日「躍進阿見町に訊く本社主催座談会(4)」。なお誘致等について『常陽新聞』記事を用いた研究として、白岩伸也「予科練をめぐる集合的記憶の形成過程——第二次世界大戦後における茨城県稲敷郡阿見町の地域変容に着目して」『筑波大学教育学系論集』四〇巻一号、二〇一五年もある。

(23) 前掲注(13)東編 一九八四年、一三三頁。

(24) 『常陽新聞』一九五二年三月二六日「土浦予算市会審議始る　予備隊誘致に特別委」など。特に土浦市の財政は「健全財政が危ま《ママ》れている」と議員が一般質問で述べているように悪く、起債のための融資の調達は先遣隊の移駐が始まる八月まで難航し(同一九五二年八月三日「予備隊住宅漸く解決す　資金常銀で借入れ　敷地は小岩田に三千坪」)、紙面をにぎわせている。

(25) 阿見町の人口は(全てが予備隊の影響ではないが)、予備隊移駐前の『常陽新聞』一九五二年六月二三日「阿見に予備隊景気　早くも特飲街出現　土地は十倍、家屋が二倍」によると八八二五人であったのが、同一九五四年二月二三日(前掲)によると一万一五〇〇余名にまで増加した。

(26) 防衛庁自衛隊十年史編集委員会編『自衛隊十年史』大蔵省印刷局、一九六一年、三二一―三三三頁。

(27) 前掲注(26)防衛庁自衛隊十年史編集委員会編 一九六一年、六〇頁。

(28) 『常陽新聞』一九五二年四月一五日「新設阿見武器学校の構想　生徒三千名を収容　一億数千万円で五月着工」など。霞ヶ浦駐屯地については一時「予定人員は当初二千名で逐次増員され二万名を収容するといわれている」というオーバーな報道もあった(『常陽新聞』一九五二年六月五日「予備隊土浦に移駐　右もみに補給廠設置決定」)。なお、同時期の紙面広告には基地の受益層にあたる土浦市内の商工業者が多くを占める。

(29) 『常陽新聞』一九五二年五月三日「阿見武器学校の全貌　学生の貸売り禁止　購買は厳正競争入札」。しかし、同五月七日のインタビュー記事(「武器学校校長に訊く　品物その都度入さつ　一部業者に独占させず」)で武器学校校長は、外出の規定は十時まで、外泊は土曜のみ、学生は勉強に追われて外出あまりない、などと過剰な報道を否定している。

(30) 松下孝昭『軍隊を誘致せよ――陸海軍と都市形成』吉川弘文館、二〇一三年、二五六―二五九頁。

(31) 『常陽新聞』一九五二年八月一五日「七度迎えた終戦記念日　土浦は大きく変貌　予備隊移駐に活気ずく」。なお同九月八日「躍進阿見町に訊く本社主催座談会(5)」でも、阿見町議が「阿見に元海軍が在つた当時は盛大であつた、その後終戦になつてからは本当に火の消えたような形になつている」と語るなど、地域の歴史に関する支配的なストーリーとして流通していた。

(32) 前掲注(18)阿見町 二〇〇二年、二三七頁。『常陽新聞』一九五二年四月一七日「霞空ケーブル事件を衝く　協力かブタバコか　阿部脅して六・五トン運ぶ」、同一八日「ケーブル事件益々拡大　不正払下で日興酸素急襲　元土浦憲兵隊長も取調」。

(33) 前掲注(31)『常陽新聞』一九五二年八月一五日。

(34) 塙泉嶺編『稲敷郡郷土史』宗教新聞社、一九二六年、二一五頁。

(35) 前掲注(18)阿見町 二〇〇二年、四六頁。

(36) 前掲注(18)阿見町 二〇〇二年、三九、六七、七五―七六頁。清水亮「軍隊と地域の結節点としての下宿――軍人と地域住民との相互行為過程を通した関係形成に着目して」『ソシオロゴス』四〇号、二〇一六年。

(37)　詳細は、野口佐久『土浦史 附霞ヶ浦海軍航空隊史』いはらき印刷部、一九三二年、ならびに横田惣七郎『土浦商工會誌』土浦商工會事務所、一九三二年を参照。
(38)　前掲注(18)阿見町 二〇〇二年、二三〇頁。
(39)　自衛隊の駐屯地の名称にも、旧軍の記憶が重ねられている。「土浦駐屯地」は土浦市ではなく阿見町の霞ヶ浦湖畔に立地しており、土浦市と阿見町にまたがる内陸の台地に「霞ヶ浦駐屯地」が立地するのだが、これは前者が「土浦海軍航空隊」、後者が「霞ヶ浦海軍航空隊」の跡地だという歴史をなぞっている。
(40)　前掲注(18)阿見町 二〇〇二年、二三〇頁。
(41)　前掲注(19)阿見町史編さん委員会 一九八三年、五三三頁。
(42)　内山順子「海軍航空隊と阿見地域(二)」阿見町史編纂委員会編『阿見町史研究』二号、一九八〇年、四九頁より引用。
(43)　前掲注(42)内山 一九八〇年、五三頁。なお皮肉にも航空隊で栄えた新町にはほとんど被害がなかった。
(44)　一九五二年四月三〇日「阿見の発展と武器学校(阿見―一読者)」。
(45)　一九五二年五月六日「武器学校と飲食街(一市民)」。
(46)　前掲注(30)松下 二〇一三年、二五九頁。この点に関して、阿見町が、商店だけが受益者とならないように、土浦市や東京の業者も参加した競争入札において農産物の納入を阿見農協などで確保したことは重要だ。詳細は『常陽新聞』一九五二年七月二五、二八日等を参照。
(47)　『常陽新聞』一九五二年九月一四日「ラッパに明け暮る阿見 旧軍人が納入商人 街の話題は総選挙より予備隊」。
(48)　『常陽新聞』一九五四年二月五日「地代は一躍数倍に 阿見に新たな息吹き」。
(49)　阿見町議会史編纂特別委員会『阿見町議会四十年史』阿見町議会、一九九六年、七一頁。
(50)　『常陽新聞』一九五二年九月八日前掲。対照的に、武器学校校長はインタビューで「生徒も幹部級が多いので旧軍隊と違い悪い人間はいませんよ」等と懸念の火消しに努めている(『常陽新聞』五月七日前掲)。
(51)　『常陽新聞』一九五二年九月六日「躍進阿見町に訊く本社主催座談会(3)」。町長は戦前についても、「兵隊がバカに思想を悪くした」「兵隊がもんでしまった」ため「農村でありながら打算につよい」などと語り、「いまのを極端ないえ《ママ》方ですればやや植民地にちかいというわけですね」と口を挿んだ司会に対して、「町の成りたちがそうなっているから仕方がないねえ」と「植民地」の烙印をあっさり受け入れている。
(52)　『常陽新聞』一九五二年五月二日「閑散なメーデー」。
(53)　一九六二年には霞ヶ浦駐屯地でナイキ・ミサイル配備の際に、県労連と共産党員らによる反対運動が起きたが、市議や地元市民も「ほとんど無関心」で、二〇―三〇名による搬入阻止の実力行使も失敗に終わった。市村壮雄一『茶の間の土浦五十年史』いはらき新聞社、一九六五年、四三〇—四三三頁。
(54)　朝日燃料支処、防衛庁技術研究本部土浦試験場、舟島射場など小規模施設もいずれも旧軍用地で戦後も国有地であった(阿見町前掲、二八六—二八七頁)。
(55)　前掲注(18)阿見町 二〇〇二年、二四一、二八五頁。
(56)　『常陽新聞』一九五三年九月一四日「元霞空に飛行部隊　十一月から整備に着手」。
(57)　『常陽新聞』一九五四年一月九日「阿見に飛行場設置　保安庁が元霞空飛行場買収か」。
(58)　開拓地の阿見町鈴木区の郷土史家赤堀好夫氏からの聞き取りによると、予備隊誘致にも奔走した町長丸山鉒太郎は、霞ヶ浦航空隊にも所属していた海軍中尉で、戦後は阿見町の開拓組合を率い、開拓民の支持を受けて、町長に当選したという。
(59)　『常陽新聞』一九五四年一月一九日「買収に地元は反対　霞空飛行場買上げ問題」。なお一一万坪は約三六・七町であるから、この時点で買収地はかなり縮小されていた。同二月五日「軍都土浦の復活」は「保安庁法の改正によつて三幕が実現すれば高速新鋭ジェット機飛行機場も開設されるものとみられ、既に農地買収も進められている」と報じるが、買収面積から考えるとジェット機の飛行場はすでに断念されたと推定される。
(60)　永野節雄『自衛隊はどのようにして生まれたか』学習研究社、二〇〇三年、二四二頁。
(61)　前掲注(13)東編 一九八四年、一一四—一三八頁および第Ⅱ章。
(62)　詳細は、前掲注(13)東編 一九八四年、第Ⅰ・Ⅱ章を参照。
(63)　前掲注(13)東編 一九八四年、一四二—一四五頁。
(64)　前掲注(3)佐藤 二〇〇四年、一一一、三六七頁。
(65)　前掲注(13)東編 一九八四年、一五三、二三〇頁。
(66)　前掲注(18)阿見町 二〇〇二年、一六二頁、陸上自衛隊霞ヶ浦駐屯地編『霞ヶ浦駐屯地三十年の歩み』霞ヶ浦駐屯地創設30周年記念写真集編纂委員会、一九八四年、二六頁。
(67)　一九五〇年代後半から誘致を行い一九六〇年代半ばに演習場ができた北海道別海村の事例でも、地元の農産物林産物を供給でき、基地交付金と固定資産税に加え住民税も徴集可能な駐屯地の設置を誘致派は要求していく(前掲注(11)番匠 二〇一九年)。
(68)　経済企画庁編『経済白書(昭和31年度)』至誠堂、一九五六年、四二頁。
(69)　前掲注(18)阿見町 二〇〇二年、二八八頁。なお開拓地にも敷地に貸家のアパートを建てる動きが現れる。
(70)　阿見町『80EXTEND 阿見　阿見町町制25周年記念　阿見町商工会商工会法制定20周年記念』。
(71)　加藤陽三『私録・自衛隊史——警察予備隊から今日まで』「月刊政策」政治月報社、一九七九年、二三一—二三二頁。
(72)　前掲注(70)加藤 一九七九年、二三六—二三七頁。

(73) 小熊英二『〈民主〉と〈愛国〉――戦後日本のナショナリズムと公共性』新曜社、二〇〇二年。色川大吉『昭和史　世相編』小学館、一九九〇年、九一一一頁。

(74) 再軍備に対する世論という点でも、一九五〇年代前半は主要全国紙の世論調査で再軍備に対する肯定的態度は優勢であり(大嶽秀夫編『戦後日本防衛問題資料集　第三巻　自衛隊の創設』三一書房、一九九三年、九七―一一三頁)、「マスメディアや教育の場における平和主義・民主主義への変化に比べて、社会意識という面での変容は、それほど急激な形で進行しなかった」(伊藤公雄「戦後男の子文化のなかの「戦争」」中久郎編『戦後日本社会のなかの「戦争」』世界思想社、二〇〇四年、一五五頁)。

(75) 前掲注(66)陸上自衛隊霞ヶ浦駐屯地編　一九八四年、三〇―三八、四四―四七頁。前掲注(18)阿見町　二〇〇二年、四一頁。

# 第７章　防衛大学校の社会学
## ――市民の「鏡」に映る現代の士官

野上　元

## はじめに――なぜ防衛大学校／士官学校を対象にするのか？

士官学校とは、軍隊が設置する教育機関のうち、部隊指揮官や参謀、軍幹部となる上級軍人、すなわち士官・将校officerを養成するための軍事学校である。もちろん本章で扱う防衛大学校も、そうした士官学校の一つである。日本において「軍隊と社会」を考えようというとき、「防大」の考察は外せない重要な意義を持っているように思われる。

防衛大学校への接近を始める前にまず、「戦争と社会」(本シリーズ)というテーマ、ひいては「軍隊と社会」(本巻)というテーマにおいて、そもそもなぜ士官学校を問う必要があるのかということを明確にしておきたい。士官学校とは士官を集中的に育成する機関であるので、自動的にそれは「士官とはそもそも何か／なぜ問われなければならないのか」を問うことにつながる。次節では、その歴史を参照しながら検討する。

だがなぜ、「兵士」ではなく「士官」なのだろうか。戦前の日本における「戦争と社会」を考察するにあたって、過去にまず問われたのは、指導者たちの戦争指導・戦争責任だった。また、指導者のみならず中堅軍人も重要で、彼らの政治介入、戦時体制構築や国策選択への関与も検討された[1]。ここでは、「社会」よりも「政治」的な側面がより強く意識されていたようにみえる。

もちろん戦争はかれらだけでは遂行不可能であり、積極的／消極的に戦争に関わった兵士たちや民衆を抜きに「戦争と社会」を検討することはできない。そして戦前の軍隊において、兵士たちは徴兵によって一般社会から集められた人々であった。それゆえ軍隊の大多数を占める兵士を問うことは、そのまま「戦争と社会」研究の重要なテーマとなった[2]。さらにそうした兵士への問いが、「軍隊と社会」における様々なテーマをもたらすことは、本巻の諸論考をみれば明らかである。

だが本章は、「軍隊と社会」研究のなかでも「兵士」ではなく特に「士官」に注目しようとしている。その背景には、現代の軍隊が、徴兵によって集められた人々によってではなく、志願によって職業の一つとして選択された人々によって構成されているということがある。もちろん現代の軍隊も兵士と士官で構成されているが、その割合は二〇世紀半ばまでの大衆軍隊(Mass Army)とは異なっている。それに応じて、兵士と士官を分析において強く対比的に捉える必要も少なくなってきているともいえよう。

より広い文脈で示すならば、この「士官への問い」は、社会におけるエリートの存在とその意味に関する探究の一つとして位置づけることができる。

一般にエリートとは、大衆社会状況のなかで見いだされる形象である。人権尊重と民主主義を基本理念として設計された市民社会の諸機構が次第に複雑化し、同時に、市民の非理性的側面において大衆・群衆が見いだされるようになるに至って、二つのエリート像が前面化してくる。

一つは、なお残る権威主義的な政治体制において権力を掌握し大衆を操作してゆく特権的な少数者、民主主義を危機に陥らせる独裁者としてのエリート像である。さらに現代では、ポピュリズムそして格差社会的な状況において、経済的な特権階級としてのエリート像（「富裕層」?）も前面化しているようにみえる。かれらの特権享受には社会からも厳しい眼が向けられている。

もう一つは、そのように複雑化した社会機構の運用を担う技術者、あるいは大衆の利害の整理・調整役を任されるエリート像である。社会の潤滑油として期待される存在であり、民主主義と対立する存在とはいえないが、官僚制の弊害として、ときにかれらが機能不全を起こすことも指摘されている。また近年では、行政改革と「政治主導」に伴うエリート官僚の「没落」も論じられている。[3]

現代の軍隊を考察するときには、どちらのエリート像が適合的だろうか。軍隊の構成員としての「士官」に関しては、ラスウェルの『兵営国家』やミルズの『パワー・エリート』以来、その権力掌握を警戒する見方が支配的である。歴史の経験を踏まえれば、そうした警戒には意味があるのだろう。[4] しかし、現代の「軍隊と社会」において、国策への介入や権力掌握を目指して邁進する「士官」像に拘ることで、逆に見えにくくなってしまうものはないだろうか。

そもそも軍隊とは、人が平等であるべきという通念と相反する、強烈な「階級社会」である。ただ「階級」といってもそれは、経済的な地位が政治的・社会的な地位として固定化したという階級 class ではなく、権限を明確に定められた職位 rank としての階級である。死の危険性を伴う命令、人を殺す命令を下す／下される関係において、その格差は絶対であるけれども、上官の下す命令は限りある職権（権限）として持たされており、それは広義の官僚制組織としての近代軍隊の性格と不可分ではない。もちろんそれに加え、実際の軍隊は、所属する人間の様々な実践や意識によって構成されている。

それゆえここであつかう軍事的エリートとしての士官は、ファナティックな心情を抱き、権力掌握を目指し社会にとって危険な政治的軍人ではなく、選抜と教育によって専門職化され、官僚制による人事によって配置される人員のグループとして検討される。そう捉えることによって、兵士と並び、いやそれ以上に重要な構成要素である士官についての探究を「軍隊と社会」という問いに繋げることができるだろう。

その意味で本章は、天皇制イデオロギーの「内面化」の結晶としてのみ戦前の陸軍将校を捉えるそれまでの通説を批判し、その選抜や育成の実際を検討しながら、彼らの世俗的な自己意識や社会化の側面を強調した広田照幸『陸軍将校の教育社会史――立身出世と天皇制』の問題意識を、現代社会において受け継ごうとするものである[5]。

その手がかりとして、広田と同様に、そうした人員をグループとして産出する重要な装置、選抜と育成のために体系づけられたプログラムのありかとして士官学校を位置づけ、「軍隊と社会」を分析する視座を確保したい。そのため防衛大学校は「士官」とはなにかという普遍的問い、および、戦前の士官学校との比較、日本以外の歴史上および現代の士官学校との比較を意識したうえで位置づけられることになる。

## 一　「士官」とはなにか

### 1　士官の歴史

統率や人員管理の必要から、古代より軍隊には各階層の編制単位に中級・下級指揮官が必ずいた。もちろんそれを士官の源流とすることができるはずだが、より直接的には、近世の傭兵将校や貴族将校が近代の士官の原型を作ったといわれている。このうち前者はその名残を「中隊」の訳語 company にみることができるように、戦闘指揮官であると同時に戦争を生業とする企業家でもあった。また後者は(軍事的には前者のプロフェッショナリズムをアマチュアリズムに置き換えたにしても)営利活動にとどまらない、領地・国土の保全意欲と国王・国家への忠誠心を持ち、資質としての名誉欲と勇気を持っている者たちとして期待されたのだった。逆に言えば将校の身分は、貴族たちを国王の軍隊に取り込む手段でもあった。S・ハンチントンは、傭兵将校に続いて誕生した貴族将校が、現代の専門職業的将校制度に先行する最後の段階にある存在だとしている。[6] かれらは、軍隊の統制を私的なものから社会的なもの・国家的なものへと置き換える役割を果たした。そしてさらに、貴族将校のアマチュアリズムを置き換えるべく、プロフェッショナリズムとしての将校制度が整えられてゆく。啓蒙の進行と軍事学の誕生がこれを助けた。士官の条件として、貴族の出自が必ずしも前提ではなくなったとき、これに取って代わるために求められたのは、幅広い教養と高度な専門知識だった。[7]

そしてリーダー（指揮官）としての士官に加え、忘れてはならないのは、スタッフ（参謀・幕僚）としての士官である。かれらは分担して、統率や作戦・戦闘指揮において膨大な判断を行わなければならない指揮官を補佐する。巨大化する軍隊は各級指揮官の大量育成を必要としたが、一方で、フランス革命戦争・ナポレオン戦争の教訓からプロイセンで考案されたのは、「参謀本部」という、士官だけで構成される組織だった。[8] そこでは、戦時にあっては戦略・作戦の立案や偵察・情報収集、兵站の構築などが行われ、さらに平時には、戦時の作戦立案の代わりに戦史研究・戦史編纂を行い、あるいは偵察の代わりに測量・地図作成を行う。さらに兵器開発や気象観測などの業務もあり、参謀・幕僚としての士官は、軍事的能力やカリスマを持つ武人・武将というよりも、知的業務にあたる技術者・コンサルタント、あるいは研究者に近い存在なのであった。

もちろん現代の軍隊もまた、こうした参謀・幕僚を大量に必要とし、同時に、指揮官としての士官であっても、知的資質を不可欠なものとしている。そしてその延長線にあるのが、現代軍隊論（ポストモダン・ミリタリー論）[9] によって名付けられた「ソルジャー・スカラー」の人物像だ。それによると、現代軍隊における支配的な専門職像は、戦闘任務をもっぱらとする「戦闘指揮官」から平和維持活動など多彩な任務もこなす「監督・管理者《マネージャー》あるいは／もしくは技術者《テクニシャン》」への移行を経て、より高度な学位を持つ「ソルジャー・スカラー（学者的軍人、軍人学者）」へと移行している。[10]

現代の軍隊における士官のキャリアにおいては、一般大学大学院もしくは軍設立の大学院における修士の学位取得が求められ[11]、士官学校の教官としての経歴だけでなく、調査研究に基づいた学会発表や論文・著書の執筆をすることも少なくない[12]。

また、二〇〇六年から一四年にかけてアメリカ軍によってイラクで実施された人文社会科学研究者の軍事協力、つまり部隊に人類学者や言語学者、宗教学者を同行させるというヒューマン・テレイン・システムにおいても、軍事作戦にその知見を生かすため、部隊指揮官はかれら専門家と会話可能な素養を持つことが期待された。

## 2　軍隊研究と士官研究、その視点としての軍隊文化論

「軍隊と社会」論において、このような士官への着目はどのように展開できるだろうか。士官のエートス、社会的性格、あるいはかれらの組織における分業と協働、そして意識や実践に、どのように接近できるだろうか。

こうした課題を採りうる「士官」への社会学的接近における一つの視点として重要なのは、「軍隊文化 military culture」論である。これを最も簡単に定義すると、軍隊で共有されている文化、つまり意識的・無意識的に共有されている行動原理、あるいはこれに関連する信念・慣習・伝統に基づく規範のセットのことであり、それは古代の戦士集団の慣習に由来するとされ、これによって形作られたエートスはいまだ軍隊という共同体に浸透しており、時と場所を越えて戦闘員たちをある種の友愛で結びつけている、という[13]。

こうした軍隊文化には二つのレベルがある。すなわち、一般社会と対比される軍隊独自の文化(職業文化としての軍隊文化)と各国社会のそれぞれの文化的特徴に応じた軍隊文化(国民文化としての軍隊文化)である。前者には、集団の共同体的な性格やヒエラルキーによる規律と統制の重視など、制服を着て任務に就く組織・職業(警官や消防士など)に共通する部分がある。さらに、軍隊のなかの兵種や階層の特性それぞれに応じた文化もあるだろう。また後者は、軍事や戦争に対するそれぞれの社会・国民のローカルな適応の結果として獲得されていったものである。

つまり、軍隊文化の視点においては、どのスケールで何を見ているか、あるいは何と何を対比・比較しているかを意識する必要がある。軍隊と社会、あるいは軍隊のなかにある相互関係や相互浸透を観察するうえでも、「軍隊文化」は有力な視点だといえるだろう。

例えば、軍主力による正面決戦によって戦争全体の帰趨が決定するという想定を念頭に、これにむけて軍事力も組織化されなければならない、という戦争観・軍隊観も、「戦争の西欧的流儀 the Western way of war」[14]という（かなり支配的だが）一つのローカルな軍隊文化に由来するものだ。

あるいはまた、「指揮統率文化（コマンド・カルチャー）」も軍隊文化の一つである。ここでいう「文化」もまた、成員の、そして集団としての思考や行動に一定の方向性をあたえるものであり、コマンド・カルチャーとは、指揮官となる将校が、どのようなかたちで指揮を執ることが求められるかという規範のことを指す。これは各国の軍隊文化によってそれぞれかなり異なるものであり、逆にいえば、比較可能である。例えばイエルク・ムートは、ドイツ軍の将校教育を採り入れようとして機能不全を起こしたアメリカ軍将校たちの姿を比較文化論的に論じている[15]。

士官の文化に関する興味深い研究例をもう一つあげれば、丸山真男の「下剋上」論があるだろうか。「下剋上」とは、良くも悪くも軍隊という空間の特性をよく知悉している下士官が、士官学校出たての「現場」をよく知らない将校に対して行った実権奪取である[16]。この論で顕著だったのは、「士官」一般というよりも「下士官」に着目する軍隊文化論（丸山の視点においては日本社会論）である。管見の限り、軍隊文化における下士官の独自性を描写し、その機能に注目した軍事社会学の研究は珍しい。日本社会を論じる有益な拠点を下士官文化論によって確保したということこそが、丸山の発見であった。

このように、軍隊文化論は「軍隊と社会」をみるために有力な分析装置である。一般社会に対する軍隊文化の同質性を主張したとき、下士官や兵士たちの担うそれが強調されるであろうし、対比により異質性が強調されるときには、士官の担うそれが特に強調されることになる。というのも、士官には、そうした文化を生みだす体系化されたプログラムである士官教育があるからだ。

## 3　士官研究の方法としての学校研究

軍隊文化論という視座を選択して士官を分析することが有効なのは、なによりも、士官学校があるからである。士官を量的・質的に養成する機関である士官学校では、士官のエートス（心的態度・行為性向）が形成される。ここに焦点を絞れば士官という存在をかなり具体的に分析することができる。

しかし、いったいそこで、士官たちは「何」を教わるのであろうか。

明示されたものは良くも悪くも「操典」一冊、それにより姿勢や行進、戦術的な移動や銃砲操作術を叩き込まれる兵士たちに比べ、士官が学ばなければならないことは広汎にある。指揮官は、統率する部隊の「頭脳」であり、人間のそれが発達形成に最も時間がかかり、広汎な機能を有するのに似て、錬成には時間がかかり、工夫が必要である。

先にみた士官の歴史のなかで考えてみれば、士官学校は、軍事的にはアマチュアであった貴族将校に軍事的素養を身につけさせるものとして誕生し、さらに後には平民に対して開かれて、貴族将校の代わりを埋めるものとして発展してきた。軍隊が階層社会であることに応じて、そして貴族文化の名残を残すことに応じて、士官学校ではその「高貴な」使命に応じた精神教育・人格教育も重視される。

例えばアドビンクラ＝ロペスによるフィリピン軍の士官教育の事例考察をみてみよう。[17] 充実したエリート教育、エリート選抜（抜擢）機能を軍が有していることにより、フィリピンにおいて軍務は、低所得者や国籍を取得した移民二世に社会上昇の機会を提供している。士官の経歴調査および聞き取り調査によって明らかになったのは、士官学校教育がたんに士官の選抜・所得の上昇だけでなく、自分の生活を地位に見合うよう見直してゆくこと、すなわち上流・

中産階級として暮らし、再生産してゆくようにすることを可能にする「文化資本」「象徴資本」の獲得機会を提供しているということであった。社会のエリート形成・再生産を士官教育が媒介しているという事例である。

士官学校は高等教育機関であり、選抜／教育／任官という段階があるというのであれば、本格的な議論を進める際には教育社会学的な視座、あるいは大学教育論の知見も参考になるだろう。どのような志望動機、どのような社会階層からの選抜がなされているのか、カリキュラムの内容や教育体系の編成方針、そしてそれが任官後のキャリアに与える方向性（あるいは任官拒否も含めて）など、一つの「学校文化」として士官学校研究を軍隊文化論に繋げることはできるはずだ。

（恐らくその線に沿って）カフォリオは、士官学校をめぐる軍人の社会化を二つに分けている。[18] 第一次的な社会化は、個人が様々な社会の一員になるためのプロセスを意味し、そこでは後に自分の職業を選ぶ際の素地となる価値観を先取り的に発達させてゆく。第二次的な社会化は、より特定かつ専門的な社会集団（あるいは職業）に入るためのプロセスを意味する。士官学校に求められるのは、前者の先取り的な社会化を後者の専門的な社会化に繋げてゆくことだ。教えられているのは、カリキュラムに沿った各科目の内容だけではなく、メンバーの一員としてのアイデンティティを決める「文化」なのである。

そうしたことは、一般の大学にもみられる。教育の内容だけでなく、伝統や校風などが創り上げるといういわゆる「隠れたカリキュラム」論も重要な視点となるはずである。

## 二　防衛大学校への社会学的アプローチ

### 1　防大設立と改革をめぐる理念史——士官教育の設計図

以上のような探究の可能性をみた上で、防衛大学校へのアプローチを始めよう。まずは防大の制度的特徴を知ることである。より相対化した視線を意識しつつ、それを最も要約して示しているという点では、防衛大学校の公式ホームページの英語版サイト⑲が参考になる。そこには、「日本の大学一般と比べてユニークな点」と並んで、「外国の軍事大学のほとんどと比べてユニークな点」が挙げられている。それによると、

① 三軍〔陸海空〕が統合された教育機関であること
② 校長が文民であり、教官のほとんども文民であること
③ 士官候補生は、卒業後引き続き、三つの〔軍に分かれた〕ＯＣＳ〔Officer Candidate School 士官候補生学校〕で継続して軍事教育を受けること

という特徴が日本の防大にはあるという。逆にいえば、各国では、陸海空軍別に士官学校が設置されることが多く、また、校長は軍人、教官も軍人の割合がより多いということだ。三番目にあがっているＯＣＳについては若干説明が必要で、日本でＯＣＳは、陸上・海上・航空の三自衛隊がそれぞれ設置する幹部候補生学校のことを指すが、防大卒業生は一般大学卒業生とここで合流し、より実践に近い軍事専門職としての知識や技術はここで学ぶことになる。だが例えばアメリカ軍であればＯＣＳとは、一般大卒から軍に志願し士官を志望する者に開かれた短期錬成の学校を指す。そこでは、ウエストポイントなどの士官学校で数年以上をかけて学ぶ内容を半年で学ぶことになる。

これらは防大の何を表しているだろうか。そもそも設立に当たって、どのようなことが構想されていたのか、当時を振り返ってみよう。

自衛隊（保安隊）や防衛大学校（保安大学校）の設立には、当時の首相・吉田茂が尽力したとされる。一九五七年二月、自宅を訪れた防衛大学校初の卒業予定者（後の防大教授・平間洋一）に対し、元首相として次のように語ったという。「君達は自衛隊在職中、決して国民から感謝されたり、歓迎されたりすることなく自衛隊を終わるかもしれない。きっと非難とか誹謗ばかりの一生かもしれない。御苦労だと思う。しかし、自衛隊が国民から歓迎されちやほやされる事態とは外国から攻撃されて国家存亡の時とか、災害派遣の時とか国民が困窮し国家が混乱に直面している時だけなのだ。言葉を換えれば、君達が日陰者である時のほうが国民や日本は幸せなのだ。どうか、耐えてもらいたい[20]」。

その翌月の卒業式の祝辞で吉田が述べたのは、校長の選任に込めた考えであった。防大では、軍人精神だけでなく、国民精神、そしてより普遍的な人間愛の理解を求め、その要として初代校長は軍人ではなく、リベラルな考えの持ち主で政治学（イギリス政治史）を専門とする慶應義塾大学の教授・槇智雄（官学出身者も避けられた）が招かれた。背景にあるのは、幼年学校より軍人精神の涵養に専心した旧日本軍の士官教育がもたらした弊害に対する批判である。

カリキュラムにおいても、士官学校でありながら、軍事関連の専門科目に偏重しないよう配慮がなされている。第一、第二学年においては一般科目を学び、ほとんど専門科目を学ばない。また第三学年でも相当の一般科目を学び、第四学年でも若干の一般科目を学ぶ。「以上の結果、学校卒業時における幹部の専門的能力は従来の陸士・海兵に比し低下を免れないが、一般教養を重視する新方針に適合するものと考えられる」（「保安大学校編制施設に関する着意事項」一九五二年、『防衛大学校十年史』）。現在でも防大は、理工系の専攻においても人文社会系の教養教育を重視している（表1[21]）。そして、卒業に必要な単位のうち、狭義の軍事関連科目は、防衛学の二四単位に過ぎない。その二四単位を除いても、学士号の授与に必要な一二四単位の修得を防衛大学校は満たしている。これら教育課程に加え、一〇〇五時間の訓練課程をこなせば、防大の卒業資格をえることができる。ある種の単純化をしてしまえば、防衛大学校は、将来の士官に専門的な軍事教育を施す専門高等教育機関であると同時に、士官となることを見込まれた者たちに大学相

**表1**　防衛大学校における履修単位数

| 防衛大学校 1961年ごろ | | |
|---|---|---|
| 一般教育 | 人文科学 | 14 |
| | 社会科学 | 14 |
| | 自然科学 | 14 |
| 外国語 | 第一外国語 | 8 |
| | 第二外国語 | 4 |
| 体育 | | 4 |
| 基礎専門 | | 25 |
| 専門 | | 60〜62 |
| 特別専門 | 防衛学 | 30 |
| 合計 | | 173〜175 |

| 防衛大学校 2021年現在 | | | |
|---|---|---|---|
| | | 人文社会科学専攻 | 理工学専攻 |
| 教養教育 | 自然科学系 | 24 | |
| | 人文社会科学系 | | 24 |
| 外国語 | | 14 | |
| 体育 | | 6 | |
| 専門基礎 | 人文社会科学系 | 18 | |
| | 理工学系 | | 30 |
| 専門科目 | 人文社会科学系 | 66 | |
| | 理工学系 | | 54 |
| 防衛学 | | 24 | |
| 合計 | | 152 | |

| （参考）A工業大学 2021年 | |
|---|---|
| 文系教養科目 | 13 |
| 理工系教養科目 | 14 |
| 英語 | 9 |
| 第二外国語 | 4 |
| 専門科目 | 76 |
| 研究関連科目 | 8 |
| 合計 | 124 |

当の一般教養および専門教育を施す高等教育機関とみることができるだろう。

二〇〇〇年代半ばから一〇年代前半にかけて防大教授（武官）としてその国際交流を担った太田文雄によると、国際比較のなかで日本の防衛大学校を位置づけると、卒業後即戦力として使えるように軍事学や訓練を重視した教育ではなく、アカデミックな一般教養を重視して、その知的な器を構築するような教育が施されている。一般教養を重視する傾向は世界の士官学校の趨勢でもあるが、そのなかでも「防大は時間をかけて幹部を育成する一般学重視士官学校の最右翼に位置」するという[22]。

## 2 防大の表象／報道のなかの防大史

一九五二年に保安大学校（防衛大学校の前身）が開校して以来七〇年が経った。防大を報じる新聞報道やテレビニュースの枠組み・基本視点・問題化のあり方も安定してきたといえる。防大と社会の関係の一端を表すものとして、それを次に観てみよう。

毎年三月になると必ず採りあげられるのは、首相の出席が慣例になっている防大卒業式におけるその訓示（初めて在任中の首相が訓示を出したのは、一九六一年の池田勇人首相）であり、それに併せて発表になる任官拒否者の数である。

前者が重要なのは、文民統制の観点から、国民の利益を代表する最高指揮官である首相からの訓示であるためであろう。ここには、狭義そして広義の政軍関係が集約されている。と、同時に訓示では、国会とは違う場において首相の安全保障観が、特にそれをこれから担う者たちに対して直接披露される。もちろんそこには防衛・安全保障政策の直近のありよう、その基礎をなす思想が現れる。首相でなくても一九七八年三月の卒業式に列席した元最高裁判所長官の「軍人勅諭」肯定発言のように、卒業式での祝辞の内容が大きな問題となることもあった。

新聞報道では、任官拒否者の数も重要な情報としてほぼ毎年採りあげられている。「任官拒否」とは、防大生が公務員として学費と寮費が無料、給料も貰う大学時代を送り、卒業による学士学位も貰ったにもかかわらず自衛官への任官を拒否するケースである。こうした任官拒否者の数は、好況不況に応じて変動する就職市場と比較しての自衛隊職の「人気」に相関する指標として示されている。史上最多の任官拒否はバブル景気に沸く一九九一年の九四名、不景気の時は減少傾向で、最少は東日本大震災の翌年の二〇一二年の四名であった。

防大の卒業式にはもう一つ、テレビニュースでよく採りあげられる光景がある。厳しい学生生活を終えた防大生たちの解放感の表象として、式終了と同時に無数の帽子が投げ上げられる光景である[23]。

また、校長の人選・人事も必ず伝えられる。前述の初代校長以来、軍人ではなく研究者や官僚出身者が校長になってきた。どのような人物がどのような理由で校長に選ばれたのか、そしてかれが士官たちにどのような教育を施そうとしているのか／したのかが報じられる。長文のインタビュー記事になることも多い。こうした報道姿勢には、士官教育に一定の社会的意味が認められており、その教育方針の象徴としての校長の存在を国民は知っておくべきだという判断があるようにみえる。

ただ防大が最も数多く登場する記事は、スポーツ大会で上位に食い込む成績を挙げたときや、教員たちが研究者として専門分野に関する見解を求められたときである。防大元教員・防大出身者のことが記事になったときにその経歴として言及されることもある。そうした記事によっても、防大の活動は伝えられている。

こうした記事のほか、防大の不祥事を伝えるものもある。過去においては不正経理、入試における採点ミス、学生の起こした事件などがあった。さらに、いじめや自殺、それに関わる訴訟を伝える記事もあり、特殊に閉鎖的で厳しい生活の一端を伝えている。

防衛大学校での生活の様子が連載記事で採りあげられたこともあった。連載の枠組みとして共有されているのは、現代の「普通の」若者が軍隊という「特殊な」空間をどのように経験し、どのような士官となろうとしているのかに迫ったものである。記事は、そうしたかたちで私たちの「軍隊と社会」の関係を伝えようとする。

また、防衛・安全保障関係に関するアジェンダに関して防大生が自分の意見を述べることもかつてはあった。自衛隊の合憲／違憲が問われた恵庭事件（一九六二年）の裁判では、自衛隊の将来を担う者として防大生の合憲判決への期待が記事に含まれることもあった。

その歴史のなかで防衛大学校が大きく変革しようとした何回かの時期においては、その試みの意味を検証しようとした記事もあった。過去において最も大きく採りあげられたのは女子学生の入学許可やその初入試、その卒業についてであった。防大の大学「昇格」（学士号授与や大学院設置など）や教育内容の「軍事化」も報じられた。

以上のような記事では、防大はその客体であり、新聞社の取材に応じてなされる情報提供であった。新聞報道をきっかけに、国会での議論へと進展してゆくこともある。

ただし近年、防衛大学校の情報提供のチャンネルは多様化している。広報・広報協力を進める防衛省・自衛隊全体と同様に、防衛大学校も、より主体的・積極的な広報に力を入れるようになっている。

代表的なのは、二〇一三年に放送されたＴＶドラマ『空飛ぶ広報室』（ＴＢＳ）である。このドラマには、防衛省・自衛隊が協力し、（まさに）その広報活動を担うセクションである航空幕僚監部広報室を舞台とするが、このなかに、実際の防衛大学校を撮影地として、主人公のテレビ局員（女性）と防大出身の広報室員の女性自衛官が母校を訪問するエピソードがある（第四話）。登場人物のセリフとして防大の概要が手際よく語られ、厳しい学生生活のなかで自分のふがいなさに落涙する女子学生にかつての自分を重ね合わせるこの室員の姿も描かれた。原作者が女性であるためか、このドラマでは、女性士官がキャリアの途上で直面する困難が採りあげられるエピソードが少なくない。

もっとストレートに防衛大学校が表象化されているのは、少年誌で連載されている漫画（二〇一六年から）、そしてドラマ化（二〇一九年）までされた『あおざくら』だろうか。防大に入学した主人公を中心に、入学から（おそらく）卒業まで、より詳細に防大における学生生活を描く。『空飛ぶ広報室』ほど防衛省・自衛隊との協力関係はあきらかではないけれども（防大構内で撮影されていない）、経済的動機による防大進学、入学直後に退校する者の姿、盛んな運動部活動や週末にだけ許可される外出などは、それぞれ外からは見ることのできないものであり、それが如何に「特異」なもの（でありながら共感可能なもの）として提示されているかを丁寧に読み取れば、その「生活」や「文化」をめぐる我々の認識枠組みを浮かび上がらせることができる。女性に焦点を当てて「防大」や「士官」の現在を手短に描こうとした『空飛ぶ広報室』から抜け落ちたものを補完しているようにみえる。

開校記念祭の目玉である「棒倒し」などもテレビ番組のコンテンツになるようだ（二〇一七年一一月一七・二四日・Ｂ

Sジャパン、二〇一二年九月三〇日・日本テレビなど)。防大への「潜入」ルポは、週刊誌で定期的に掲載される記事であり、その「異文化体験」性を言説分析することも有効だろう。

会社員・経営者向けの自己啓発本として出版される「士官学校に学ぶ」書物も数多いが、それらの存在が表しているのは、なかなか一般社会では明示されたり体系化されたりしにくい「リーダーシップ」や「決断術」が士官学校で集中的・効率的に教育されているのではないかという期待からであろう。ただし、いくつかの例外を除き、アメリカの士官学校に学ぶことのほうが多く、「防衛大学校に学ぶ」ことはまだ本格的に始まってはいないようにみえる。

このように、いくつかの経路に分かれて広がり始めた防大の表象をどのように考えるべきだろうか。まだまだ素材は少なく、時系列に並べて何かを指摘することもできないが、「軍隊と社会」という研究領域を背景に、防大の表象の分析は、士官や軍隊文化に関する問いに多くのものを提供してくれるであろうことは予想できる。ここでも比較が有益なはずだろう。例えばアメリカの陸軍士官学校(ウエストポイント)は、「黄金の一〇年」と同校図書館のウェブサイトで紹介される一九五〇年代を中心に、数多くの映画の素材となっている[24]。

ただし、そこで紹介されている映画の最新の二編は、士官学校生活の「問題」を採りあげたものである。一九七五年の『サイレンス』は、カンニングを咎められた士官候補生が受けた、無視による排除、「沈黙の刑」を描いているし、一九九四年の『ウエストポイントでの暴行』は、一九八〇年に起こった黒人士官候補生への暴行事件を扱う軍法会議を描いている。

士官学校を題材にしたこのような映画が作られることは、一般社会の士官学校への関心、あるいは士官学校的なものに対する静かな緊張感を表しているといえるかも知れない。一方で、防大報道には文民統制の見地からの定型化した枠組みがあり、校長選任・首相訓辞・任官拒否者数など、チェックポイントは固定化されている。メディア表象にそれ以上の積極的な展開が今のところ見えないこと自体にも、現代日本における「軍隊と社会」の状況が現れているといえるだろう。

## 三　防大教育のなかの人文社会系

### 1　残された課題

日本の士官学校である防衛大学校については、入学試験による選抜や卒業後のキャリアなどについて、まだまだ考察の余地がある。また、前節でみたように、世界各国の士官学校との比較における防大の性格の特定や、報道や表象にみる軍隊と社会の関係を検討してゆくこともできるだろう。それらの考察や検討を通じて、士官教育を焦点とした軍隊文化研究を自衛隊に施し、「軍隊と社会」研究を前進していくことができるはずである。

もちろん、四年間起居を共にする学校生活によって形成される軍隊文化は何よりも重要なものだ。学生寮は「大隊／中隊／小隊」によって構成され、学生生活を過ごす基礎的な共同体となる。学外に出ての見学・研修や、海外の学生を招いての国際交流の意義を検証することなども重要だろう。

おそらくそうした士官学校の制度的配置が軍隊文化に与える影響は、（参与観察は無理にしても）インタビュー調査やアンケート調査などの社会学的な調査によってより詳細に考察可能なものとなるはずである。在校生に対する調査が困難であれば、卒業生を対象にした調査、自衛隊退職者に対する調査も考えられる。

例えば河野仁と彦谷貴子は、幹部自衛官（ただし、防大卒以外の一般大卒も含まれていると考えられる）と一般文民エリート（東京大学法学部卒業生）に対してアンケート調査を行い、両者の間にどのような認識・意識の相違あるいは類似性がみられるのかを実証的に検証しようとした(25)。それによると、幹部自衛官と文民エリートのあいだで、国際情勢認識や自衛隊のあり方、国際貢献活動のあり方に大きな認識の差、懸念すべきギャップがなかったとされる一方、シビリアンコントロールの意味についてはむしろ幹部自衛官のほうがより厳格に考えており、その具体的な役割についてはより積極的なものを模索していることが確認された。

こうした「結果」を、防衛大学校の教育プログラムが持つ軍隊文化に対する影響力によるものだと考えるのであれば、対応関係を求めてより詳細な研究課題を設定することが今後の課題となる。

## 2　士官教育のなかの人文社会系

選抜や学校生活や行事、卒業後の進路ももちろん重要だが、士官「学校」という以上は、やはり着目するべきはカリキュラム、あるいはその教育内容である。

防大のカリキュラムに関しても、すでに河野仁が検討を加えている㉖。河野は、設立から現在に至る防大の歴史に沿いながら、社会科学教育・社会学教育の役割を拡大しつつある近年の状況を論じた。先述の通り、人文社会系の教養科目と理工系の専門科目によって体系づけられてきた防衛大学校のカリキュラムは、一九七一年の改革委員会において見直され、社会科学系の専攻新設や科目の増加などが議論されることになった。そこでは、防大の上級士官学校である幹部候補生学校から、幹部候補の育成にあたって防大に対する要望として、社会現象間の複雑な因果関係や「人間性」に関する理解、歴史を始めとする一般的な知識の重要性が指摘されたという。一九七四年に設置された社会科学系の専攻は、理工系の専攻より高い志願倍率となった。一九八一年には社会学の専任教員が初めて採用され、一九九七年には大学院安全保障研究科も設置された。

拡充を続ける防大における社会科学、社会学教育について河野が指摘しているのは、現代の軍隊の任務である平和構築や人道支援活動における将校の「文化的能力」（作戦環境の社会・政治的・文化的側面を深く理解すること）に対して「社会学的想像力」が認識の強力なツールとなるということである。あるいはさらに、自分の認知的な枠組みの妥当性を継続的に「反省」する能力も不可欠であり、現代の士官はより一層心理的に成熟した意思決定者となる必要がある。もちろんソルジャー・スカラーのエートスの形成において、士官学校の教育がどのような影響を与えているかについてもまた、検証が必要な事項であろう。

例えばマーレーとシンレイチの編んだ論集『プロローグとしての過去――軍事専門職に対する歴史の重要性』(原題の直訳)は、異口同音に、士官教育における戦史研究の重要性を主張する。[27] 歴史研究の始まりのトゥキディデス以来、歴史は人間性とそれが生み出す戦史とともにあったのであり、軍事史もまた、「戦争と社会」という枠組みが一般化したことにより、様々な社会的要素を視野に入れなければならなくなった。著者たちは一方で、士官学校の教育において歴史学が社会科学の理論構築のための単なる叩き台となってしまったことを批判し、さらには歴史学の講義に取って代わって登場したシステム工学、オペレーション分析、業務管理などの講義の価値を、「近視眼的性向の産物」などと、様々な表現の皮肉で批判する。もちろん、歴史の安易な応用は厳に戒めることも忘れない。

歴史学と社会科学、あるいは人文社会科学と社会工学という対立の前に、そもそも軍隊に想定される反‐知性主義が、「学校」や「学術」というあり方との齟齬を予想させる。それは軍隊に対する社会の視線としてではなく、軍隊の中にある視線でもある。例えばヒグビーは、士官学校で教える文民教官・軍人教官たちの経験から来る考察を集めた論集の序文で、アカデミーと軍隊の健全な(議論や反対意見を生み、成長と発見の原動力となる)緊張関係はどのようなものか、と述べる。この論集では、一方で現代の軍隊において将校には高度な学術研究が必要不可欠であり、それは対反乱戦に必要な「柔軟性、適応性、創造性に富んだ思想家」を育成するという意見があり、また他方で、「形式張った教育を受けすぎると、上級指揮官の判断力が曇り、本能が疎外され、意思決定が遅くなる」という主張も紹介される。ただそれでも、ギリシャ以来の修辞学やライティング、古典文学を学ぶことにより、市民としての自覚や批判的思考、多様な価値観に対する寛容な態度などを獲得することができる、ということが主張されている。[28]

誰も正せていないようにみえる。

# おわりに――軍隊と社会を媒介する存在としての士官

こうした議論をみてどうしても思い出されるのは、大学教育をめぐる一連の議論である。「そもそも大学とは何か」という問いを伴いながら、高等教育のあるべき姿をめぐる議論が、実用／教養、専門／一般の対比に基づき、社会生活をめぐる他の諸価値を巻き込んで延々と続いている。明快な答えが出せなくなってしまうような前提の食い違いを、誰も正せていないようにみえる。

士官学校をめぐる議論も、同様の状況にあるのではないか。一方には貴族将校の名残たる人格主義、そのための教養教育があり、他方には、常に革新を続ける軍事技術に追いつくための理工教育、あるいは「実用」に直結する（とされる）教育がある。そして両者のあいだを、士官教育は揺れ動くことを余儀なくされているようにみえる。そもそも、何が正しい士官教育なのか、誰も「答え」を知らないのだ。それは大学教育も同じである。

そういった相似が観察できること自体は興味深い。現代においては軍隊も、一般社会の規範を遵守しなければならない。軍隊と社会とは、相互に観察し合っており、その再帰性は加速するばかりである(29)。では、そうした「軍隊と社会」研究において、士官教育や士官学校への注目は、どのような視座と知見をもたらしうるだろうか。本章を振り返りながら、少し考えてみることにしたい。

まず確認されたのは、軍事専門職により構成される現代の軍隊において、士官はその軍隊文化をかたちづくる中核だということである。そして近代以降、士官とは、指揮官としてだけではなく、参謀としての役割も加わり、両者はともに、軍事にかかわる膨大な知的業務をこなす軍人である。

そう捉えたとき、「軍国主義」（あるいは「天皇制」）など、特定のイデオロギーを強烈に注入されたエートスとして士官をみなすことはもはや適切ではない。軍事を専門にする特殊な職業人であっても、現代において士官とは、市民社会から選抜され、一般市民との断絶よりも連続性において捉えられるべき存在なのだ。逆に言えば、特定のイデオロギーによって形成されるエートスとして検討するのではなく、一般社会との相違や相似を詳細に検討する視角として、「軍隊文化」を視座として採ることが有効だろうということである。

そうした「軍事文化」を形作るのが士官学校である。つまり、軍隊文化と一般の社会における価値観の相違があるのであれば、士官学校がそれを生み出している。そこには明文化された教育目標・方針があり、その方針に基づく教育科目の配置があり、教育実践があり、学校生活がある。もちろん、そこへの参加と離脱を条件付ける、士官学校への選抜、そして卒業後の進路も重要である。「設計図」や観察可能な教育プログラムがあることは、「軍隊と社会」研究において士官学校に着目できる／すべき理由だろう。

本章では次に、防大の「設計図」やその特徴の自己呈示をみた。そこでは戦前の士官学校との決別が強調され、市民感覚や教養教育が重視されているようにみえる。もちろんその検証には実際の教育内容の検討が必要であり、カリキュラム外の行事(戦跡訪問など)に注目すれば、実際には断絶のほかに(軍隊として当然のことながら)旧軍の事績のうち受け継ぐべきものは受け継ぐという判断があることが分かるはずである。

またその次にみた、防大の報道や表象は、防大に何を見たいか／社会に何を見せたいかが表れる場であり、より詳しい検討を施せば、「軍隊と社会」の関係の現れとしてこれ以上ない分析対象となる。このように、様々な論点において「防衛大学校の社会学」は一層重要な研究領域として今すぐにでも始められるべきだということが確認できた。

ただ同時に、本章で整理してきた士官研究／士官学校研究の現代的な前提が示しているのは、士官をたんに「戦争をする一専門職」とする以上に、とりわけ「社会」や「人間」に関する素養・教養が求められる人材だとしているということだ。軍事に関する高度な技術や知識を求められながら、同時に、技術や知識に還元できないもの、最終的には何かよく分からない「人間力」のようなものを士官学校は育成しなければならない、とされている。高度な専門職でありながら理想的な「市民」として様々な素養を併せ持つことを期待される現代の士官。このことは何を意味しているだろうか。防大を探究するにあたっても、この問いを忘れてはならないはずである。

（1）例えば波多野澄雄『幕僚たちの真珠湾』吉川弘文館、二〇一三年、参照（初出一九九一年）。
（2）例えば吉田裕『日本軍兵士――アジア・太平洋戦争の現実』中公新書、二〇一七年、参照。
（3）中野雅至『没落するキャリア官僚――エリート性の研究』明石書店、二〇一八年。
（4）軍の権限掌握を警戒する纐纈厚『文民統制――自衛隊はどこへ行くのか』岩波書店、二〇〇五年や、むしろ文民の軍事的暴走を危惧する三浦瑠麗『シビリアンの戦争――デモクラシーが攻撃的になるとき』岩波書店、二〇一二年などを参照。
（5）広田照幸『陸軍将校の教育社会史――立身出世と天皇制（上・下）』ちくま学芸文庫、二〇二一年。
（6）サミュエル・ハンチントン／市川良一監訳『軍人と国家（上・下）』原書房、二〇〇八年、参照。
（7）鈴木直志「「教養ある将校」と「気高い兵士」――一八世紀後半のドイツにおける軍隊と啓蒙」『広義の軍事史と近世ドイツ』彩流社、二〇一四年。
（8）日本にいち早く紹介した教養書として渡部昇一『ドイツ参謀本部』中公新書、一九七四年（祥伝社新書で再刊、二〇〇九年）。
（9）C. Moskos, et al. eds., *Postmodern Military: Armed Forces after the Cold War*, Oxford University Press, 2000, 河野仁「ポストモダン軍隊論の射程――リスク社会における自衛隊の役割拡大」村井友秀・真山全編『リスク社会の危機管理（安全保障学のフロンティア・二一世紀の国際関係と公共政策2）』明石書店、二〇〇七年、参照。
（10）「ポストモダン・ミリタリー」論では、外交センスやメディア対応の能力を加え、「ソルジャー・ステーツマン（軍人政治家）」などの形象も指摘されている。
（11）アメリカ軍教育機関における学位授与については、児矢野マリ「「学位」の機能再考――米国の国防関連教育機関における学位授与制度の発展」『創文』一九九八年一一月号、および「米国における国家安全保障の学位をめぐる動向」『学位研究』（学位授与機構）九号、一九九八年、参照。
（12）二〇〇八年に当時の航空幕僚長の歴史認識が問われた「論文問題」があったが、シビリアンコントロールや公人の見解表明といった問題のほか、ソルジャー・スカラーの規準に則っていえば、軍の最高幹部が「論文」を書くための訓練を十分に経ていないことが明らかになったというところにも問題の本質があったといえるのではないか。

(13) Brian R. Price, Military Culture, in Paul Joseph ed., *The SAGE Encyclopedia of War: Social Science Perspectives*, SAGE Publications, 2016 参照。
(14) ハリー・サイドボトム／吉村忠典訳『ギリシャ・ローマの戦争』岩波書店、二〇〇六年に付けられた澤田典子による「解説」を参照。
(15) イエルク・ムート／大木毅訳『コマンド・カルチャー――米独将校教育の比較文化史』中央公論新社、二〇一五年、参照。
(16) 丸山真男『現代日本の思想と行動(新装版)』未来社、二〇〇六年、参照。
(17) Leslie Advincula-Lopes, Military Educational Institutions and Their Role in the Reproduction of Inequality in the Philippines, in Giuseppe Caforio ed. *Advances in Military Sociology: Essays in Honor of Charles C. Moskos*, Emerald Group Pub Ltd., 2009 参照。
(18) Giuseppe Caforio, Military Officer Education, in G. Caforio and Marina Nuciari eds. *Handbook of the Sociology of Military: Second Edition*, Springer, 2018 参照。
(19) https://www.mod.go.jp/nda/english/about/characteristics.html 参照。
(20) 平間洋一「大磯を訪ねて知った吉田茂の背骨」『歴史通』二〇一一年七月号。
(21) 防衛大学校10年史編集委員会『防衛大学校十年史』防衛大学校、一九六五年、「防衛大学校規則」(防衛大学校ウェブサイト)、A工業大学ウェブサイトにより作成。
(22) 太田文雄『世界の士官学校』芙蓉書房出版、二〇一三年、参照。
(23) ただしこの風習は、防大だけではなく世界各国の士官学校でみられる。
(24) United States Military Academy Library, West Point Feature Films, https://usma.libguides.com/c.php?g=422474&p=3016942 参照。
(25) 河野仁・彦谷貴子「冷戦後の自衛隊と社会――自衛官・文民エリート意識調査の分析」『防衛大学校紀要　社会科学分冊』九二号、二〇〇六年、参照。
(26) Hitoshi Kawano, The Expanding Role of Sociology at Japan National Defense Academy: From None to Some and More?, *Armed Forces & Society*, 35(1), 2008. 参照。
(27) ウイリアムソン・マーレー、リチャード・ハート・シンレイチ／今村伸哉監訳『歴史と戦略の本質――歴史の英知に学ぶ軍事文化(上・下)』原書房、二〇一一年。
(28) Douglas Higbee ed., *Military Culture and Education: Current Intersections and Military Cultures*, Routledge, 2010 参照。
(29) 野上元「軍事におけるポストモダン――現代日本における社会学的探究のために」『社会学評論』七二巻三号、二〇二一年、参照。

# 第8章 自衛隊と組織アイデンティティの形成
## ──沖縄戦の教訓化をめぐって

一ノ瀬俊也

## はじめに

戦史は軍人にとって、その戦略・戦術眼を磨くうえで必須の教養と位置づけられる。一九六〇年、防衛庁防衛研修所戦史室長の西浦進（陸軍士官学校三四期、元陸軍大佐）は旧日本軍の参謀教育を批判的に回顧し、「戦争指導の教育等は抽象論あるいは観念論を戦わせましても意味はないのでありまして、こういうものは真に過去の戦史の深刻な研究によってはじめて体得ができる」と、軍の高等教育における戦史探究の意義を強調している。(1)

軍隊にとって自軍戦史の研究は顕彰に通じ、その栄光や存在意義を再確認する手段でもある。旧日本陸軍の戦史研究では、上司の失敗追及を忌避し、直接の教訓抽出に固執した結果、ありきたりの内容に終始し、深遠な理論的考察にまで至らなかったとの指摘がある。(2) では、自衛隊にとって旧日本軍の戦史研究・教育とは何を目的とする営為だったのか。そのことについての歴史的な視点に立った研究は、当事者たる戦史教官の回想や反省的なものを除けば緒に就いたばかりである。(3) そこで本章では一九六〇年に陸上自衛隊幹部学校が中心となって行った沖縄戦史研究を手がかりとして、一九六〇─七〇年代初頭の自衛隊における戦史研究・教育が持っていた意味を考察したい。

当時の陸上自衛隊は、国土における唯一の大規模な地上戦と位置づけられる沖縄戦からどのような〝教訓〟をくみ取ろうとしたのか。この点は、組織としての陸上自衛隊のアイデンティティに深く関わる問題ではなかろうか。なぜなら陸上自衛隊は少なくとも表向きには旧軍の反省の上に作られたとされ（前記の西浦発言もその一環といえる）、旧軍との違いの中に正負のアイデンティティを見いだしてきた組織であるからだ。

戦後日本における沖縄戦の研究史について、小野百合子は本土における沖縄戦認識の変遷を考察し、内地の沖縄戦研究には一九八〇年代に至るまで「軍隊と民衆の関係」の視点が欠けていたという重要な指摘をしている[4]。しかし小野は一九六〇年の自衛隊による沖縄戦研究については「自衛隊による沖縄戦「研究」がどのような意図で行われたのか、この時点で問題視されることはなかった」とする程度で、その「意図」については深く追及していない。旧軍が多数の県民を巻き添えに「玉砕」した沖縄戦を、その後身として国土防衛をほぼ唯一の主任務としていた当時の陸上自衛隊はどう認識し、「玉砕」の問題も含めて教材化していたのかが本章の課題となる。

## 一　沖縄戦史研究の内容

陸上自衛隊の戦史研究は、幹部学校（旧陸軍の陸軍大学校に相当する高等教育機関）や防衛庁防衛研修所戦史室で行われてきた。幹部学校では米軍戦史の翻訳による沖縄戦教育を行っていたが[5]、一九六〇年度の陸上幕僚監部業務計画により沖縄戦史研究を「沖縄における主として第三二軍以下の作戦（戦斗）戦史及び島民の行動に関する史実を図上及び現地について研究史、教育訓練及びじ後の研究の資を得る目的を以て[6]」実施することになった。研究には陸海空の幕僚監部、防研戦史室、陸幹校、富士学校及び施設学校から選定された研究員二二名が加わった。

沖縄戦史研究は、まず沖縄戦史に関する諸資料を作成し、それをふまえた幹部学校での図上研究（一九六〇年一一月四—九日)、ついで当時米国の施政権下にあった沖縄での現地研究(同年一二月七—一九日)、報告書の刊行(六一年三月)という順序で実施された。研究の統裁官となったのは副校長・陸将補の田中義男(陸士四〇期、元中佐)である。田中はのちの六三年に実施され、有事研究として問題化した三矢《みつや》研究[7]の統裁官となった人物であることを念頭に置いておきたい。

研究は「大本営及び一〇HA(陸軍の第一〇方面軍、台湾)の三二A(第三二軍、沖縄)に対する統帥・指導」などの多岐にわたる課題を設定していたが[8]、本章ではその中の住民問題に焦点をあてることにしたい。というのは、統裁官の田中自身が研究の終了直後に「現地を視察したことによって特に深刻な印象を受けた」項目として「戦場に在る国民の問題」と大本営・現地軍間の「上下意志の疎通」の欠如の二点を挙げているからである。田中は第三二軍の首里撤退後、住民の知念半島撤退が遅れ、多数の県民が軍とともに南部へ後退し命を落としたことについて「当時の軍とか政府の手では、これ以上を期待することは過望ではなかったか」と沖縄第三二軍の住民指導を弁護しつつも「国土戦において、相ともに戦ってきた数十万の住民を最後の最も危険な時に庇護外に押し出して、軍自体が何日か健在を図るということは果たして策の得たものであろうか」との問題提起をしているからだ[9]。国土防衛を唯一の任務とする自衛隊にとって、「国土戦」における住民対策の問題は避けて通れなかったのであり、ここに沖縄戦研究の主たる目的があった。では、その研究において田中たちが住民対策上の〝教訓〟としたのは何だったのか。

陸上自衛隊幹部学校が研究に際して作成した資料の一つである『沖縄戦史 三二Aを中心とする日本軍の作戦(第一巻)』(一九六〇年五月)は、旧軍の住民に対する態度が「時に心なき一部将兵の遊里の巷における酔態等は島民のひんしゆくを買つた」、「三二Aは一般人と部隊との混住を厳に避ける建前をとつていたが端末においてこれが徹底《ママ》を欠いたために軍民の間に摩擦を生じた事例もあつたようである」[10]と述べている。部内限りの研究資料にこうした〝反省〟の弁が婉曲的ながらも盛り込まれたのは、研究に際して行われた当時の軍・民間関係者への調査やヒアリングなどの影響があるとみられる。

沖縄の戦後補償業務に関与した厚生事務官の馬淵新治（陸士四一期、元少佐）は、幹部学校編『沖縄作戦における沖縄島民の行動に関する史実資料』（一九六〇年五月）で軍と県庁の意思疎通が十分でなく、疎開が適切に行われなかった背景として、「明瞭に高度の政治的才能を有する幕僚を配してい」なかったことを指摘したうえで「少なくとも軍の要員には、行政に明るい人物を配するとともに、参謀副長クラスの人に政治行政に通ずる適任者を配置することが特に緊要」（二頁）との認識を示している。(11)

馬淵は「この移動（米軍が上陸に先立ち行った艦砲射撃開始後に県民が北部へ疎開したことを指す）が狼狽した住民の行動であり、計画的措置でなかつたため十分の成果を挙げ得ず」、「軍、官指導力の欠如が見られるのは遺憾」（一四頁）と「計画」の不在を指摘する。また、「現地軍としては無理と知りながら法制上現地の行政面を担当する県庁に対して相当高圧的態度を以つて、軍の要求を強制した」と「法制」の欠如が軍民の離間を招いたという。この軍民離間は「心ない将兵の一部」による住民の壕追い出しや泣き叫ぶ赤子を母親に殺害させる、罪のない住民をスパイ視して殺害する「蛮行」にまでつながったとする（一八、一九頁）。馬淵はこれらを「厳正な軍紀の維持が公私を問わず如何に住民指導上必要であるかを示す一事例」（二四頁）と述べ、戦闘遂行の円滑化の観点から批判的にとらえているようである。

だが、ここで注目したいのは陸上自衛隊幹部学校編『沖縄戦史　三二Aを中心とする日本軍の作戦（第2巻）』（一九六〇年五月）が「疎開乃至《ないし》は避難行動は何《いず》れも強制力のない各自の自由意志によるものであつたので受入態勢等の不備と相俟《あいまつ》てこのように多数の住民を戦斗の渦中に巻き込むこととなつた(12)」と述べている点である。つまり「強制力」をもつ有事「法制」が欠如していたからこうした惨事となったというのが幹部学校の主張であり、この点は前掲『史実資料』で「此の際徹底的強権に基く疎開を強行すべきであつたのではなかろうか」と述べた馬淵も同じである。

その馬淵は一九六〇年一一月八日、沖縄戦史図上研究会において「無辜の非戦闘員の犠牲を避け、軍の自主的作戦の自由を確保するため、国内戦における対住民対策は作戦遂行上の絶対要件と言っても過言でない程重要なものでありますが近代戦の国内戦に全く経験のなかった軍官民は、何れもこれが遂行に努力をされたにも不拘《かかわらず》指導要領の不適、指導力の欠如、島民の協力の不足等によって万全を期し得られなかったこととは言え、遺憾に堪えない」、「私見でありますが、結論として、かような業務は一貫した方針の下で当初から温情主義を排して強権を発動しない限りその実施の完璧は期し得ないと思われます(13)」と語っている。つまり彼らの関心は戦時における対住民「強権」発動の是非に向けられていた。

研究終了後に幹部学校が作成した報告書(14)の別冊第一は「戦場地帯の行政責任」の項で法制面からみた戦時住民対策の考察を行っている。具体的には戒厳(非常時に軍が行政権や立法権を掌握すること)の実施であり、第三二軍が戒厳を実施しなかった理由を「戒厳の施行を中央にて明確に指示し得なかった原因は、戒厳令施行に伴う利害のバランスであって、中央も現地軍も、ついに踏切り得なかったようである」(一七〇頁)とみる。そして「行政、司法に対する上級官庁の指揮権を排除し、軍自ら之を指揮するので人的、物的に軍の作戦に強力な集中が可能である」などの「利」、「複雑多岐な行政司法面において軍に多大の負担がかかり、またこれに伴う責任が当然生ずる」などの「害」を列挙して「沖縄官民の協力が極めて良好で直接の作戦準備に特別の支障がなかった当時の状況下では、現地軍もその必要を痛感しなかったようである」(同頁)と、かつての第三二軍の措置を擁護する。

ところが別冊第一は「国民挙げての防衛行動に従事する沖縄作戦においては、少くも敵上陸後は戒厳を令して軍として強力に統制する必要があったように考えられる」(同頁)と述べ、戒厳は必要だったと説いている。同じく別冊第二は「戒厳を布かないということは軍として民政(民生)に関する責任意識の欠除となり、官民の軍事的協力、民生の保護に関する具体的方策に積極性を欠いた最大の要因になったと考えられる」(一一二頁)と述べ、その必要性をより積極的に主張している。その理由は「一般軍隊をして自ら民間人を奴隷視する傾向を生じ端末《ママ》部隊をして住民を無統制な現場使役にかりたて、あるいはスパイ容疑等による勝手な処断を加える等の好ましからぬ事態を発生せしめ、国土防衛の基本である精神団結面に悪例を残す結果となつた」からである。別冊第二はそれを「猛省をしなければならないと観察される」と言い切っている。

これらの記述は、来るべき国土防衛戦では戒厳の実施こそが陸上自衛隊としての「責任」ある態度だと明言しているのに等しい。かつての陸軍による住民への非違行為を「猛省」して「教訓」化し、二度と繰り返さないためにも戒厳を実施すべしというのが幹部学校のロジックであった。彼らが沖縄戦を負の「教訓」としたのは、将来の有事における戦闘の円滑化・効率化を狙っていたからにほかならない。別冊第二の「軍が自らの責任を名実共に自覚して戒厳を布き諸般の施策を行なつたならば、軍官民の作戦に寄与する役割は一層明瞭となり、作戦協力も有効で住民の被害も軽減されたと考えられる」という記述（一二一頁）も、この戦史研究が実は有事研究の一環であったことを裏付ける。

別冊第一は「最終段階における非戦斗員の取扱いに対する指導」についても、「非武装、中立地区の宣言」が必要であったとする一方で、「住民を包含する防衛作戦」を実施するのであれば、「当初から準備を周到（住民の組織化、陣地の構築、武器資材の蓄積、食糧の確保等）にしなければならない」（一七一頁）と述べている。同じく別冊第一は「疎開は法的には強制力がなくいわゆる「勧奨」の形式で行なわれた。政府の疎開のための施策は次のようであるが強権の発動でなくすべて前述の勧奨で行なわれた」（一六七頁）と述べる。この報告書は、沖縄戦で実効性のある住民対策がとれなかったのは、都市疎開実施要綱（一九四三年一二月二一日閣議決定）をはじめとする政府の定めた諸「要綱」しか法的根拠がなかったからと指摘することで、暗に将来的な有事法制の整備を主張しているのだ。

別冊第二は「疎開（避難）の形式は、自発的なもの、強制的なものに大別され〔る〕が、いずれにしても組織的に行なわれることが必要である」、「強制的に実施したならば被害を減少し得たことは明瞭である。しかしながら政府としては強制の裏付となる受入れ態勢が不備であつたので、思い切つた施策をなし得なかつた立場にあつたようである」と述べ(一二六頁)、強制をも含む事前準備の必要性を強調する。別冊第二は「疎開(避難)の計画」は「防衛計画の一環として政府及び地方行政機関が主体となつて軍と連けいしつつ作成せらるべきものであると考えられる。すなわち疎開(避難)には収容の施設等の管理面が伴い軍としての権限能力の範囲外となる」としつつも(一二六頁)、「緊急事態に即応して軍が主体となつて急速に計画指導することがあることも予期しなければならない」(一二七頁)とする。これは緊急時における自衛隊の主導権掌握を暗に主張したといえる。

報告書は、沖縄戦時の民間人動員についても観察している。別冊第一はまず「男女中学校生徒の戦力化」を挙げ、「兵役である防衛召集と異なり義勇隊による」点に注目し、「国民の戦力化については法的措置として人的、物的に多くの法令が制定され、沖縄作戦前から着々強化されていたが、その主流をなすものは物的戦斗力の増強(軍需品の生産増強、物資の統制、徴用等)、防空対策(軍需生産の防護、被害防止等)、国民生活の安定(生活必需品特に食糧の増産確保等)であつた」(一八〇頁)と述べている。

別冊第一は国家総動員法をはじめとする戦前の動員関連諸法令を挙げ、その一つである義勇兵役法(一九四五年六月二三日公布・施行)について「義勇兵役法が早期に公布されていたならば、指導処理も容易であつた」(一八一頁)と指摘する。この箇所は、有事法制整備の必要性を訴えている。

別冊第一が沖縄戦で多数の男性、なかでも「住民の中堅的人物」を動員したことが「住民の行動が無組織になり、軍事行動を妨害することになるので全般的の配慮が必要」(一八六頁)と観察しているのは、将来の住民動員を想定した「教訓」として注目される。

別冊第二は「民間の組織は地区毎に組織せられるとともに他地区との連けいを密にし相互支援を容易にすることが大切である。かくすることによつて避難救援業務が容易に実行される」(一二五頁)という。これは戦史研究の目的が単なる過去への反省ではなく、将来の有事に備えた「教訓」の抽出、提言にあったことの証である。

報告書には将来有事を見すえた提言的な記述が他にもある。別冊第一は「沖縄作戦において住民の処理上問題となつた主要々点」として「(一)中央機関の処理に関する指導の不十分　(二)非常(強権)の法的不備　(三)食糧事情の不良　(四)防衛組織の指導不十分と之に伴う武器資材の不足の不十分」を挙げたうえで「将来における戦争(戦斗)様相に大なる変化が予想され、その上政治思想の複雑化、人権尊重の向上は処理上益々困難を増して来ている」(一八九頁)と指摘する。

別冊第二は「住民処理及び民政に関して、軍の行なう範囲と責任(役割)について深刻な考究を行ない、作戦行動と住民の行動と吻合することが必要」、「国土防衛におけるこれらの問題は、国の存亡と個人の人権に関するもので、最高首脳機関に分いて《ママ》作成せられる国民を包含する防衛計画に、その一環として組織的に織り込まれなければならない。緊急時軍の一方的処置では円滑に実行されない」(一一七頁)と述べ、将来有事における「準備計画された組織機構」の立法化を主張している。これこそが研究のねらいであったが、そこに部隊の対住民規律の確立に関する提言はなかった。

## 二　沖縄戦研究の政治・社会的背景

一九六〇年代の陸上自衛隊が将来有事への〝提言〟材料としたのは沖縄戦だけではない。一九六〇年三月、陸上幕僚監部第三部は『関東大震災から得た教訓　関東大震災における軍、官、民の行動とこれが観察』を刊行、「治安維持に関連する法規体系の完整」や(流言防止のための)「公報重視の必要性」などを説いている。これは当時の陸自が高唱していた間接侵略[15]への対処策そのものである。同書は「将来有事の場合にはこれ(震災)に倍加する国及び地方公共機関の統制、指導態勢特に警察及び各都道府県知事等の統制指導が必要であることは大東亜戦争の際の例を見ても明らかである。したがつて、これが達成のための施策を平時から逐次推進する必要がある」と、将来有事における「統制」の必要性を主張している。さらに「特に破壊の徹底的威力と規模の広大のため、国及び地方公共機関等は一時なすにすべなき状態において、避難者の分散、疎開特にこれが輸送、陸、海、空にわたる莫大な救援物資の輸送、集積、配分、死傷者の収容処分及び被災施設の応急再建等の一翼を担任するよう要請されることをあらかじめ十分考慮しておく必要がある」とも説く。過去の大惨事を繰り返さないためにも「統制」への準備が大事というロジックは沖縄戦研究と同様である。

関東大震災を「教訓」とした間接侵略への備えは、警視庁警備部と陸自東部方面総監部と共同で刊行した『大震災対策研究資料』（一九六二年三月）でも説かれる。将来有事における自衛隊の主導権確保は、同書第六編「大震災対策上の問題点」の第四「自衛隊の救援活動上の問題点」において「救援および支援組織の具体的確立とともに、これにともなう自衛隊の任務分担を明確にしておく必要がある。これによつて自衛隊は、大災害に際して事前に対処する準備が可能である」（二四二頁）と『関東大震災より得た教訓』より若干トーンダウンしつつも公言される。関東大震災は自衛隊が自らの存在意義を外部に主張する際の論拠となっている。陸自がこうした一連の〝歴史〟研究を行ったのは、佐道明広が指摘するように、第二次防衛力整備計画（一九六二―六六年）が日米安保中心主義をとったことによってその自主性を否定されたことから、米軍の関与しない間接侵略や自然災害への対処、国内治安維持に自らの存在意義を求めたからである[16]。

陸自幹部学校による沖縄戦の〝歴史〟研究は、関東大震災のそれとは異なり外部への公表を直接想定していたわけではないが、本質的には自らの存在意義の訴求という点で、外部の眼を意識していた。当時の陸自が間接侵略への対処を高唱していたからといって、外国軍隊が上陸してくる可能性が排除されていたわけではなかった。

前節で述べたとおり、陸自幹部学校の沖縄戦史研究には、住民の組織化や国家総動員法への言及など、かつての陸軍が志向した国家総動員的な発想が垣間見えていた。これは決して偶然ではない。研究の統裁官となった田中義男陸将補は戦時中陸軍省兵備課で総動員業務を担当しており、この経験と問題意識が研究の中身にまで反映していたからだ。田中は研究終了の翌年、幹部学校学生に対して将来の戦争を「きわめて激烈な惨状を呈するか、しからずんばじわじわと執念深く長引いて、かの旧時代的な、敗者が一州位割譲してあっさり講和が結べるような生優しいものではあるまい」と予測し、「人的戦力の運用という面においても、国家の総力発揮のため、準備しておかなければならない必要性は、従来に勝るとも劣らないものがある」と語っていた[17]。そして「軍人を主体とする軍の構成員」と「総動員業務従事者」の配分を「大局的見地から周到に考慮し、施策されなければならない」とも訴えていた。

そして田中は、現状の陸上自衛隊の兵力一七―八万の兵力で「日本を防衛することは、まさに超人的努力を払わなければならないという感じがする」、「私が声を大にして強調したいのは、さらに遡って軍政の関係者に「戦時の所要兵力を決して甘く見るな」の一語である」と述べ、「私は、防衛の本質上、全国民が自ら国を守るという精神的意義を重視して、国民がよく理解し尊重した兵役義務制が望ましいと思っている」と提言した[18]。

その論拠となるのは戦時中の経験である。田中は当時の防衛召集制度について「軍備を、経済的に必要に応じて短期間に広地域に動員し得たが、反面部隊の素質は、低劣、訓練不十分で、真面目の敵の攻撃に対して防衛任務を達成することは至難であった。したがって、適用部隊の選定とか、その部隊の運用宜しきを得れば、稗益するところ大であろう」と批判的に振り返る。そして「人的戦力という問題が、物的の面に比して余りにも不調和に軽視されているように感じてその重要性を強調し、現代戦の要求に即応する施策を広く識者に考えて貰うことが念願」、「義務兵役制の問題にしても、軍民の要員の配分の問題にしても、戦史的に過去の事例を深刻に研究することこそ、将来に対する新らしい道を発見する所以」と訴える[19]。有事における自衛隊「人的戦力」の調達は、かつての失敗を繰り返さぬよう平時から綿密に計画しておくべきだというのだ。

こうしてみると、田中を中心とした幹部学校の沖縄戦史研究は、有事法制導入への予備研究そのものといっても過言ではない。自衛隊の沖縄戦史研究が戦前の総力戦経験を土台として実行されていた事実は、そのまま陸上自衛隊における戦前と戦後の連続性を示す。戦前の国家総動員への関心は、そのまま六三年の三矢研究へと引き継がれていく。

その後、幹部学校の沖縄戦研究は、書籍という形で陸自部内にその〝成果〟を周知されることになった。研究報告書の刊行と同じ一九六一年、幹部学校編集委員会編『戦史そう書　沖縄作戦』（上下巻、陸上自衛隊幹部学校修身会）が刊行されている。田中義男は幹部学校長代理陸将補の肩書で「わが国土において多数の国民と共に敵を迎え撃った元寇以来の国土防衛作戦として、研究上の価値は誠に至大なるものがある」[20]（上巻一頁）との序文を寄せている。同書下巻の「第六章　国民の協力、戦闘参加及び避難行動」は、沖縄戦を「わが国土で、軍と国民とがともに戦い、しかも、玉砕とともに、多数の一般国民が、軍とその運命をともにした点で、他に類例のない戦例」と位置づける（下巻八四頁）。そして「当時の、わが国民一般の思潮は、聖戦完遂のためには、一億玉砕をあえて辞せず、必要とあれば、老幼婦女子も、軍とともに戦うべく決意し、当時の法律、制度、その他軍の指導に至るまで、あらゆるものが、この観念に立脚していた。したがって、事情の異なる今日の考え方では、論じえない面もあることは、本章の研究上留意すべき件かと考える」と述べている。自衛隊は将来有事に際してそうした〝反軍〟思想を有する国民の存在を考慮に入れ、必要な措置をとるべしというのであり、これは過去の書き換え、政治利用そのものである。

『戦史そう書　沖縄作戦』は有事における戒厳の必要性について、六〇年の幹部学校沖縄戦研究と同様にその利害を比較し「官、民の協力がきわめて良好で、作戦遂行には特別の支障もなかった」としつつも、「国土が戦場と化した場合、国民を統制して作戦に協力させるとともに、その保護について責任を負い得るものは軍だけであり、このような処置が最善であったか否かは、慎重な検討を要する問題と考えられる」と提言する（下巻八五頁）。非売品ではあるが秘密扱いではない同書[21]は、一般社会に向かって有事における国民「統制」の重要性を公然と訴えているかのようだ。

その七年後に刊行された陸戦史研究普及会編『陸戦史集九　沖縄作戦（第二次世界大戦史）』（原書房、一九六八年、執筆は幹部学校戦史教官の真辺満三佐）も、「第三二軍は、捷《しょう》号作戦準備当時から予想主戦場である沖縄中南部地区の住民を、比較的安全と予想される国頭《くにがみ》地区に疎開させるよう県側に要望した」、「三月二三日米軍の砲撃が開始されると、今まで国頭への疎開を見合わせていた住民もその夜から一斉に疎開を開始し、無統制な国頭への疎開者は道路に充満し混乱した」（八五頁）と、法的根拠による「統制」力の欠如が悲劇の主因であったかのように書いている。

このように、沖縄戦の〝教訓〟は有事法制の必要性を主張する理論的根拠として、半ば公然と外部に向けて発信された。かつての国家総動員的発想にもとづく「統制」志向の発露といえる。陸上自衛隊は、かつての旧陸軍の失敗を、自らの立場を強化し有用性を主張する政治的材料に使ったのである。

## 三　沖縄戦教育と自衛隊の「玉砕」志向

もっとも、自衛隊は沖縄戦史を外向けの行政的主張の根拠にのみ使ったのではない。沖縄戦史は、内向きには「玉砕」精神を称揚する教育材料としても使われた。防大卒・一般大学卒業者を陸自初級幹部として教育する幹部候補生学校は一九七三年九月六日—一一日にかけて、五三期B課程（防大出身者）二四二名に沖縄戦現地研修を実施した(22)。この研修は第五代藤井校長の一九六五年三月から実施されたという。

同校校史『前川原二〇年史』が引用した参加学生の「所見要約」には「先人の血と汗で償われている戦跡地を見て、戦争の悲惨さを改めて感じるとともに沖縄の人々が戦争に反対する気持がいくらかわかつた。そしてまたこれらの犠牲のうえに平和がうち建てられているのだと思うと祖国防衛の責任の重大さを痛感した」（二一六頁）というものもある。だが「われわれと同年令の人々が、かくもよく立派に戦つたかについて頭が下がるとともに、日本軍の精神力の威大《ママ》なのに感銘をうけた。そしてわれわれもまた平和を守るため斯くあらねばならぬと覚悟を新たにした」、「牛島司令官・太田少将等の卓越した統御力、また沖縄県民の献身的な協力と将兵の強靭な精神力・体力により沖縄戦が三カ月の長期にわたり持久し得たことが認識できた」（同頁）と、旧軍の玉砕精神を賛美するかのような感想もあった。彼らにとっての沖縄戦は牛島司令官の「統率」のもと軍民一致、偉大な精神力をもって最後の勝利を信じながら「持久」しえた戦いだった。

幹部候補生たちが「玉砕」賛美の感想を記したのは、研修がそのような意図をもって行われたからである。『前川原二〇年史』の掲げる「研修目的」は「一般幹部候補生に対し、大東亜戦争における沖縄作戦の概要並びに防御戦闘の様相を現地について認識させ、戦術諸原則の理解を深刻にするとともに幹部に必要な精神要素のかん養につとめる」ことであり「主要研修項目」は「（一）絶対被制海空権下の国土防衛作戦における防御戦闘様相の認識　（二）戦術諸原則の理解　（三）精神要素のかん養」であった（二一三頁）。これらは陸自初級幹部たる幹部候補生たちの任務が「絶対被制海空権下」における（米軍が来援するまでの）「国土防衛作戦」であったことに即している[23]。

彼らが沖縄で学ぶべき「精神要素」とは何だったのだろうか。「重視事項」とされたのは「精神要素については透徹した使命観と困難な状況下における各級指揮官の統率を重視」とあるが、有り体にいえば最後まで軍民一致で戦い抜き「玉砕」を称揚する精神であった。この研修で牛島が降伏を拒否して「玉砕」に至った「統率」はいっさい否定されていない。

幹部候補学校が沖縄研修用に作ったとみられる資料冊子『学習資料　沖縄作戦史』（一九六九年三月）からも、同校における「玉砕」精神の鼓吹がみてとれる。同冊子「住民対策」の項では「現地住民は防衛召集・義勇隊等多数が直接軍の組織に入ったほか、一般住民も島田県知事の指導のもとに軍に協力して、陣地の構築・兵站の集積等、三二Aの作戦準備の大半は住民の力によると称しても過言でないほどの貢献をなした」、「大部分は戦場地帯に残つたまま戦闘が開始され、多数の犠牲者を生ずる結果となつた」(一八頁)とされる。有事法制への備えは説かず、「牛島・長両将軍は、二三日〇四三〇、黎明の摩文仁山頂に、従容として見事な自刃を遂げられた」(五五頁)とその最期を美化する。

この資料が沖縄戦史の教訓としたのは、歩兵第二二連隊第一大隊長小城正大尉の「歩兵戦闘は、その初動において火力の主動権を握つた方が勝つ」(八一頁)、といった回想である。火力軽視という旧軍への反省の上に立ち、米軍と同様に火力志向の軍隊となった自衛隊の教義に沿って、かつての沖縄戦は教訓化されている。歩兵第三二連隊第一大隊長伊東孝一大尉の回想には「戦史については自分自身相当に勉強したつもりである。〔中略〕沖縄の戦場で危機に立つた時は、何時もこれらの戦史を思い出して、比較的沈着に行動出来たと思う」(九三頁)とある。では、幹部候補生が将来の戦場で戦史から「思い出」すべき教訓とは何だったのか。

『学習資料　沖縄戦史』は戦いの帰結を「なお残つた各部隊は局地毎に戦闘を続けたが、六月末頃までにはおおむね部隊としての組織を失ない、残存将兵は各地の洞窟に潜伏して遊撃戦を続けた。しかしこの間にあつても、連隊長以下団結を保つて、終戦を確認した後武装解除に応じた三二-i〔歩兵第三二連隊〕のような数例もあつた」(五六頁)とまとめている。初級幹部が戦史から学ぶべき教訓とは、降伏の拒否と持久戦の遂行であった。

陸自幹部学校も同様の沖縄現地研修を行っていたが、初級幹部対象の幹部候補生学校とでは目的・内容がかなり違っていた。そのことは幹部学校戦史教官の狩野信行の回想からうかがえる。狩野は一九七二年晩秋、幹部高級課程学生に沖縄戦史教育の事前準備教育(六時間)を行い、現地教育(一六時間)も担当した。(24) 狩野は沖縄戦の教訓の一つに「非武装・中立地区の宣言」を挙げ、「大東京以下多数の大都市については、状況によってはこのようなことも考えられるのではあるまいか」、「今日の国際情勢下における侵略対処を考える以上、心ある人々の深刻に考えておくべき一事項であろう」と指摘する。六一年の幹部学校研究報告書が問題化した戒厳については「戒厳を布くことによって軍は県民の生命・財産等々の保護に全責任を持ち、県民の切角の協力を有効に活用し、結果的には民・官(県)・軍三者のために大いに機能することになる筈のものである」と述べ、その（将来的な）実施を肯定している。

狩野は沖縄県民の避難について「実に一般国民の庇護、疎開避難の準備指導というものは困難なものである。しかしこれは最も重要なそして是非とも為さねばならぬことである。今日唯今においても一般国民の保護・疎開・避難については関係諸方面の十二分なる研究をお願いしてをき《ママ》たい」と提言する。いずれも六〇年の研究と同様に有事法制整備の必要性を暗示するものだ。幹部学校が研修に対しこうした姿勢をとったのは、その教育目的が戦略・戦術のみならず行政的視野も有する高級幹部の育成にあったからとみられる。

しかし、幹部学校の現地研修が過去への〝反省〟を加味した行政的視点からのみ行われたとは言い難い。時期は数年遡るが、一九六五年三月七―一五日に行われた同校第九期ＡＧＳ（幹部高級課程）学生の現地研修に際し、竹下正彦校長（陸将、陸士四二期、元中佐）が与えた「指示」は「大東亜戦争末期において絶対優勢な敵の侵攻に対して、増・支援期待皆無いわゆる死地の孤島防御における牛島軍司令官の卓越した統帥ならびに軍・官・民一体の善戦敢闘の跡」を詳細に研究すること、米軍の現状をみて「近代軍のあり方を十分観察すること」の二点だった[25]。この時期ともなれば、現地研修には沖縄返還、自衛隊の沖縄駐屯を見すえた地ならしの意味もあっただろう[26]。

研修に参加したある学生（無記名）は終了後の感想で「絶対的制海・空権を敵手にゆだね、地形上とりあげるべき抗堪力もなく、更に増援の期待皆無の三二軍が決戦による短期消耗を避け、一八万の米軍を三カ月の長きにわたって拘束し、かつ多くの出血を強要し、日本本土侵攻を遅延させるため善戦したことは、その結果を全局的視野に立って観察する場合、きわめて適切であったというべき[27]」と、牛島軍司令官の「統率」を手放しで評価した。これは陸上自衛隊の戦略が上陸した敵軍を迎えての持久戦にあることを踏まえ、過去の戦史を現在の教義に適合させたといえる。そのことは「思うにわが自衛隊は、その任務上戦略持久を主とする場面が決して少なくなくもともと本質的に決戦戦力である航空・海上戦力をいかに持久目的に集中させこれを統合するかは主要な問題であろう」という彼の一文からも見て取れる。沖縄現地研修は、陸自持久戦戦略の有効性を実証する論拠となっている。

では参加学生は住民問題をどうとらえたのか。前出の学生は沖縄作戦を「わが国として自国固有の領土内において同胞をかかえた大作戦」と位置づけ、「同胞としての人間関係、情勢に対する認識の一致、中央部からの孤立という地理的条件にもとづく相互関係の緊密化および牛島軍司令官の人徳にもとづく指揮・統帥、島田県知事の人格を反映した優れた県政の指導等により、総括的にはきわめて良好な関係をもち、世界戦史に比類のない美事な作戦が実行できた」とこれまた手放しで評価する。しかしその一方で彼は「今後における国土防衛のための戦力こそ、この軍官民の三者であり、沖縄作戦を教訓として今後研さんすべきものが、きわめて多いことを痛感する次第」ともいう。住民対策の必要性は匂わせつつも、前掲の幹部候補生学校作成資料と同様、かくありたいという目標に戦史を適合させている。

こうした戦史の〝書き換え〟は、当時の幹部学校トップの意向を反映しているとみることができる。一九六一年の初頭、井本熊男幹部学校長（陸将、陸士三七期、元大佐）は、幹部学校教育の問題点として「日本人自らが持っている長所や、発揮しうる大きな各種の力に対する認識や自信を喪失し、少し強い国の力には到底かなわないのだというような潜在意識が、相当に強く多くの人の心を支配している」、「若い人達の中に、過去の攻勢思想は失敗した。ゆえに数的に数倍なければ攻勢はとれないのだ。実行性の怪しいことをやることや、無理を強いることは不合理だといったような考え方が相当に強い」と指摘し「これ位軍事的に不合理なものはない」と批判している㉘。井本が反省的な戦史研究を「軍事的に不合理」と述べているのは、それでは「必勝の信念」が得られないからである。成功体験としての戦史研究こそが軍事上合理的というのが井本の考えであり、これは旧軍の戦史研究に対する姿勢をそのまま引き継いでいると言わざるをえない。

玉砕の思想が鼓吹されたのは、一九六〇―七〇年代にかけて陸上自衛隊の置かれた苦しい立場ゆえとも解釈できる。

元戦史編纂官の原四郎（陸士四四期、元中佐）は一九七一年二月第一四期指揮幕僚課程学生に対する講演で「陸上自衛隊は、〔総兵力〕一八万で本土決戦をやられるわけですから、非常なご決意がなくてはなりません」、「あなた方一八万の陸上自衛隊は、大軍をもって押し寄せる敵を前にどうすればよいか。それは、いかに綺麗に戦って、同胞の目の前で散華するかということです。これだけの気魄があって初めて本土を防衛することができると思います」と訴えかけた[29]。これは陸上自衛隊の痛いところをするどく突いた発言である。事前の陣地構築もしないまま、全国に分散させた一八万の兵力で敵の大軍の上陸を阻止するなど現実には不可能だからだ。

原はこの講演の終わりに「あなた方の大部は皮膚で反撥されている。顔を見ればそれがわかる」と述べた。学生たちが「反撥」したのは、陸上自衛隊戦略の抱える致命的欠陥をあまりにも露骨に指摘したからである。ただ、前記の同校沖縄戦史研究・研修を見る限り、彼らが原の唱える「玉砕」の思想それ自体にまで「反撥」していたとは言い切れまい。

原の講演と同じ一九七二年、元幹部学校戦史教官の野口省己（一九一一年生、陸士四六期、元少佐）は『幹部学校記事』誌上で大戦中における「玉砕」の諸事例を紹介し、最後に次のような問題提起を行った[30]。

国土戦を任務とする自衛隊にあっては、外征作戦と比較してどのような差異がみられるであろうか？
外征作戦においては、主として作戦上の要求によって、わが行動を律することができる。もちろん、政略的、経済的な考慮も払う必要はあるが、戦略的に価値が認められなくなれば、陣地の放棄も後退も比較的簡単に決心できるが、国土戦においては戦略的には必要なくとも、政治的、経済的、社会的、国民感情的な配慮から複雑な要素がからみ合って、要地を固守しなければならない場合が多いのではあるまいか？　そうだとすれば、無理な戦闘もやらざるを得ないし、したがって脱出の機会を失って玉砕等の機会も起こり得るのではあるまいか？
しかしまた一面においては、陣地の脱出などは便衣を着用し、民衆の中にまぎれこめる機会もより容易な点も考えられる。

あれこれ考察すると、自衛隊においても将来戦において玉砕の機会(それはあってはならぬことではあるが)がないとは断言し得ないであろう。

元陸軍参謀の原と野口は有事の住民対策などは一顧だにしていない。その野口が自衛隊「玉砕」の可能性を説いたのと同じ号で、幹部学校学生の横地貞三佐(防大中隊指導教官)は「自衛官の精神的主柱」とは何かを考察し、旧軍の思想的硬直性を批判しつつも、「日本の武人の良き伝統とは、自己の良心の命ずるままに生命をも犠牲として国家に忠誠を尽くすという竣烈なる自己規制であり、飽くなき本務の実行である」と述べた[31]。横地は一九三六年生、防大四期で旧軍経験はない。よって「玉砕」美化の思想は原や野口のような旧陸軍将校の専売特許とは言いがたい。

山崎カヲルや植村秀樹が指摘したように、平和憲法下の〝軍隊〟である自衛隊は、旧陸海軍の天皇制イデオロギーに代わりうる「精神的主柱」を「生命をも犠牲」とするという「伝統」にしか求めることができなかった[32]。この思考法と「玉砕」の思想との親和性はきわめて高い。横地は戦後日本の民主主義を「個人の責任の厳しさと国家に対する義務を回避した甘えの民主主義」と批判していた。有事の際には国民も「甘え」を捨て一致団結、敵に立ち向かうのが望ましい。幹部候補生学校教育などで描かれた、軍官民による壮烈な「玉砕」としての沖縄戦史は、こうした願望に即して再構成された。現地研修はそれを幹部自衛官たちが体感する場であった。

## おわりに

一九六〇年の陸上自衛隊幹部学校による沖縄戦史研究は、将来の有事における住民対策の必要性と自らの主導権を唱えるうえでの、いわば理論武装的な目的をもって行われた。国民保護の軍隊という自らの存在意義を外向けに明確化する必要性を感じていた陸自は、沖縄戦を再び繰り返してはならない負の体験として語った。

その一五年後、本章で引用した幹部学校や幹部候補生学校の沖縄現地研修と同時期の一九七五年、防衛研究所戦史編纂官の近藤新治(陸士五五期、元大尉)は自衛隊の戦史研究について「軍事の秘密性、軍隊の伝統、栄光の維持といった史学の手法を適用するためには、まったくのマイナス条件を備えている軍隊を素材とする戦史研究に、「真理探究」という一般目的が、どこまで立ち入れるか、立ち入るべきか」、「時間をかけて屁理屈をならべても「勝たなきゃ何にもならない」という、「実学」の思想とどこで妥協すべきか。何といっても世界各国の軍隊は、その伝統を誇り、実学の精神に満ち満ちているのが普通であるから……」と指摘している。[33] これは敗北の歴史に立脚する自衛隊が戦史を研究することの積極的な意義はどこにあるのかという、かつての井本熊男とも相通じる問題提起に他ならない。

近藤はもう一つの問題点として「人間不在という批判で口火を切った」「「昭和史論争」と同質の問題」、すなわち「人間臭のない戦史では感動を伝えることはできないし、それは戦史の片脚を棄てることになりはしないか」を挙げる。このような勝利とはいえないまでも目的達成には成功した戦史が必要という意識に沿い、沖縄戦史は「玉砕」の物語、正の体験として内向きに再構成された。沖縄戦史の研究・教育は当時の陸上自衛隊が自らの存在意義を内部と外部で使い分けていたことを明らかにする。[34] これは陸上自衛隊の軍隊としてのアイデンティティの分裂ともいえる。

(1)　西浦進「第五期高級課程修了式から」『幹部学校記事』八四号、一九六〇年九月、四頁。
(2)　桑田悦「戦史教育についての一考察」『軍事史学』一二巻二号、一九七六年九月、白石博司「陸上自衛隊における戦史教育についての一考察」『陸戦研究』三〇巻八号、一九八二年八月など。
(3)　長谷川優也「旧陸海軍復員官署における戦史編纂――防衛研修所戦史室と『戦史叢書』に至る経緯を中心に」『軍事史学』五四巻一号、二〇一八年六月、同「「戦争指導史」編纂をめぐる旧陸海軍軍人の人脈」『軍事史学』五五巻一号、二〇一九年六月は、初期防衛研修所での戦史編纂を考察した先駆的研究だが、諸学校での戦史教育については言及がない。

（4）小野百合子「本土における沖縄戦認識の変遷　軍隊と民衆の関係という論点をめぐって」三谷孝編『戦争と民衆——戦争体験を問い直す（一橋大学大学院社会学研究科先端課題研究叢書3）』旬報社、二〇〇八年。櫻澤誠「「沖縄戦」の戦後史——「軍隊の論理」と「住民の論理」のはざま」『立命館平和研究』一一号、二〇一〇年は、沖縄戦の歴史叙述が軍隊（日本軍と米軍）の論理と住民のそれの相克として描かれてきたことを指摘する。

（5）自衛隊幹部学校編『戦史沖縄作戦』（第一部・第二部・付録・付図第二部（三二Aの状況）、部外秘、一九五四年八月）。内容の大半は米軍戦史の翻訳とみられるもので、編者は地上戦に特化した内容からみて海自・空自ではなく陸自の幹部学校と推定する。以下に引用する幹部学校作成の研究資料は筆者所蔵。

（6）陸上自衛隊沖縄戦史研究調査団編『沖縄戦史研究成果報告』一九六一年三月、一頁。

（7）三矢研究は、正式には「昭和三十八年度統合防衛図上研究」といい、自衛隊が朝鮮半島における武力紛争発生とその日本への波及を想定し、一九六三年二月から六月末までの五カ月にわたり行った大規模な図上演習。在日米軍からも数名が参加して、自衛隊の統合運用や関連する国内措置を極秘裏に研究した（林茂夫編『有事体制シリーズII　全文・三矢作戦研究』晩声社、一九七九年）。

（8）前掲注（6）陸上自衛隊沖縄戦史研究調査団編　一九六一年三月、九七—一一一頁。

（9）田中義男「沖縄戦史現地研究について」『幹部学校記事』九一号、一九六一年四月、二八、二九頁。

（10）陸上自衛隊幹部学校編『沖縄戦史　三二Aを中心とする日本軍の作戦（第一巻）』一九六〇年五月、一九三頁。

（11）同資料は冒頭に「終戦後援護業務のため、沖縄に出張滞在間、防衛研修所戦史室の依頼によって調査執筆された資料を複製したもの」とある。

（12）陸上自衛隊幹部学校編『沖縄戦史　三二Aを中心とする日本軍の作戦（第二巻）』一九六〇年五月、一六八頁。

（13）陸上自衛隊幹部学校編『沖縄作戦講話録』（一九六七年五月）四—二〇～二二頁。

（14）研究の総括的な報告書として、前掲注（6）『沖縄戦史研究成果報告』および陸上自衛隊沖縄戦史研究調査団編『沖縄戦史研究成果報告別冊第一　沖縄作戦の観察』、『別冊第二　沖縄作戦の総合的教訓』（一九六一年三月、以下それぞれ別冊第一、別冊第二と略称）の三冊が作成された。

（15）佐道明広『戦後日本の防衛と政治』吉川弘文館、二〇〇三年、一一五、一三九頁。自衛隊による有事法制研究史については纐纈厚「第五章　戦後期日本有事法制研究の展開」『有事法制とは何か——その史的検証と現段階』インパクト出版会、二〇〇二年を参照。同書は一九五四年に防衛庁防衛研修所が発行した『自衛隊と基本法理論』などの有事研究が国家総動員法など戦前の動員諸法令を参考にしていた事実を指摘するが、同時期の陸自による沖縄戦研究には言及がない。

（16）本巻「総説」注（33）を参照。

（17）田中義男「現代戦における人的戦力の問題点（一）」『幹部学校記事』一〇八号、一九六二年九月、五、六頁。本論は田中が第一二師団長当時、幹部高級課程第七期学生に対し教育資料として執筆したもの。
(18) 田中義男「現代戦における人的戦力の問題点(二)」『幹部学校記事』一〇九号、一九六二年一〇月、六、一〇頁。
(19) 田中義男「現代戦における人的戦力の問題点(三・完)」『幹部学校記事』一一〇号、一九六二年一一月、一二頁。
(20) 幹部学校編集委員会編『戦史そう書 沖縄作戦(上巻)』陸上自衛隊幹部学校修親会、一九六一年、一頁。
(21) 筆者所蔵の上巻奥付には「非売品」とあるが、下巻は頒布価格一八〇円とある(いずれも初版奥付による)。
(22) 陸上自衛隊幹部候補生学校副校長編『前川原二〇年史 創校二〇周年記念特別刊行版』同校、一九七四年、第四章「沖縄現地研修」。
(23) 山崎カヲル『新「国軍」用兵論批判序説(鹿砦軍事叢書3)』鹿砦社、一九七七年、八頁。山崎は、一九六三年のマクナマラ米国防長官の日本防衛は海空軍により行う旨の発言によって、陸上自衛隊は独自の国土防衛戦略を練るよう強制され、それが隊内に旧陸軍的な精神論への回帰、対上陸防御思想の混乱(縦深防御に自信がないので極力沿岸での「持久」を目指すという矛盾)をもたらしたと指摘する。
(24) 狩野信行「戦史教育への反省と意見」『軍事史学』一二巻四号、一九七七年三月、八四頁。
(25) ＃九ＡＧＳ学生「沖縄見たまま、聞いたまま」『幹部学校記事』一四一号、一九六五年六月、一五頁。
(26) 幹部学校、幹部候補生学校の沖縄研修には、現地から「移駐準備」との反発が出ていた(福木詮「沖縄は自衛隊を拒否する」『世界』三一〇号、一九七一年九月、二一二頁)。
(27) 前掲注(25)＃九ＡＧＳ学生 一九六五年六月、一八頁。
(28) 井本熊男「年頭の辞」『幹部学校記事』八八号、一九六一年一月、八頁。
(29) 原四郎「旧陸軍一参謀の言」『幹部学校記事』二〇九号、一九七一年二月、一七、二三頁。
(30) 野口省己「死守命令と玉砕(二・完)」『幹部学校記事』二二八号、一九七二年九月、六七頁。
(31) 横地三佐「自衛官の精神的主柱に関する考察」『幹部学校記事』二二八号、一九七二年九月、二〇頁。
(32) 前掲注(23)山崎 一九七七年、植村秀樹「自衛隊における〝戦前〟と〝戦後〟」『年報現代史第一四号 高度成長の史的検証』現代史料出版、二〇〇九年。
(33) 近藤新治「旧陸海軍における戦史研究」『軍事史学』一一巻三号、一九七五年一二月、五六頁。
(34) この「内向き」化の背景に、国会三矢研究の露見(一九六五年二月)によって自衛隊の有時法制研究が長期にわたり困難化したという事情もあろう。

# 第９章　「自衛官になること／であること」——男性自衛官の語りから

佐藤文香

## はじめに

「自衛官になること／であること」とはいかなる経験か——本章が取り組むのはこの問いである。言うまでもなく、その経験は当事者たる自衛官のものである。近年では、自衛隊を舞台にした小説や映画のみならず、元自衛官の体験記等の出版物も増えているが、それでもなお、彼らの経験や思いに触れる機会はそう多くはないだろう。一方、改憲論議のたびに、いつまでも自衛隊を「日陰者」に留めおくべきでない、とやや情緒的にその気持ちが代弁されたりもする。彼らは「わかりにくい他者」である。一つには発足当初より志願制を貫いてきた自衛隊の門を叩く人々の範囲が限られてきたから。そしてまた、ひとたびこの組織に属したならば、あらゆる政治的活動から遠ざかることを彼ら自身が求められることから。

自衛隊の創設は一九五〇年の警察予備隊に遡る。旧軍人は当初、組織の中枢から排除されていたが、大部隊の指揮にあたる人材を要したことから、結果的には多数が警察予備隊、その後は保安隊、自衛隊へと入隊していくことになった(1)。

警察予備隊ができた翌年の一九五一年の調査では再軍備賛成七六％、反対一二％、保安隊発足後の五三年調査では四八％対三三％と多くが再軍備を支持した。(2) 自衛隊創隊後、五六年からは三七％対四二％と形勢の逆転がはじまる。(3) この変化は、反自衛隊感情によるというよりも、自衛隊の登場によって必要な軍備は満たされたと考える人々が多かったためだった。(4) 自衛隊の必要性については、五六年調査で五八％対一八％、六三年調査では七六％対六％で肯定派が多数を占めた。(5) 一方、戦争については、五三年調査で絶対否定派と条件つき賛成派が一五％対七五％だったが、六七年になると七七％対二一％と完全に逆転する。(6) 戦後教育を受けた世代が増え、憲法にそった世界観が根づいていったことがうかがえる。(7) 軍隊や戦争への忌避感が残るなか、自衛隊は国民から愛され信頼されようと格闘を続けた。

世論調査において、自衛隊への好印象がはじめて七割を突破したのは一九七八年のことである。以後緩やかな上昇を続け九七年に八割を超え、ここ最近は九割前後の高い割合で推移している。(8) こうした変化は国際比較調査でも確認できる。世界価値観調査によれば、自衛隊を信頼しない人は六割超と一九八一年の時点では不信感がきわだっていた。だが二〇一九年にはこの割合は一二・〇％にまでダウンし、今やアメリカで米軍を信頼しない人の割合一八・五％をも下回っているのである。(9)

これらはまさに彼らの長年の努力の賜物であった。戦禍の残るなか、自衛隊は「国土建設隊」として土木工事を請け負い、農作業の手伝いや除雪作業などを通じて人々の役に立とうとしてきた。(10) 一九六四年の東京オリンピック支援は運動競技会への協力活動の一環としてなされた。(11) 六六年度の活動リストには、部隊見学、体験飛行、音楽隊出演、広報用雑誌・パンフレットの発行、患者輸送、災害派遣など、今日まで続く項目がずらりと並んでいる。(12) 一九五〇年代・六〇年代のスローガンは「愛される自衛隊」、七〇年代には統合幕僚会議長が「信頼される自衛隊」を掲げ、自衛隊は一途に絶え間なく、熱心なアウトリーチ活動を続けてきた。(13)

そして一九九〇年代、冷戦が終結すると国際貢献活動が加わった。海外派遣に舵をきった自衛隊は、自らのイメージを積極的に打ち出し、管理する方向へとさらに歩を進めた⑭。

このように世論を気にかけ、自己の存在意義を人々に訴え続けてきた自衛隊のありようは、軍事組織としてはいかにも特殊なものに見えるし、実際、組織の歴史的成り立ちと不可分である。だが、トーマス・U・ベルガーがいち早く指摘したように、自衛隊と社会との関係は、国際規範からの逸脱というよりは、むしろ先駆けとして位置づけられるものである⑮。

軍事社会学者たちは、冷戦後の安全保障環境の変化にともなって軍隊と社会の関係性が変化したと論じてきた。平和維持や人道支援といった新たな任務を抱え、志願制の小規模な専門職集団となった軍隊に国民は無関心となる。世論に配慮する必要に迫られ、軍隊はメディアに対して求愛的となる⑯。こうした趨勢に照らしてみれば、自衛隊はポスト冷戦期の特徴とされる軍隊のあり方をある種先取りしてきたと考えられるのだ。文化人類学者のサビーネ・フリュ－シュトゥックが、自衛隊を「アヴァンギャルド」と形容したのもこのためであった⑰。

筆者は彼女と同時期、世紀転換期に自衛隊研究へと参入したが、当時の関心は組織の絶対的少数派である女性自衛官にあった⑱。自衛隊の門を叩く彼女たちは筆者にとって「わかりにくい他者」であったが、フェミニスト研究者として、その存在を理解の埒外《らちがい》に放置すべきではないという直観があった。一方で女性以上の「他者」として存在した男性自衛官には、当時、まったく注意を払うことができなかった。本章は、取りこぼした彼らの経験に遅まきながら向きあうことを目指し、「他者」たる彼らの合理性を理解しようとするものである。二〇二一年現在、二三万人を超える自衛官のうち九二％が男性自衛官である。全体に占める割合が二割以下の幹部自衛官では九四％が男性だ⑲。第一節では、自衛隊において圧倒的多数派を占める男性であり、かつエリートたる幹部自衛官の経験を「自衛官であること」として、第二節では、彼らのアイデンティティを「自衛官になること」として考察していこう。

## 一　「自衛官であること」――男性自衛官としての経験

本章が利用するのは、二〇一三年から一五年にかけて三五名の男性幹部自衛官を対象に実施した調査データである。調査は筆者の知人やその紹介者から対象者を見つける機縁法により共同研究者と共に実施した。入隊経緯および任務経験を中心におおまかな質問項目を立てる形の半構造化インタビューとして、一人あたり九〇―一二〇分かけて話を聞きとった。調査協力は非公式のものであり、インフォーマントを保護する必要のあることから、プロフィールは最小限にとどめ、発言者の特定ができないよう処理した。対象者の年齢は三〇―六〇代であるが、一九七〇―八〇年代の入隊者を「冷戦期世代」、九〇年代の入隊者を「移行期世代」、二〇〇〇年代以降の入隊者を「ポスト冷戦期世代」と記す。陸・海・空自衛隊で各世代最低二名以上が含まれてはいるが、これらはいかなる意味でも男性幹部自衛官の見解を代表するようなものではない。以下の記述に際しては、極力、先行研究や各種調査データをおりまぜていく。

### 1　災害派遣と防衛出動――任務への誤解

多くの男性たちは、自衛隊の任務が正しく理解されていないと認識し、これにまつわる経験を語った。ある移行期世代の自衛官は父も自衛官だったが、幼少期には父親の職業を明かしたくなかったという。それは、自衛隊が何をするところなのかうまく説明できなかったからだ。「災害があったときに助けてくれるんだよ」という子どもにとってわかりやすい答えにすら戸惑いがあり、成長すると「公務員」だと言ってすませるようになった。

災害救助が一番にくるべき自衛隊の任務なのだろうかという疑問は、彼自身が自衛官になってからの思いとないまぜになったものだったかもしれない。彼らは災害時の「活躍」により国民の認知度があがったと認識していたが、このことは単純な喜びをもたらすものではなかった。自衛隊が必要とされることを歓迎する一方で、彼らは、世代を問わず、自分たちの任務にかけられる期待への違和感を頻繁に語った。ポスト冷戦期世代のある自衛官は「その、必要だよねっていうなかで、何を求めてるのかっていうことが、あの、またちょっと、違ってきてる気がして、まあ、あの、ほぼ災害派遣ですよね」と、戸惑いを示す。

冷戦期世代の自衛官も「本来の姿」の理解は進んでいないのではと懸念を示した。もちろん、防衛出動を行わずにすんできたことを否定しているわけでない。別の冷戦期世代の言葉を借りれば、それは「外交的にも恵まれてきた」ゆえの幸いであるし、移行期世代のある自衛官は、「一生日陰者でいることが、一番の成果」とさえ語った。[20]それでもなお、彼らは、自分たちの「本来の姿」が何かカモフラージュされているようで居心地の悪さを感じている。

「自衛隊で災害派遣できますよ」っていうふうな、誘い方をして、入ってきてる人たちいっぱいいるんですよね。……本当の目的はなんかこう、隠したままで、見せたいところだけ見せて……ま、今は別に問題じゃないのかもしれませんけど、これから問題になる可能性が、ありますよね。（ポスト冷戦期世代）

二〇〇〇年の世論調査では「自衛隊がこれまで役立ってきたこと」を二つまで答えさせているが、「災害派遣」が八七・二%、次いで「国際貢献」三五・五%であり、「国の安全確保」一九・一%をはるかに上回っていた。[21]だが、彼ら自身は、マスコミの報道も自衛官募集や広報資料の大半も、「軍隊を誤って伝え、自衛官の第一の任務を正確に映し出していない。本来の任務は国防であり、そのために訓練し、存在しているのだから」と思っているのだ。[22]

## 2 虚しさとやりがい――達成感を求めて

自衛隊は日本本土の防衛を主眼とし、外敵から領土・領域を守ることを任務とする組織である。佐道明広の整理によれば、五五年体制下で「訓練中心の実力部隊」というあり方が定着すると、基地周辺の住民をのぞき、災害派遣や民生協力以外で自衛隊が部外者と接点を持つことはほとんどなくなった。高度経済成長期には、多くの国民は自衛隊にあまり関心を持たず、自衛隊は国民生活とほとんどかかわらない「演習中心」の部隊となっていった[23]。「穴掘ってもすぐ埋めるばっかり」で訓練三昧のまま退職した冷戦期世代の自衛官たちには、人々の役に立つという実感はほとんど得られなかった。彼らが縷々《るる》語ったのは、「全部訓練のための訓練みたい」で役立つという実感が持てない虚しさである。

何やってるかわかんないでしょう？……外から評価してもらえれば、全然違いますよね。……身内で評価するのとは。訓練やってね、弾が当たったからってね、評価してもらってもね。（冷戦期世代）

彼ら冷戦期世代にとって「今の人は羨ましい」が、反面、災害派遣やPKO、広報イベントの回数も増え、任務が多様化し国際化し、キャリアアップをはかることを迫られる現役隊員には、自分たちにはなかった苦労があるだろうとも語った。

一方、現役の自衛官たちがみな充実感で満たされているわけではない。マンネリ化する訓練の繰りかえしのなかで、競技会等を通じてなんとかモチベーションを保とうとする自衛隊の姿は、今なお彼らの語りから垣間《かいま》見えた。任期制隊員の残留率には達成感のなさがかかわっていると考えていたポスト冷戦期世代の自衛官は、若い隊員には「抜いてはいけない刀なので、ずっとその刀を研ぐことに意味がある」と言っているが、果たしてこれが正しい答えなのかまだわからないとため息をついた[24]。一方、移行期世代の自衛官は、「報われない世界が自衛隊」なのだという。彼は、自衛隊は民間の世界に比べて「成果」が見えにくく、たとえ報われなくとも認められなくともよいと「自分を納得させる」必要があるのだと語った。

では、彼らはどんなときに「やりがい」を感じてきたのだろう。災害派遣で救助に出た際に人々から感謝を受けた経験を語った者は少なくなかった[25]。退職した冷戦期世代の自衛官は、災害派遣で助けた人が後日お礼に訪ねてきたときのことを鮮明に覚えていた。「涙がぶわっと出てきて、思わず拝んでしまった言うんですよ。神様が降りてくるのはこういうことなんだと思ったらしいですよ」。現役の移行期世代もまた、災害派遣で重油処理をした際、住民たちから感謝された経験を「やりがい」を感じられた瞬間として語った。本来の任務ではないはずの災害派遣は、彼らが役立っていることを感じとれる数少ない機会でもあるのだ。

## 3 「日陰者」の経験と集合的他者の存在

吉田茂が自衛隊を「日陰者」と呼んだことはよく知られている。高度経済成長期の終盤頃には、自衛官と家族の住民登録が拒否されたり、成人となった自衛官が成人式に出られなかったり、自治体が自衛隊に厳しい態度をとることもあった(26)。

本章の調査対象者たちも、自分たちを理解しない人々から受けた不当な経験にしばしば言及した。冷戦期世代のある自衛官は、近所の人に「ソ連が侵略したときに本当に守れるのか」と問われたときの憤りをおぼえていた。「守れない」なら自衛隊の予算不足のせいだと思い、「本当に守っていいいいただきたいんですか?」と切りかえしたという。「安全保障を犠牲にして経済を発展させた国が日本」であり、それは国民の選択の結果だと言いたかったのだ。

防衛大学校の学生時代、「税金で飲んでるのか」と絡まれた経験が何度かあると語った移行期世代の自衛官もいた。自動車学校の教官から「防大って存在価値あるの」と嫌味を言われたのはポスト冷戦期世代。訓練のため駐屯地から出た瞬間、「ライフル持った不審者が歩いてる」と通報されて警察が来た、と語ったのもポスト冷戦期世代の自衛官であった。

なかには、自分自身ではなく、先行世代の経験に言及した者たちもいる。ある移行期世代の自衛官は、「電車に乗ってて、つばを吐きかけられたりとか。で、なんかよく言われたらしいのが、税金泥棒とかですね、そういうのはよく言われたって言ってました。まあ、昔はそれで普通だったって言ってましたんで」と語った(27)。別の冷戦期世代の自衛官も、自分自身にそうした経験はないが、防大一桁期の世代は「辛い思い」をしたと話してくれた。

戦中の記憶が残る一九五〇年代はもちろん、ベトナム戦争の影響もあり七〇年代初頭頃までは自衛隊への敵意が一部に根強くあった。歴史学者のアーロン・スキャブランドは、経済成長にともない、自衛隊に入る者を社会の落ちこぼれとみなすまなざしも生まれ、彼らは侮蔑や差別に継続的にさらされたという[28]。六〇年代の取材録には、石を投げられた、映画館に入るとまわりの観客が席を立った、同級生の作家が新聞に「世代の恥辱」と書いた、といった防大生の経験が記されている[29]。国立大学の大学院では自衛官の入学拒否運動もあった[30]。

ある冷戦期世代の自衛官は、父が自衛官で沖縄に引っ越した際、住民票をいれるのに苦労したことを覚えていた。沖縄には一九七二年の日本への「復帰」にともなう自衛隊移駐以来、住民登録拒否や、スポーツ試合への出場拒否、子供の入学拒否といった激しい反対運動があった[31]。彼自身も父の仕事のことで上級生に難癖《なんくせ》をつけられたという。弟が教師から、兄が「人殺しの学校」にいっている、と言われた経験を持っていたのは移行期世代の自衛官。自分の子どもが学校で親の職業を紹介することになった際、彼はこのことを思い出して思わず身構えたという。だが、子どもは先生から「立派な仕事」をしていると褒められて得意満面で帰宅し、「かなりびっくり」したと語ってくれた。

実のところ、彼らは学校の教師にたびたび言及したが、そのほとんどは反自衛隊の象徴として位置づけられていた。防衛事務次官だった守屋武昌は、一九八〇年代中頃に娘から「お父さんの仕事は憲法違反なの?」と聞かれたというエピソードを記している。当時、周囲の自衛官は「みな同じ体験を子供の教育の場で味わっていた[32]」。本章の調査でも、ある冷戦期世代の自衛官が類似の経験を語った。中学の公民の授業で憲法九条の戦争放棄について学んだとき、「初めて学校教育で自衛隊っていう言葉が出て」きたときのことだ。

いわゆる日教組の先生でいらっしゃって、自衛隊は違憲であるということを言うわけですね。で、先生に、ハイって手を挙げて、先生、うちの親父自衛官なんだけども、どうなんでしょうっつったら、非国民みたいなことを

言われてですね。(冷戦期世代)

別の冷戦期世代の自衛官は、防衛大学校への進学を決めたことで、親友を失った悲しみを語った。ある大学の教育学部に進学したその友人と彼は、夢を一緒に語りあうような親しい関係だった。だが、クラス会で再会すると、友人は彼が防衛大学校に進学したことを辛辣な口調で非難したのだという。その後、すっかり疎遠になってしまったのだが、この経験は「当時の、そのまあ自衛隊どうのこうのというのは、日教組の考えだったんですわな」、「いや、日教組って怖いな、思いましたね」といった形で了解されるのである。

防衛大学校志望者に単位をやらない、卒業させない(冷戦期世代)、内申書を頼んだら担任が渋った(移行期世代)、合格を喜んでくれなかった(ポスト冷戦期世代)、自衛隊にいくと言ったら大学教授から「俺の授業をちゃんと聞いてたのか」と言われた(移行期世代)等、世代にかかわらず教師についての言及はなされた。こうした話をするとき、彼らは「左寄りの風潮」(移行期世代)、「どっちかっていうと左系」(冷戦期世代)、「左がかっていた」(ポスト冷戦期世代)といった表現で出来事を意味づけた。友人に泣いて入隊を止められたという冷戦期世代の自衛官は、「左翼的な雰囲気」の大学において、自衛隊を進路に選ぶのは「四面楚歌じゃないですけど……なんだお前はみたいな」感じだったと語った。

沖縄勤務での経験を辛辣な口調でふりかえった別の冷戦期世代の自衛官は、沖縄県庁は「共産党の世界」で「思想が絡んだ人のいる公共機関」だと表現した。当時、地元出身の隊員は制服で通勤すれば「石を投げられる」とか「家に火をつけられるとか、車を壊されるとか」と怯えていた。だが、制服通勤を実際に実現させてみると、むしろ地域の人々からは「感謝がいっぱい来」たのだという。

このように、彼らは、自衛隊に反対の姿勢をとる人々を「左」や「共産主義者」と捉え、「普通の人々」とは切り離して認知した。反対する人は実は雇われているのだ、という語りはこの延長上に捉えられるだろう。海上自衛隊のイージス艦の入港時に反対運動をしていた人物が「アルバイトでやっていた」(移行期世代)とか、本当に反対運動をしている人はごく一部で「なんかアルバイトで雇ってるみたいですね」(移行期世代)といった話は、「面白い話」として、ときに愉快そうに語られた。彼らは、「ニュースで見るようなあの、反対というところについても、よくよく見てみないとわからない」と伝えたかったのだ(移行期世代)。

スキャブランドも言うように、「冷戦下、自衛隊のもっとも分かりやすい敵は、ソ連と、その延長線上にいる、日本社会党や日本共産党などによってそれぞれ国内で代表されている社会主義あるいは共産主義勢力であった(33)」。集団内の結束を高める技法が常に「敵」との差異化にあることを思えば、「集合的他者」の語りの頻出も不思議ではない。一方、冷戦期の友／敵フレームがポスト冷戦期にも生き続けていることの意味は一考に値すると思われる。

## 二 「自衛官になること」――男性自衛官としてのアイデンティティ

### 1 外部の他者たち――サラリーマン・米軍人・旧軍人

男性自衛官たちはどのように自らのアイデンティティをつくりあげてきたのだろうか？　任務が多様化し、自らの必要性の証明を迫られるポスト冷戦期の軍隊では、多くの兵士たちがアンビバレントな感覚に揺れている。その姿を「不安な兵士」として描き出したフリューシュトゥックは、男性自衛官たちの「男らしい」アイデンティティ構築には、サラリーマン、米軍兵士、皇軍兵士という三者がきわめて大きな影響力を与えていると分析した。以下では、彼女の調査もひきながら、これら「外部の他者」についての彼らの語りを見ていこう(34)。

まず、フリューシュトゥックは、多くの男性自衛官が、サラリーマンになりたくないと語ったことに注目している。特に、一番下の階級区分である士クラスは、サラリーマンをわがままで軟弱とさげすみ、その仕事を「単調」で「退屈」で利益追求に突き動かされたものと考えていた。

本章の対象である幹部自衛官たちも「民間企業で利潤を追求することに価値を見出せなかった」(移行期世代)、「平凡な、普通に仕事にいって、給料もらって、っていう生活が想像できなかった」(移行期世代)といった形でときにサラリーマンを他者として示唆した。

彼らより前の一九五〇年代・六〇年代入隊者では、そもそも、サラリーマンは選択肢ではなかっただろう。中流階級のホワイトカラーを、平凡で自分本意な生き方と位置づけるとき、自衛官という職業選択は彼らに自信を与え矜恃を保つ方向へと働くことになる。

実際には、自衛隊は彼らを「普通の市民」として、「できるだけサラリーマンに見えるように、あるいは、少なくともサラリーマンの中に、社会に、溶け込んで見えるように仕向けている」[35]。その傾向は大都市ほど顕著であり、その際には制服着用が問題となる。

フリューシュトゥックのインタビュー対象者は、一九六〇年代に防大の制服を着て通学していたとき、若い男たちに電車から降ろされ、たたきのめされたことを鮮明に覚えていた。当時、市街地での制服着用は繊細な問題だった。スキャブランドの調査にも、嘲笑されるとか、電車の席に座りにくいとかいった理由で、通勤時の制服着用を嫌がった六〇年代の自衛官についての記述がある[36]。本章の調査では、冷戦期世代のある自衛官が、制服を「普通に着て街なかを歩いてる」米軍人を「完全に街に溶け込んでいる」と羨んだ。制服で堂々と出勤できないことは、日本における自らの地位を象徴するエピソードとして位置づけられる。

彼らは、日本で自衛隊は米兵のようには尊敬されていないと感じていた。フリューシュトゥックは、日米共同訓練に参加した隊員が在日米軍を高く評価し「本物のプロ」と称え、安全第一の自衛隊とは決定的に異なると差異化したことに言及している。米兵は軍人の規範であり、世界で通用する地位に「合格」するための権限を備えた存在として理想化されているのである[37]。

一方、フリューシュトゥックは、戦争と敗北の汚点を持ったかつての皇軍兵士の存在が自衛隊と対比的でありながら、反発と誘引のアンビバレンスな対象であるさまを描き出している。

『自衛官の心構え』(一九六一年制定)は「かたよりのない立派な社会人たれ」と謳っている。隊員の採用にあたっては「旧軍人の狂信家」は避けられているが、設立の経緯から、陸海空三自衛隊の旧軍との関係は微妙に異なっている[38]。陸上自衛隊は警察予備隊以来、旧軍の影響力を極力少なくする方針、航空自衛隊は非連続性が最も強く旧軍の影響は決して大きくない。旧海軍軍人が海上警備隊をつくり、それが発展していった海上自衛隊は連続性が最も強い[39]。本章調査にも入隊時に「貴様らは海軍士官だ」と言われ、外の世界とのギャップに驚いたと語った自衛官がいた。

フリューシュトゥックの調査には、帝国陸軍将校だった父の遺書を母親に見せられて、防衛大学校に進んだ自衛官の話が出てくるが、本章の調査対象者にも父親が少年兵で特攻隊員だったという自衛官がいた。彼は、家で戦争のさまざまな話を「ほぼ毎日のように」「聞かざるをえなかった」とし、そのことが自らの入隊にもかかわっていたと考えている。その父はしかし、彼の入隊を喜ばず、反対はしなかったが「積極的によいとは言」わなかった。

特攻隊員っていうのは……死ねばそのまま玉砕、まあ、散華《さんげ》した形になるので……まあ、目的も達した人じゃないですか。でも、それができなかった人っていうのは、まあ、言葉はあれなんですけど惨めなんですよね。(冷戦期世代)

父親が特攻隊員だったという自衛官は冷戦期世代にもう一人いた。大きな農家の三男坊だった彼の父親は、終戦後に警察予備隊に入隊しているが、彼はその動機を「申し訳ないっていう気持ちがあった」のではないかと推察していた。世代をまたいで継承される「自衛官になること」の意味については、本章の最後でふりかえることにしよう。

## 2　内部の差異を徴づけるもの——職種・出自・性別

さて、男性自衛官のアイデンティティがつくられる際、参照されるのは「外部の他者」だけではない。組織内にある微細な差異もまた、彼らの「自衛官になること」を支えている。

米海軍士官の男性たちが互いを差異化しながら自らのアイデンティティを構築する過程を分析したのは社会学者のフランク・バレットだ。彼は、軍人たちが、ストレスフルな軍隊生活のなかで、他者に打ち勝ち、他者を否定することで、自己を確かなものにしようとしているさまを描き出した。継続的な監視と度重なる試験によって降格や屈辱を経験する士官たちは、激しい競争に身をおいている。軍人の「男らしさ」が安定的な達成物ではないからこそ、彼らは他者との差異のなかに自らの経験を「男らしい」ものとして再解釈することで、その不安定さを克服しようとする。(40) 以下では、バレットにならい職種に注目し、出自、性別といった内部の差異を徴づけるものについて、男性自衛官たちがいかに語ったのか見ていこう。

自衛隊のなかには職種をめぐるヒエラルキーがある。以下は筆者とのやりとりでこのヒエラルキーをめぐる認識がわかりやすくあらわれた場面である。

—だって陸の王者って言ったら戦車でしょ？　空の王者は戦闘機でしょ？

—さっき陸は歩兵だっていう人にお会いしたばかりなので。

—歩兵なんて！　もう、あんな地面を這いずり回るなんて。だって、抑止力の中心はさ、やっぱり戦闘機であり、それから空母か、イージス艦か、それから戦車でしょ？　やっぱ象徴たるものはさ……歩兵はちょっとねえ、なんか。そう思います？　（冷戦期世代）

戦闘職を頂点におくこうした序列の存在は、希望の職種につけなかったとき、彼らの間に苦しみや葛藤を生むことになる。家庭の事情で艦船から地上勤務に転換したある海上自衛官は、「船乗ってる人間のほうが優遇される」なかでどんなに頑張っても「経歴に反映してくるというわけではない」辛さを語った。一方、パイロット志望だった航空自衛官は、幹部候補生学校で最後にふるい落とされ、辞めてしまおうと思うほど「自暴自棄になった」という。だが、当時の教官から「組織力で戦うのが航空自衛隊だ」と諭され思いとどまった。戦闘機パイロットの夢が断たれ、「まったく逆の立場、支える立場」になってみて今はよかったと思う、と彼は語った。

パイロットになってたら、多分、ロジスティックを軽視してたなと思います。油がないと戦闘機なんかただの鉄の塊ですし、エンジンもないと飛べないし。……自分がいるから飛ばしているんだ、ぐらいの気持ちを持ってやっています。（ポスト冷戦期世代）

同期のなかで誰が出世頭かが一目瞭然ななか、彼らはときにこうして自分の気持ちの立て直しを迫られる。既に退職した冷戦期世代の自衛官は、自衛隊の幹部は、指揮官、幕僚、教官と大きく三つに区分されると教えてくれた。隊員と一緒に「現場で汗を流すという方向」の「第一線を希望」していたので、部隊長としての経験が一番面白かったと語った彼自身もまた、公的なヒエラルキーに対する自己の位置を調整しているように見えた。

一方、ヒエラルキーが外的な要因でひっくりかえることもある。冷戦期にはひたすら国内の訓練に邁進してきた自衛隊が、ポスト冷戦期に海外へと活躍の場をひろげることで、特定の部門が急速にスポットライトをあびるようになったのである。

航空自衛隊は、航空総隊という戦闘機の部隊と、航空支援集団にわかれている。かつてこの二部隊は「航空総隊っていうのがいわゆる槍の矛先であって、それを後ろのほうで支えるのが航空支援集団」という関係にあった。この関係はヒエラルキー的な上下関係で、たとえば、航空輸送機の操縦者は「戦闘機に乗れなくて輸送機のほうに流れてきたっていう、いわゆるそのバスの運転手って言われるくらい揶揄される」ものだった。

それが、一九九〇年代後半頃から逆転しはじめ、「今までどちらかと言えばあまり目立たなかった」部門のほうが日の目を見るようになったのである。航空支援集団には、在外邦人の輸送や、災害派遣にともなう航空輸送などさまざまな活躍の機会が与えられるようになった。むしろ、航空総隊が外に出られず「ずっと訓練ばっかり」になったのである。

ヒエラルキーの逆転は他の自衛隊でも起こった。海上自衛隊では「護衛艦とか潜水艦に比べると、どちらかと言えば後ろの部隊」だった掃海艇や補給のための輸送艦が活躍しはじめる。陸上自衛隊では「橋つくったり道路つくったりってありますよね。昔は、あんなの土建屋さんですよ。戦車乗りとかと比べるとどちらかと言うとレベルが落ちる」と言われた施設部隊に日の目があたるようになる。訓練の一環で建物の塗装をしたときの経験を、「ペンキ塗りですよね。あれって、なんでこんな、その、制服を着た自衛官がこんなことするのかな」とショックを受けたと述べた移行期世代の自衛官の語りを思えば、このヒエラルキーの逆転が彼らにとっていかに大きなものであったのかがわかるだろう。

続いて出自をめぐる差異の語りを見てみよう。自衛隊で幹部になるには、防衛大学校を卒業する、一般大学を卒業する、曹クラスからあがってくるという三ルートがあるが、どの出自かをめぐっても彼らの間には微妙な差異がある。出世頭はなんといっても防大卒で、「自衛隊を背負うのはオレたちだ、というエリートの気負いも覚悟もある。団結はかたい」と言われる。[41]

佐官クラスの上級幹部になる頃には防大卒と一般大卒との間に差が出てくる。たとえば、戦前の陸軍大学校・海軍大学校にあたる指揮幕僚課程への合格率は防大卒一四％に対し一般大三・六％。防大一期生から三佐がはじめて誕生した年には、一〇八名の昇任者の内訳は防大出身者八二名、一般大出身者二六名だった。[42]

そして将官クラスになると九割方が防大出身者である。[43] 一般大出身者は彼らをどう見ているのだろうか。「頑張ってるなっていうイメージ」だという一般大出身の自衛官は、自衛隊生活に慣れている点で「すげーな」と思うが、「大学時代からずっと固まった思考でいってるので、ええ、まあ、頑張ってねって感じですかね」とシニカルである

（移行期世代）。

もう一人の一般大出身者は、防大で四年間過ごした分のアドバンテージは「靴が早く磨けるとか、アイロンがうまいとか、あの、自分のベッドメイクが上手とか、ま、そんな程度ですね」と笑った。「本当に安全保障とか、国防のことを考えてる集団か」といったらそんなことない、と冷笑的だ（ポスト冷戦世代）。

「自衛隊の、主力を担っていく人たち」（移行期世代）である防大出身者に向ける彼らのまなざしには、優劣混じり合った複雑な心境が垣間見える。特別部内幹部候補生というういわゆる「たたきあげ」のルートで幹部になる自衛官の場合には、さらに自衛隊での経験年数や年齢、階級が絡み合って事情が複雑になる。

曹と呼ばれる下士官クラスの自衛官は職人気質で、経験の浅く年齢の若い幹部を「何も知らないくせに」と見下す傾向がある。「階級があがればあがるほど、役人的な、行政面的な一面が出てくるので」、いくら階級が上でも、技術的には下士官のほうが上ということは多々あるからだ。そのような下士官を経て幹部になった移行期世代のある自衛官は、曹だったときの同僚からは「変わり者という感じ」の扱いを受けている。だが、関係の難しさは、むしろ、一般大や防大出の幹部との間にあるという。在職年数の長い彼に対し、大卒の彼らには「なんで、格下の幹部が俺よりできるんだ」といった思いがある。そして彼自身もまた、「黙っててもある程度階級があがってくる」人と、「しっかりと上を目指している方」とを区別し、後者は「階級がどうであれ、専門家としてこの人の知識を使うぞ、と思ってくれる」と語った。

最後の差異のマーカーは性別だ。軍隊は「極度にジェンダー化された制度」であり、ガラスの天井（glass ceiling）ならぬ真鍮の天井（brass ceiling）がある。訓練では、男性たちが女でないと証明し「真の男」となれと促され、途中で挫折する者は女性化される(44)。

内部の差異として性別は重要であると推察されるが、今回のインタビュー調査では、女性についてのネガティブな語りはほとんど見られなかった。むしろ、対象者たちは聞かれてもいないのに自ら女性自衛官の優秀さを語りはじめることすらあった。このことは、防衛大学校の共学化から四半世紀をすぎて、彼ら自身のマインドが変わったとも解釈しうるが、同時に、インタビュアーである筆者自身と彼らの関係を反映した可能性がある。一九八〇年代半ばからジェンダーと安全保障の研究に着手してきたキャロル・コーンは、当初「若い女性」として調査において得ることのできたアドバンテージが、大学教授としての地位を得ることでいかに失われたかを語っているが、同じことが筆者にも起こっていたかもしれない[45]。

ポスト冷戦期世代の防大卒自衛官はみな共学育ちであるが、学生時代「なぜ、女子学生が防大にいるんだという考えだった」というある自衛官は次のように率直に語った。

やはり、同じ訓練はしつつも、体力的についてこれないし、苦しい訓練ですぐ音をあげるし。……頭はいいですけど、やっぱり頭だけではやっていけない大学なので、……体力もない、声も出さない、どこに使っていいのかな。正直。（ポスト冷戦期世代）

自衛隊というのは「頭だけでは通用しない世界」であり「男女って体力の面では絶対的な差」があると語る彼は、防大の学生長に女性がなったときには「大丈夫かな、防大は」と思い、「なんか、輝く女性みたいな、そんな感じだったので、政治的なものだったのかなと。もちろん、優秀は優秀なんです」と語った。

前述したコーンには、米軍における身体訓練の男女別基準に対する男性軍人たちの抗議言説を分析した論文があるが、その根底には、軍隊が変わることへの不満、自分たちの軍隊が喪失することへの憤りと悲しみがあるという。しかし、彼らは「女性は軍隊にいるべきではない」とはもはや口にできない。組織的なレベルで容認されないし、女性の有能さを目にしているから。そして感情だけがくすぶり続ける[46]。「輝く女性」が言挙げされる時代に、「優秀」である女性を前にして、彼もまた複雑な感情を抱えているように見えた。

ポスト冷戦期の軍隊においては女性と同性愛者の統合が進むとされる一方で、志願制下の軍隊は市民領域からの隔たりも増していく。軍隊は異性愛的な「男らしさ」を証明したい者たちにとって最後のよすがともなってきた。だからこそ、ポスト冷戦期の軍隊は、市民領域の変化に対応しつつも、変化に脅かされて逃げ場を求める潜在的入隊者の「男らしさ」に対するアピールを欠かすことがないのである。

## おわりに

以上、自衛隊に入隊し、そこで働いてきた男性たちの経験を「自衛官になること／であること」として概観してきた。本章はささやかながら軍隊の生活史の戦後篇を志したことになる(47)。

しばしば誤解されるが、戦前期にも男性ならばみな軍隊にいったわけではなかった(48)。徴兵制下でも免役条項があったため、明治前半は「貧民と余夫」の軍隊、明治後半から昭和初期にかけてもその中核は社会の「中」層だった(49)。そして軍隊はその幹部として「恵まれた家庭に育ち新時代の教育を受けた人」以外の上昇意欲を吸収するような組織であった(50)。

一般に、軍隊で勤務することは、民間市場において不利な立場にあるマイノリティにとっては利益をもたらす「架け橋となる環境」であると言われてきた。なかでも教育は、志願制下においても若者の入隊の主要な動機の一つであり続けている。防衛大学校の開校時には定員の三〇倍もの人々が殺到したが、多くは学費免除で勉学を続けたいと願う若者だった(51)。

一九六〇年代の取材録には、所得水準の低い九州において自衛隊は「割りのいい就職口」であり、新隊員たちは「生活が安定、貯金ができる」、「技術が身につく」と動機を語ったと記されている。彼らは「余裕のある家庭で育った人が少ない」。曹たちも、「大学に進めなかったので貯金して進学しようとおもった」、「父が早く死んで貧しかったので、五人の弟妹を自分の仕送りで全部高校を出させました」と語る。[52] 七一年の新隊員の入隊動機は「技術習得」五〇・一％、「心身の鍛練」二四・一％、「将来の就職に有利」六・九％、七八年調査は「技術習得」四一・二％、「よい職業だから」二七・一％、「心身の鍛練」一五・四％だ。[53]

一九九〇年代末から自衛隊の調査を行った筆者も自衛官の入隊動機に、国防意識よりも、教育機会を含めた経済的な動機があることを発見した。[54] 同時期にフィールドワークを行ったフリューシュトゥックも、自衛隊の認知や評価だけでなく、自らの社会経済的境遇がインタビューに応じた隊員たちの多くの語りの動機の一つであったと述べている。[55]

少子高齢化で定年延長や募集年齢のひきあげを迫られている自衛隊は、二〇一七年に「二五万人広報官作戦」を打ち出した。募集業務を広報官任せにせず、全隊員が「自衛官の魅力を伝え、厳しい募集環境を総員の力で乗り越えよう」という一大キャンペーンである。[56]

自衛官のなかで親子共に自衛官の比率がどれくらいか、正確なところはわからないが、[57] 本章の調査では、子どもを自衛官にしたいと思うか／自衛官を薦めたかについても尋ねた。「親父の仕事を理解してくれた」という喜びはいずれの世代でも語られたが、任務の変化に言及しつつ、親として複雑な思いを示す自衛官もまた世代を超えて存在していた。

なかには、明確に継承を望まないと語る者もいた。ある移行期世代の自衛官は「自分と違う人生を歩ませたい」と述べ、同じく移行期世代の別の自衛官は「老舗の商店を構えるのと違」うと、「二世」という考え方に抵抗を示した。そして、父親が自衛官であったり、基地や駐屯地に囲まれて育ったり、といった環境が子どもに与えてしまう影響に、彼ら自身が戸惑っているように見える瞬間もあった。そのような語りを二つ紹介しよう。

一番身近なのが親父だから……一番最初にね、私が中学校のときにあの、自衛隊のトラックを見た、それから高校のときに叔父さんの制服を見た。……で、学校の先生、高校の先生が、防衛大学校というものを、受けてみんかと言った。そういうような、いろいろな環境のなかで……自衛隊いってもよいかなという、中身が出てきた。……やはり、親が先生やっとったらね、子ども、子どももね、先生なっとるんよ。（冷戦期世代）

正直なところ……代々そうやって続いていくのがいいのかって言われるとちょっと疑問があります。……私の場合はもう生活環境に必ず身近に自衛隊があって、毎日こう爆音聞きながら生活してたので……興味の指向がそっちに向かってたような気がするんですね。……自分って本当狭い世界で生きてきたんで。子どもの頃からですね。ある意味、なんて言うんですか。そこしか知らないというか。（移行期世代）

ポスト冷戦期の軍隊は今なお圧倒的多数を占める潜在的構成員の男性たちを惹きつけようと、彼らのニーズと欲望を注視している。組織のその営みを批判的に見つめると同時に、そこに生きる彼らがいかに苦しみ、悲しみ、喜び、怒り、日々を過ごしてきたのか、彼らの経験を丁寧にすくいあげ考察することは、軍事社会学の重要な仕事であり続けるだろう。

（1）　吉田裕『兵士たちの戦後史』岩波書店、二〇一一年、七三頁。警察予備隊に占める軍歴保持者は五一・七％（『自衛隊十年史』防衛庁、一九六一年、二四七頁）、保安隊では二四・四％だった（『防衛年鑑　昭和三〇年版』防衛年鑑刊行会、一九五五年、九三頁）。毎日新聞社が一九六八年に記したデータによると、自衛隊は幹部の一三・八％が旧軍人で、階級があがるほど比率はあがり将官クラスでは八〇％だった（『素顔の自衛隊——日本の平和と安全』毎日新聞社、一九六八年、二〇三頁）。

（2）　一方、衣食住を保証され高給の警察予備隊は羨望の的でもあり「ヤボタイ」「ゴミタイ」等の侮蔑も受けた。佐瀬稔『自衛隊の三十年戦争』講談社、一九八〇年、五六—六〇頁。

（3）　NHK放送世論調査所編『図説　戦後世論史　第二版』日本放送出版協会、一九八二年、一七〇—一七一頁。

（4）　前掲注（3）NHK放送世論調査所編　一九八二年、一七〇頁。

（5）　肯定派とは「あった方がよい」と「あってもよい」、否定派とは「ない方がよい」と「なくてもよい」の計である（『防衛白書　二〇〇四年度版』防衛庁、三一〇頁)。

(6) 前掲注(3)NHK放送世論調査所編 一九八二年、一六四頁。一九五三年調査では「とにかく戦争はいけない」対「平和のため・悪い国をやっつけるためにはやむをえない」、一九六七年調査では「どんなことがあってもすべきではない」対「国が栄えていくためには・外国から侵略されればやむをえぬ」である。

(7) 佐道明広『自衛隊史論――政・官・軍・民の60年』吉川弘文館、二〇一五年、三九―四二頁。

(8) 二〇一八年調査では八九・八%(https://survey.gov-online.go.jp/h29/h29-bouei/)。好印象とは「良い印象を持っている」に加え、二〇〇六年調査まで「悪い印象は持っていない」、二〇〇九年調査から「どちらかといえば良い印象を持っている」を加えた数値である。

(9) 不信感とは「あまり信頼しない」と「まったく信頼しない」の計である。データは以下より取得。https://www.worldvaluessurvey.org/WVSOnline.jsp

(10) 一九七〇年代の取材録には、除雪作業に出る部下に立腹するなと言いきかせたり、演習場で農民にののしられたりする指揮官の話が登場している。また土木工事の請負いは有力者への迎合とも見られていたようだ。前掲注(2)佐瀬 一九八〇年、一一二、一七一、一七七頁。

(11) 守屋武昌『日本防衛秘録』新潮社、二〇一三年、九二―九五頁。

(12) 朝日新聞社編『自衛隊』朝日新聞社、一九六八年、二三三―二三四頁。

(13) 『日本経済新聞』一九七三年三月一九日夕刊、Aaron Skabelund, "To Become a 'Beloved Self-Defense Force': The Early Postwar Japanese Military's Efforts to Woo Wider Society"(田中雅一他訳「「愛される自衛隊」になるために――戦後日本社会への受容に向けて」田中雅一編『軍隊の文化人類学』風響社、二〇一五年、二一五―二一六頁)。

(14) Sabine Frühstück, *Uneasy Warriors: Gender, Memory, and Popular Culture in the Japanese Army*, University of California Press, 2007(花田知恵訳『不安な兵士たち――ニッポン自衛隊研究』原書房、二〇〇八年、一五八―一五九頁)。Fumika Sato and Nora Weinek, "The 'Benevolent' Japan Self-Defense Forces and Their Utilization of Women", *Hitotsubashi Journal of Social Studies*, 51-1(2020).

(15) Thomas U. Berger, "Norms, Identity, and National Security in Germany and Japan", Peter J. Katzenstein ed., *The Culture of National Security: Norms and Identity in World Politics*, Columbia University Press, 1996, p. 323. 前掲注(14)Frühstück 2007=2008、二四三頁。

(16) Charles C. Moskos, John Allen Williams, and David R. Segal eds., *The Postmodern Military: Armed Forces after the Cold War*, Oxford University Press, 2000.

(17) サビーネ・フリューシュトゥック「アヴァンギャルドとしての自衛隊——将来の軍隊における軍事化された男らしさ」『人文学報』九〇号、二〇〇四年。
(18) 佐藤文香『軍事組織とジェンダー——自衛隊の女性たち』慶應義塾大学出版会、二〇〇四年。
(19) データは以下より取得。https://www.mod.go.jp/j/publication/wp/wp2021/html/ns050000.html
(20) 同種の語りは、「軍が日陰者であるという世の中は、きわめてまともだと思う」という防衛大学校一期生にも見られる。前掲注(2)佐瀬 一九八〇年、二四六—二四七頁。
(21) データは以下より取得。https://survey.gov-online.go. jp/h11/bouei/
(22) 前掲注(14)Frühstück 2007=2008、七〇頁。
(23) 前掲注(7)佐道 二〇一五年、一二五—一二九頁。
(24) 旧軍にも「抜かざる太刀の威力」という言い方があり、戦争を未然に防ぐために抑止力を磨くことを意味している。前掲注(12)朝日新聞社編 一九六八年、二一七頁。
(25) 災害派遣は最初から感謝一色だったわけではない。一九五九年に制定された災害対策基本法では、社会党の反対により、自衛官には警察官や消防官と同じ権限が認められなかった。守屋は、一九九五年の改正まで権限のないまま派遣され続けた自衛隊が、国民の耳目を集めることもなかったと述べている。前掲注(11)守屋 二〇一三年、九六—一〇八頁。
(26) 前掲注(11)守屋 二〇一三年、一二二頁、前掲注(7)佐道 二〇一五年、四四—四五頁。
(27) 防衛大学校の初期の学生たちに関する取材録でも同種の経験が記されている。前掲注(1)毎日新聞社 一九六八年、二一二頁、前掲注(2)佐瀬 一九八〇年、一一九頁、中森鎭雄『防衛大学校の真実——矛盾と葛藤の五〇年史』経済界、二〇〇四年、二六六頁。
(28) 前掲注(13)Skabelund 2015、二二五—二二六、二三九—二四〇頁。
(29) 前掲注(12)朝日新聞社編 一九六八年、二〇六頁。この作家は大江健三郎である。
(30) 前掲注(11)守屋 二〇一三年、一二一頁。
(31) 『朝雲』一九七三年一月一一日、一九七三年二月一日。
(32) 前掲注(11)守屋 二〇一三年、一三一頁。
(33) 前掲注(13)Skabelund 2015、二三六頁。
(34) 前掲注(14)Frühstück 2007=2008。以下、本項では断りのない場合、第二章「兵士と隊員のヒロイズム」を参照している。
(35) 前掲注(14)Frühstück 2007=2008、八三頁。
(36) 前掲注(13)Skabelund 2015、二三八頁。
(37) 一方、本章の調査では、米軍と自衛隊との間に技術的な差はない、違いは実戦の経験の有無だけだと語った者がいた(冷戦期世代)。

河野仁によるＰＫＯ経験者の調査では、自衛隊を他国軍と比較して「優れている」二三・五％、「遜色はない」二五・二％、「一概には言えない」四三・八％、「劣っている」四・七％となっている。河野仁「自衛隊ＰＫＯの社会学――国際貢献任務拡大のゆくえと派遣ストレス」中久郎編『戦後日本のなかの「戦争」』世界思想社、二〇〇四年、二四五―二四六頁。

(38) 前掲注(12)朝日新聞社編 一九六八年、二〇二、二五〇頁。

(39) 前掲注(7)佐道 二〇一五年、九四―九五頁。海軍の掃海作業もひきつがれ、朝鮮戦争では海上保安官に「戦死」者も出た。前掲注(2)佐瀬 一九八〇年、七〇―八九頁。

(40) Frank J. Barrett, "The Organizational Construction of Hegemonic Masculinity: The Case of the US Navy", Stephen M. Whitehead and Frank J. Barrett eds., *The Masculinities Reader*, Polity Press, 2001, pp. 77-99.

(41) 前掲注(12)朝日新聞社編 一九六八年、二〇五頁。

(42) 前掲注(1)毎日新聞社 一九六八年、二一七―二一八頁。

(43) 防衛研究会編『防衛庁・自衛隊 新版』かや書房、一九九六年、三九〇頁。

(44) 佐藤文香「ジェンダーの視点から見る戦争・軍隊の社会学」福間良明・野上元・蘭信三・石原俊編『戦争社会学の構想――制度・体験・メディア』勉誠出版、二〇一三年。

(45) Carol Cohn, "Motives and Methods: Using Multi-Sited Ethnography to Study US National Security Discourses", Brooke A. Ackerly, Maria Stern, and Jacqui True eds., *Feminist Methodologies for International Relations*, Cambridge University Press, 2006, pp. 91-107. 本稿脱稿後、防衛大学校出身者の松田小牧『防大女子――究極の男性組織に飛び込んだ女性たち』ワニブックス、二〇二一年が刊行された。これを読むかぎり、筆者が聞きとることのできる語りはかなり制限されたものになってしまっていると言えそうである。

(46) Carol Cohn, "How Can She Claim Equal Rights When She Doesn't Have to Do as Many Push-Ups as I Do?: The Framing of Men's Opposition to Women's Equality in the Military", *Men and Masculinities*, 3-2(2000), pp. 131-151.

(47) 第一節冒頭で述べたとおり、本章では調査協力者のプライバシー保護の観点から語りを断片化した形で提示せざるを得ず、ライフヒストリーという個々の生活経験のまとまりを取り出すことができなかった。「フィールドとしての個人」たる個々の男性自衛官の語りのなかに、自衛隊という組織の歴史がいかに堆積しているのかを見つめようとはしたものの、この点で論述には大きな限界があると言わざるを得ない。佐藤健二「ライフヒストリー研究の位相」中野卓・桜井厚編『ライフヒストリーの社会学』弘文堂、一九九五年。

(48) 対象人口の男性のうち徴兵されたのは、日清戦争までは五％、日清・日露戦争間に一〇％、明治末～大正期に二〇％だった。広田照幸「軍隊の世界」大門正克・安田常雄・天野正子編『近代社会を生きる』吉川弘文堂、二〇〇三年、九二―九三頁。

（49）改定で平等化が目指されてもなお、社会の上層部には高学歴への猶予・延期などの特別な措置が講じられていた。前掲注（48）広田二〇〇三年、九四―一〇二頁。
（50）原田敬一『国民軍の神話――兵士になるということ』吉川弘文堂、二〇〇一年、八三頁。
（51）一九五三年当時は保安大学校。前掲注（2）佐瀬　一九八〇年、一三五、一四九頁。
（52）前掲注（1）毎日新聞社　一九六八年、一七二、一八二頁。
（53）前掲注（2）佐瀬　一九八〇年、三四四頁。
（54）前掲注（18）佐藤　二〇〇四年。
（55）前掲注（14）Frühstück 2007=2008、二六頁。
（56）『朝雲新聞』二〇一七年一二月七日。ただし、一九六〇年代にもすべての隊員に「帰郷募集」が推奨されていた。前掲注（12）朝日新聞社編　一九六八年、二三三頁。
（57）親が自衛官という自衛官は八・六三人に一人というデータもある。岡芳輝『平成の自衛隊』産経新聞社、一九九八年、二一一頁。

# コラム❸　「萌え」と「映え」による自衛隊広報の変容

須藤遙子

## はじめに

二〇一九年二月二八日、アニメ『ストライクウィッチーズ』のキャラクターを起用した自衛官募集ポスターに対する批判記事が、京都新聞で掲載された。「萌えミリ」と称されるジャンルに属する同作品は、超ミニの制服の下に下着のように見えるズボンを履いたキャラクターの衣装が特徴的である。これをそのまま使用したことでネット上に批判の声が上がり、ポスターを作成した滋賀地方協力本部[1]にも多くの苦情が寄せられたという。このポスターは結局すぐに撤去され、現在はホームページからも削除されている。しかし、このような自衛隊の萌えポスターは今回に始まったことではなく、徳島地本が二〇一〇年度に初めて萌えキャラのポスターを制作して以来、どの地本もこぞってこの流れを踏襲している。

自衛隊が活発に広報活動を行うようになった一九九〇年代以降、自衛隊は萌えキャラを含む様々なキャラクターを積極的に作成・使用してきた。特に注目したいのは、このような自衛隊のキャラクターに加え、自衛隊自身がキャラクター＝「萌え」対象となって広報が行われている現状である。本コラムではこの両方の状況を含んで「萌え広報」と定義したい。

全国各地で開催される自衛隊のイベントでは、長い望遠レンズの付いたカメラを構えるマニアたちよりもずっと多くの一般市民が、歓声を上げながらスマートフォンで絶えず撮影をし、しきりにSNS発信を行っている。これは、自衛隊というキャラクターを楽しく無邪気に消費する行為と言えよう。その行為は自衛隊への親近感を高めることに大いに貢献すると同時に、これまでの自衛隊広報や近代国民国家の軍事組織である自衛隊のあり方自体を変化させているのではないか。これが本コラムの問題意識である。

### 「萌え」る自衛隊

近年の自衛隊による「萌え広報」を分析する前に、そもそも日本に「キャラクター」あるいは「萌え」そのものが蔓延している現状を考慮する必要があるだろう。日本における商品化権と版権を合わせた二〇一九年のキャラクタービジネス市場規模は、二兆五〇〇〇億円を超えるという。②さらに「ニッチな〝萌え〟キャラクターのほうが、何倍も高い経済規模を築いている」③現状がある。つまり、日本はデータから見てもそもそもキャラクター大国であり、「萌え国家」なのである。「萌え」とは強い愛着心を示す言葉で、当初はマンガやアニメなどの架空のキャラクターに対して使用されていた。東浩紀は一九九〇年代に台頭してきた新たな消費行動を「キャラ萌え」と名付け、「断片であるイラストや設定だけが単独で消費され、その断片に向けて消費者が勝手に感情移入を強めていく」という特徴を指摘している。④自衛隊の「萌え広報」は、まさに「キャラ萌え」という消費トレンドの一環として位置付けられるのだ。⑤

自衛隊の「萌え広報」を批判する人々は、往々にして自衛隊という組織に常に「大きな物語」を重ね、萌えキャラというソフトな表象で過去の暗い歴史と暴力的な組織の有り様を誤魔化しているというような主張をするが、それは「キャラ萌え」の現状とは程遠いと言わざるを得ない。「萌え広報」がなぜ一〇年以上にわたって人気なのか。それはあくまで「断片」としての個々のキャラクターへの「萌え」、そして後述するが同じく「断片」となった自衛隊への「萌え」、さらに「断片同志の心躍るミックス」としての「萌え＋ミリタリー」

「萌え＋自衛隊」を楽しんでいるからなのである。そこに自衛隊が持つ政治性に対する主張は、良くも悪くも全く見られない。いくつかの自治体でも同様の「萌え広報」が行われては批判されという状況が繰り返されているが、作成側からすれば「公共の広報」と「萌えキャラ」という断片同士のミックスを利用して話題作りをしているに過ぎないだろう。これは、「萌え国家」日本における、もはや日常と化した風景だ。

さらに「萌え消費」の特徴は、消費する側に見られる旺盛な主体性である。二〇一〇年代以降のスマートフォンとSNSの普及と共に、単に作品を見たり読んだりして楽しむだけではなく、グッズを買う、写真を撮る、ファン同士がオンライン・オフラインで情報交換をする、時には二次創作をする、それをさらにSNSで発信する――というような、生産／消費という旧来の概念には収まらない経済的情報活動が常態化している。こうしたコンテンツ・コミュニケーションともいうべき状況のなかで、自衛隊そのものも消費されるコンテンツ＝キャラクターになったようだ。

## 「映え」る自衛隊

「消費コンテンツとしての自衛隊」の隆盛を裏づけるのは、近年顕著になってきた自衛隊広報施設やイベントの人気である。「大規模広報施設」と称される五つの常設施設[6]の年間来場者数は一〇〇万人を超え、平成二八（二〇一六）年度自衛隊記念日観閲式の応募倍率は約一〇倍、平成三〇（二〇一八）年度の自衛隊音楽まつりの応募倍率は平均で約七倍、年に一回実弾演習を一般公開する富士総合火力演習（総火演）に至っては平成三〇年度の当選確率が約三〇倍[7]にもなる。二〇一〇年代前後から、前述の『ストライクウィッチーズ』（二〇〇八年テレビ放送開始）をはじめ、アニメ『ガールズ&パンツァー』（以下、ガルパン。二〇一二年テレビ放送開始）やブラウザゲーム『艦隊これくしょん――艦これ』（二〇一三年ブラウザ版発売）などの「萌えミリ」ジャンルが人気で、それらのファンが自衛隊施設やイベントに流入し、自衛隊側も積極的にコラボする状況が見られる[8]。ガルパンの舞台である茨城県大洗町は、近年は海外旅行者にも人気の「聖地」の一つとなっており、毎年開催される自衛隊とのコラボイベントの入場者数も増加している[9]。

これらの大型施設や人気イベントの来場者には、二〇代、三〇代のいわゆる男性「オタク」層が目につくが、定期的に各地で開催されるそれ以外の小・中規模のイベントでは、来場者のほとんどが近隣住民である。特に、都市圏から離れた基地や駐屯地で催される桜まつりや夏祭りのようなイベントには、身近な娯楽としてファミリー層が多く訪れており、地域の行事として溶け込んでいるという現状がある[10]。彼らは通常のテーマパークやイベントと同じ感覚で自衛隊広報施設やイベントの様子をSNSにアップし、読んだ側も気軽に「いいね！」を押す。つまり、戦車・戦闘機・艦艇・制服を着た自衛官などは「映え」の対象なのである。このようなSNS上のコミュニケーション行動は、当然「主体的な自衛隊広報」となっていく。昨今は、自衛隊側がこうした状況を十分自覚して広報イベントを開催しているようだ。

## おわりに

自衛隊の存在はすっかりポピュラーになり、自衛隊に対して「良い印象を持っている」人は九割前後で高止まりしている[11]。一方で、このような「良い印象」が肝心の自衛官募集にはほとんど効果をもたらしていない。二〇一八年から一九年にかけて自衛官候補生と一般曹候補生の採用年齢範囲の上限が二七歳未満から三三歳未満にそれぞれ引き上げられたが、二〇年三月現在の自衛官充足率は九二％に留まり、減少傾向は止まっていない。つまり、キャラクターとしての人気と現実の職業としての人気では乖離があるのだ。

宇野常寛は、近代＝ビッグ・ブラザー的な国民国家の時代からポストモダン＝リトル・ピープル的な貨幣と情報のネットワークが人々を規定する時代に移行し、「現代におけるコミュニケーションそれ自体が、（自己の）キャラクター化を通じた現実の多重化＝〈拡張現実〉を孕んだものに他ならない」(12)と分析する。近代国民国家の軍事組織たる自衛隊もこの状況から逃れることはできず、自らをキャラクター化しながら〈拡張現実〉の「陣地戦」を強いられている。以上のような現状のもと、インターネット上のコミュニケーションを含んだ「萌え広報」は、自衛隊の脱臼化と再強化を同時に促しているといえるだろう。

(1) 自衛官募集のポスターは、全国に五〇ある地方本部（地本）がそれぞれ制作している。
(2) 株式会社矢野経済研究所HPプレスリリース No. 2470「キャラクタービジネスに関する調査」https://www.yano.co.jp/press-release/show/press_id/2470（最終アクセス：二〇二一年三月二一日）。
(3) 宣伝会議「Adver Times」中山淳雄「1人あたり消費額は約10倍！ 人々が熱狂する〝推し〟とは？」二〇二〇年八月三日掲載。https://www.advertimes.com/20200803/article320253/（最終アクセス：二〇二一年三月二一日）。
(4) 東浩紀『動物化するポストモダン――オタクから見た日本社会』講談社現代新書、二〇〇一年、五八頁。
(5) 諸外国の戦闘機等にキャラクターが描かれる場合との比較は、紙幅の関係で今後の課題とする。
(6) 陸上自衛隊広報センター、海上自衛隊呉史料館、海上自衛隊佐世保史料館、海上自衛隊鹿屋史料館、航空自衛隊浜松広報館。
(7) 陸上自衛隊HP「イベント情報」https://www.mod.go.jp/gsdf/event/index.html（最終アクセス：二〇二一年三月二一日）。
(8) たとえば、二〇一三年五月に発売されたDVD『よくわかる！ 陸上自衛隊～陸の王者！ 日本を守る戦車の歴史～』は、ガルパンの声優を起用してオリコンチャートのカルチャー・教養DVD部門で週間総合一位を獲得し、令和元年度の海上自衛隊横須賀地方隊の艦艇公開では「全部コラボしちゃうニャー！！」というキャッチコピーで艦これのグッズ販売が行われた。
(9) 須藤遙子「「文化圏」としての『ガールズ＆パンツァー』――サブカルチャーをめぐる産官民の「ナショナル」な野合」朴順愛原編著、谷川建司・山田奨治編『大衆文化とナショナリズム』森話社、二〇一六年。
(10) 本コラムは、科研費挑戦的萌芽研究「自衛隊広報のエンターテインメント化に関するフィールドワーク研究」（H27-29）で日本各地三〇カ所以上の自衛隊広報施設やイベントを訪れて得られた知見を元にしている。
(11) 内閣府「自衛隊・防衛問題に関する世論調査」平成二六年度、平成二九年度参照。
(12) 宇野常寛『リトル・ピープルの時代』幻冬舎、二〇一一年、四二四頁。

コラム❹

# 自衛隊と地域社会を繋ぐ防衛博覧会
## ――小松市「伸びゆく日本　産業と防衛大博覧会」（一九六二年）を中心に

松田ヒロ子

### はじめに

近年、自衛隊による大規模な広報活動が注目を集めている（本巻コラム③参照）。だが自衛隊がエンターテインメント性の高い広報活動を展開するのは近年に始まったことではない。本コラムは、今日の大規模広報センターや一般客向けのイベントのさきがけとも考えられる「防衛博覧会」に注目したい。特に、石川県小松市の航空自衛隊基地の開設を記念して一九六二年に開催された「伸びゆく日本　産業と防衛大博覧会」（以下「小松防衛博」）を事例として取り上げ、それがいかにして自衛隊と地域社会を繋ぐ役割を果したかを検討する。

### 1　戦後日本の防衛博覧会

防衛博覧会は、戦前から全国各地で開催されてきた地方博覧会の一種である。占領期は一時中断していたものの、一九五〇年代後半から再び「防衛」を掲げる地方博覧会が散見されるようになった。資料が散逸しているため、開催数を定量的に測ることは困難だが、一九五〇―六〇年代にかけて全国各地で大小様々な防衛博覧会が開催されたと考えられる。

戦後日本の防衛博覧会の特徴は次のように整理できよう[1]。第一に、防衛博覧会は、他の地方博覧会と同様に新聞社の主催あるいは共催によるメディア・イベントだったが、防衛庁が協力し、開催地の地方自治体が関与することもあった。また国連加盟一周年を記念して一九五八年に開催された「平和のための防衛大博覧会」（奈良県・あやめ池遊園地）のように、新聞社の主催のもと、関係する中央省庁が後援するケースも見られた②。

次に、同時代の「平和」や「産業」を主題とした地方博覧会と同じく、防衛博覧会では明るい未来を約束するものとしての科学技術が称揚された。主役は自衛隊だったが、自衛隊が所有する武器や兵器は、人間を殺戮する道具機械というよりは、むしろ進化する日本の科学技術を象徴するものとして展示された。

第三に、娯楽性が高く、家族連れの一般客も楽しめるような工夫がこらされていた。多くの場合、目玉の展示物は自衛隊所有の兵器や戦車、戦闘機だったが、それらに実際に触れたり搭乗できるイベントが催され、自衛隊音楽隊によるコンサートや今日で言うところの「ブルーインパルス」が披露されることもあった。

## 2　地域を二分した航空自衛隊小松基地の開設

一九六二年に石川県小松市で開催された小松防衛博は、同時代に開催された防衛博覧会と多くの点で似通っていたが、他と異なっていたのは、それが新聞社ではなく小松市と小松商工会議所が共催した点にあった。また、航空自衛隊小松基地の開設を記念して催された点も大きな特徴だった。

航空自衛隊小松基地は、戦時中に建設された軍用飛行場を利用して一九六一年に開設されたものである。海軍特攻隊の基地としても使用された小松飛行場は、戦後は米軍に接収され補助基地として使用されていた③。その後、小松市議会と商工会議所の強力な後押しにより航空自衛隊の誘致が決定したが、全国各地で米軍基地反対闘争が展開されていた当時、小松市でも基地開設に反対する運動が激しく展開された。一九五九年四月に実施された小松市長選は、基地誘致の是非を問うものとして住民の高い関心を集め、投票率は九四・九％にのぼった。結果として、基地推進派で現職の和田傳四郎が反対派で社会党石川県連合会会長の上田政次をわずか一七〇九票差で破ったが、この結果は住民の意見が賛成派と反対派でほぼ二分されていたことを示すものだったといえる[4]。

### 3　住民に支持された小松防衛博

住民の意見が二分されるなか、航空自衛隊基地に対する歓迎ムードを生む上で重要な役割を果たしたのが、基地開設後に開催された小松防衛博だった。四五日間の会期中に小松防衛博に訪れた入場者は延べ五一万一三五一人で、その多くが石川県を中心とする北陸地方からの来場者だった。石川、富山、福井県内の小、中、高校から計四五〇校、一〇万二一九五人が入場したことが記録されていることから、学校単位での訪問も少なくなかったことがうかがえる[5]。建設前は基地建設に反対の声も多く、また防衛博の開催についても反対意見が出されたにもかかわらず、結果的には自衛隊を主役にした小松防衛博は広範囲の住民の支持を獲得して催された。

名称からうかがえるように、小松防衛博は〈地方博覧会〉と〈防衛博覧会〉の二つの顔を持ったメディア・イベントだった。そしてその二面性が自衛隊と地域を結びつけ、大衆的支持を獲得することに成功した。戦前から開催されてきた地方博覧会の多くは地域振興をねらっていた。なかでも高度経済成長期に開催された地方博は、国土開発と経済成長の方向性を指揮する国家（中央）に対してみずからの存在をアピールする一方で、急激に変化する地方で生活する住民に対して、自らを再定義する「自己提示イベント」という側面を持っていた[6]。それは、「裏日本」という独特の地域アイデンティティのもとに歩んできた小松市にとっても重要な意味を持っていたに違いない。すなわち小松防衛博は、「裏日本」という地域アイデンティティから脱却し、当時の世界における先進性の象徴だったジェット航空機を新たな地域アイデンティティの核として中央に自らの存在をアピールし、同時に地域住民に地域社会が進むべき方向性を提示した。つまり小松防衛博は、〈地方博覧会〉として小松の地域的アイデンティティを国家との関係性において再定義したのである。

同時に小松防衛博は、〈防衛博覧会〉として、軍事も再定義した。展示施設の中で最も規模が大きく中心に位置した「防衛館」には自衛隊の活動を紹介するパネルや写真、制服や小銃類などが出品された。また特に人気があったのが屋外に展示された火砲や戦車、航空機や潜水艦などの大型展示物と、自衛隊による「催しもの」である。なかでも落下傘降下訓練、前年の航空自衛隊開庁式でも披露された源田大サーカス（ブルーインパルス）などが「催しもの」として人気を博した(7)。

重要なのは、小松防衛博において、入場者はこれらの兵器や武器、そして「催しもの」を、「戦闘員」としてではなく「消費者」として楽しむことができるようにディスプレイされていた点である。このような軍事の消費指向性は、自衛隊の展示品や「催しもの」が産業館や公共館、特設館と隣接して設置されることにより、独特の効果をもたらした。すなわち、防衛館に展示されている車輛や銃器、戦闘機は、産業館で展示されている農業機械や電化製品と同様に、科学技術の進歩の成果物であり、それは消費者の生活を、地域社会を、そして国家を「明るい未来」へと導くものとして来場者に提示されたのである。

## おわりに

一九五〇年代後半から六〇年代は戦後平和主義が浸透した時代であり、反戦平和運動が盛り上がった時代である。一方で、科学技術の進歩に対する信頼と期待が高まり、人々を魅惑した時代でもあった。また都市と地方の格差が拡大し、地方の振興が課題とされるようになった。そのような時代環境において、防衛博覧会は地方博覧会としての性格も併せ持ちつつ、兵器や武器を最先端科学技術製品として展示し、人々を惹きつけた。〈防衛〉は科学技術の進展と地域振興と一体となり、メディア・イベントとしてエンターテインメント化されることによって地域社会に埋め込まれたのである。

＊本コラムは松田ヒロ子「高度経済成長期日本の軍事化と地域社会――石川県小松市のジェット機基地と防衛博覧会」『社会学評論』七二巻三号、二〇二一年をもとに大幅に改稿したものである。

(1) 本コラムを執筆するにあたり、(株)乃村工藝社情報資料室に所蔵されている博覧会資料と福間良明監修・解説『戦後博覧会資料集成』第一―五巻、ゆまに書房、二〇二〇年を参考にした。
(2) 前田冨次郎編『平和のための防衛大博覧会記念誌』産業経済新聞社、一九五八年。
(3) 小松市編『小松市制五〇周年記念誌』小松市、一九九一年。
(4) 松下正信編『小松の軌跡――その人々と営み』自費出版、一九八六年、一三二頁。
(5) 小松博覧会協会事務局『伸びゆく日本　産業と防衛大博覧会記念誌』小松博覧会協会事務局、一九六三年、一四〇―一四四頁。
(6) 坂田謙司「北海道の地方博覧会――中央と地方の眼差しの交差」福間良明・難波功士・谷本奈穂編『博覧の世紀――消費／ナショナリティ／メディア』梓出版社、二〇〇九年、二四〇頁。
(7) 前掲注(5)小松博覧会協会事務局　一九六三年、一八九―一九〇頁。

〈執筆者〉

**河野 仁**(かわの・ひとし) 1961年生．防衛大学校教授．軍事社会学．『〈玉砕〉の軍隊，〈生還〉の軍隊』講談社学術文庫，2013年など．

**渡邊 勉**(わたなべ・つとむ) 1967年生．関西学院大学社会学部教授．計量社会学．『戦争と社会的不平等――アジア・太平洋戦争の計量歴史社会学』ミネルヴァ書房，2020年など．

**阿部純一郎**(あべ・じゅんいちろう) 1979年生．椙山女学園大学文化情報学部准教授．観光社会学，歴史社会学．『〈移動〉と〈比較〉の日本帝国史――統治技術としての観光・博覧会・フィールドワーク』新曜社，2014年など．

**中村江里**(なかむら・えり) 1982年生．広島大学大学院人間社会科学研究科准教授．日本近現代史．『戦争とトラウマ』吉川弘文館，2018年など．

**佐々木知行**(ささき・ともゆき) 1973年生．ウィリアム＆メアリー大学日本研究准教授．日本近代史．*Japan's Postwar Military and Civil Society: Contesting a Better Life*, Bloomsbury, 2015など．

**清水 亮**(しみず・りょう) 1991年生．筑波大学(日本学術振興会特別研究員PD)．社会学．「記念空間造成事業における担い手の軍隊経験――予科練の戦友会と地域婦人会に焦点を当てて」『社会学評論』69巻3号，2018年など．

**山本唯人**(やまもと・ただひと) 1972年生．法政大学大原社会問題研究所准教授．社会学．「ポスト冷戦における東京大空襲と「記憶」の空間をめぐる政治」『歴史学研究』第872号，2010年など．

**松田英里**(まつだ・えり) 1985年生．早稲田大学本庄高等学院教諭．日本近現代史．『近代日本の戦傷病者と戦争体験』日本経済評論社，2019年など．

**須藤遙子**(すどう・のりこ) 1969年生．東京都市大学メディア情報学部教授．メディア論，文化社会学．『自衛隊協力映画――『今日もわれ大空にあり』から『名探偵コナン』まで』大月書店，2013年など．

**松田ヒロ子**(まつだ・ひろこ) 1976年生．神戸学院大学現代社会学部准教授．社会史，歴史社会学．『沖縄の植民地的近代――台湾へ渡った人びとの帝国主義的キャリア』世界思想社，2021年など．

〈編集委員〉

**蘭 信三** 1954年生．大和大学社会学部教授．歴史社会学，戦争社会学．『日本帝国をめぐる人口移動の国際社会学』(編著)不二出版，2008年など．

**石原 俊** 1974年生．明治学院大学社会学部教授．歴史社会学，島嶼社会論．『硫黄島――国策に翻弄された130年』中公新書，2019年など．

**一ノ瀬俊也** 1971年生．埼玉大学教養学部教授．日本近代軍事史・社会史．『東條英機――「独裁者」を演じた男』文春新書，2020年など．

**佐藤文香** 1972年生．一橋大学大学院社会学研究科教授．ジェンダー研究，軍事・戦争とジェンダーの社会学．『軍事組織とジェンダー――自衛隊の女性たち』慶應義塾大学出版会，2004年など．

**西村 明** 1973年生．東京大学大学院人文社会系研究科准教授．宗教学・文化資源学．『戦後日本と戦争死者慰霊――シズメとフルイのダイナミズム』有志舎，2006年など．

**野上 元** 1971年生．筑波大学人文社会系准教授．歴史社会学，戦争社会学．『戦争体験の社会学――「兵士」という文体』弘文堂，2006年など．

**福間良明** 1969年生．立命館大学産業社会学部教授．歴史社会学，メディア史．『「戦跡」の戦後史――せめぎあう遺構とモニュメント』岩波書店，2015年など．

シリーズ 戦争と社会 2
社会のなかの軍隊／軍隊という社会

2022年1月27日 第1刷発行

編　者　蘭《あららぎ》 信三《しんぞう》 石原《いしはら》 俊《しゅん》
一ノ瀬《いちのせ》俊也《としや》 佐藤《さとう》文香《ふみか》
西村《にしむら》 明《あきら》 野上《のがみ》 元《げん》 福間《ふくま》良明《よしあき》

発行者　坂本政謙

発行所　株式会社 岩波書店
〒101-8002 東京都千代田区一ツ橋 2-5-5
電話案内 03-5210-4000
https://www.iwanami.co.jp/

印刷・三陽社　カバー・半七印刷　製本・牧製本

 ISBN 978-4-00-027171-4　Printed in Japan